U0230150

国家社科基金
后期资助项目
GUOJIA SHEKE JIJIN HOUQI ZIZHU XIANGMU

泛悖论与科学理论创新机制研究

A Study on Universal Paradox and Innovation
Mechanism of Scientific Theory

王习胜　著

北京师范大学出版集团
BEIJING NORMAL UNIVERSITY PUBLISHING GROUP
北京师范大学出版社

图书在版编目（CIP）数据

泛悖论与科学理论创新机制研究／王习胜著. —北京：北京师范大学出版社，2013.4
（国家社科基金后期资助项目）
ISBN 978-7-303-16263-5

Ⅰ.①泛… Ⅱ.①王… Ⅲ.①悖论—研究 Ⅳ.①O144.2

中国版本图书馆CIP数据核字（2013）第093097号

营销中心电话	010-58802181 58805532
北师大出版社高等教育分社网	http://gaojiao.bnup.com
电子信箱	gaojiao@bnupg.com

FANBEILUN YU KEXUELILUN CHUANGXIN JIZHI YANJIU

出版发行：北京师范大学出版社 www.bnupg.com
　　　　　北京新街口外大街19号
　　　　　邮政编码：100875
印　　刷：北京市易丰印刷有限责任公司
经　　销：全国新华书店
开　　本：165 mm × 238 mm
印　　张：17.75
字　　数：285千字
版　　次：2013年4月第1版
印　　次：2013年4月第1次印刷
定　　价：36.00元

策划编辑：贾　静	责任编辑：贾　静
美术编辑：毛　佳	装帧设计：毛　淳　毛　佳
责任校对：李　菡	责任印制：孙文凯

国家社科基金后期资助项目

出 版 说 明

后期资助项目是国家社科基金设立的一类重要项目，旨在鼓励广大社科研究者潜心治学，支持基础研究多出优秀成果。它是经过严格评审，从接近完成的科研成果中遴选立项的。为扩大后期资助项目的影响，更好地推动学术发展，促进成果转化，全国哲学社会科学规划办公室按照"统一设计、统一标识、统一版式、形成系列"的总体要求，组织出版国家社科基金后期资助项目成果。

全国哲学社会科学规划办公室

导　论　逻辑科学的应用取向与悖论
研究的方法论关切

　　历经两千多年尤其是近百年来的锤炼与打磨，"逻辑"由一门古老的"工具"学科逐步发展成为相对成熟的现代学科群，广泛渗透于现代科学的诸多领域，发挥着举足轻重的基础和工具的功用。策应于现代科学与当代社会的发展需要，逻辑科学研究正在发生应用转向，在现代应用学科和社会实践领域日益彰显它的基础性、工具性和人文性的"三重"①性质和价值。与逻辑科学研究的这种应用转向相呼应的另一学术动向是，在涉及多学科的边缘性、交叉性的悖论领域，也在悄然发生着研究取向的变化，即由专注对具体悖论的解决方案的研究和对悖论的内涵、类型、成因等哲学的研究，② 转向于对"悖论研究的方法论"的关切。这种关切的本意是要对"成果众多而散乱、重复而缺乏关联"③的悖论研究成果及其工作进行统摄和贯通，但鉴于悖论"矛盾"的特殊性，悖论研究的方法论理论无疑可以为现代应用学科遭遇的泛悖论，以及社会生活实践遭遇的尖锐"矛盾"之化解提供思想资源。如果将"悖论研究的方法论"关切放置于逻辑科学研究的应用取向的背景之中，这种"关切"的意义便不仅限于悖论研究本身，它将会在更为广泛的现代应用学科和社会生活实践等领域发挥更为重要的作用。

---

① 参见张建军：《真正重视"逻先生"：简论逻辑学的三重学科性质》，《人民日报》2002-01-12。
② 参见张建军：《逻辑悖论研究引论》，南京，南京大学出版社，2002，第37～39 页。
③ A. Visser："Semantics and the Liar Paradox"，in D. Gabbay and F. Guenthner(eds.)：*Handbook of Philosophical of Logic*(Vol. Ⅳ)，Dordrecht：D. Reide Pulishing Company，1989：617.

一、逻辑科学的"应用转向"

当代逻辑科学的"应用转向"是其自身发展的逻辑必然。回顾逻辑发展史，形式逻辑的诞生和发展离不开"逻辑学之父"亚里士多德（Aristotle）的贡献。正是亚氏运用一般性变元严格区分了逻辑与哲学、思维内容与形式，才使得逻辑学能够在纯粹形式层面得到长足发展，尤其是以弗雷格（G. Frege）发明和锻造适用于奠基数学基础的逻辑工具——数理逻辑的创生为标志，逻辑科学在形式层面不断向纵深推进，对思维形式的刻画日趋严格和精确。这样的逻辑成果，对整个现代科学特别是数学、哲学、语言学、人工智能和计算机科学等产生了重大影响，发挥了举足轻重的工具性和方法论作用，但同时又留下了十分严重的后果——逻辑学研究的严重数学化，一方面使得"懂逻辑"的人越来越少；另一方面使得"新"的逻辑成果使用范围越来越小，致使逻辑学的发展空间越来越窄。正如北京大学陈波教授所指认的："经典逻辑所遗留下来的问题已经不是太多，而且那些旧问题又十分难以解决，未来的计算机科学和人工智能虽然对逻辑学的成果仍有需求，而且仍然要以经典逻辑为基础，但却显现出一些新的特点，即它们特别关注的是人的主动性和创造性思维，而不是经典逻辑所辖的那种必然的、确定性的推理程序。"①这就意味着专注于"必然地得出"的演绎形式系统的建构对逻辑学的发展来说固然十分重要，甚至可以说，没有这样的工作，现代逻辑学便会丧失其立足的根据地，但同时又表明，如果逻辑科学仅仅限于这里的"一亩三分地"，执着于纯粹数学化②的表达手段，其发展空间必将受到极大限制。

要拓展生存空间，逻辑科学就必须实施"应用转向"。"应用转向"大致有两个路向，其一是积极参与应用科技领域的工作，特别是逻辑在人工智能领域的应用和攻关工作；其二是面向社会生活实践，发挥逻辑的

---

① 陈波：《从人工智能看当代逻辑学的发展》，《中山大学学报论丛》2000 年第 2 期。

② 在数理逻辑与逻辑的关系问题上，学界曾有三种代表性的观点，即数理逻辑是数学不是逻辑，是逻辑不是数学，既是数学也是逻辑三种主张（莫绍揆：《数理逻辑的性质》，《文汇报》1961-07-11）。

社会功能，参与现代民主法制社会的理性建构活动。①

　　就应用科技领域而言，发挥逻辑在人工智能等领域的作用，需要逻辑做的工作并不是纯粹数学形式的演算工作，因为人脑中的那种必然性推理方式已基本被人们所掌握，困难的是最能体现人的智能特征的能动性或创造性思维，包括学习、抉择、尝试、修正、推理等诸多因素是人工智能界所亟待把握的，而这一方面却又是既往逻辑学所不予研究或者说研究得非常薄弱的领域。为了适应这种"转向"的需要，国内逻辑学界提出，逻辑科学的研究重心应该转向如下两个领域。首先是要积极参与"认知"领域的研究工作。"认知"研究有两个既不相同却又可以相互推动的维度，即基于心理实验的"cognitive"维度和基于认识论的"epistemic"维度。十分显然，心理实验层面的认知研究的突破，无疑越会推动人们在认识论层面深化对"认知"的认识，而认识论层面的"认知"机理揭示得越是深刻，无疑越会有力指导心理实验层面的工作。可能是基于这样的认识，在国内学界，有人提倡将逻辑的"认知"研究"融合"认识论和心理实验两个层面的工作。在笔者看来，这种"融合"是有问题的，因为逻辑学研究的"认知"取向，不是直接干预心理学维度的认知实验研究，更不能代替心理学维度的认知实验研究，因为心理学的认知研究是心理的动态过程，是"thinking"，而逻辑学的认知研究是以心理学研究的终点，即"thought"为起点，探究"thought"之间的真值关系。正如鞠实儿所指认的，逻辑研究"认知"所要解决的问题是给出知识获取、知识表达以及知识扩展和修正的认知模型和方法，从而建立以逻辑为核心的跨学科体系，促进逻辑学与认知科学、心理学、语言学以及计算机科学相结合，② 利用逻辑方法解决社会科学与工程应用中的具体问题，让逻辑科学真正参与到人工智能等现代科学前沿工作之中，发挥逻辑的应用价值。其次要密切关注与"认知"研究相关的"语用"研究。20 世纪西方哲学的发展深深

---

　　① 　有学者将这两种转向概括为"认知转向"和"实用转向"（张建军：《走向一种层级分明的"大逻辑观"》，《学术月刊》2011 年第 11 期）。笔者认为，"认知转向"本身也是一种实用转向，因为它是为了应用型的人工智能和计算机技术服务的，并不是纯理论型的系统建构。"实用转向"应该包括逻辑在社会实践领域的应用和逻辑在科技领域的应用两个方面。

　　② 　参见鞠实儿：《逻辑学的认知转向》，《光明日报》2003-11-04。

地铭刻着"语言"的烙印，实现从"认识如何可能"到"语言表达如何可能"的主题转换。哲学研究中的这种语言转入，在逻辑学研究中也有同样的体现，不同的只是切入点及其深度问题。逻辑本来就是通过语言而研究思维的。语言既有语形也有语义，但要准确地理解语形与语义，就必须关注与语言的使用者相关的因素，亦即语用因素。在19世纪末20世纪初期，现代逻辑的数理化取向背离了自然语言，忽视了语言和逻辑中的"人"的因素。① 但在20世纪中叶，随着奥斯汀（J. L. Austin）、蒙塔古（R. Montague）、乔姆斯基（N. Chomsky）等一大批语言学家载负着现代逻辑的成果重新回归自然语言研究时，他们所获得的新成果对语言学和逻辑学都产生了重大影响。关注语言使用者在内的语境因素，注重语境因素对"意义"的影响，使逻辑学研究更接近自然语言，乃至人的思维实际，这样的逻辑研究无疑会在认知科学乃至人工智能和计算机技术的研发中发挥重要作用。

就在社会理性建构领域而言，需要逻辑所做的工作也不是纯粹数学形式的演算工作。亚里士多德将其创立的"逻辑"称之为"分析学"②，他的"分析学"其实内蕴着"形式化"和"非形式化"两个发展路向，但从其身后始，他的弟子们就将这门学问逐渐定格为纯粹的工具性学科。培根（F. Bacon）试图颠覆亚氏的逻辑，而培根仍将自己的逻辑学说命名为《新工具》。逻辑是"思维的工具"，这是人们长期以来的观念。这种观念也贯彻到了1974年联合国教科文组织（UNESCO）编制的学科分类中，逻辑科学因其工具性作用而与数学、天文学和天体物理学、地球科学和空间科学、物理学、化学、生命科学相并列，被列为七大基础学科之一。③ 在其下属的国际文献联合会的分类体系（BSO）中，逻辑也是列在"知识总

---

① 参见蔡曙山：《语用学视野中的逻辑学》，《光明日报》2003-11-04。
② 亚里士多德将研究普遍真理之"通则"称之为"第一级智慧"，掌握这种智慧的人是有"分析能力"的。据亚里士多德《形而上学》的译者吴寿彭考证，亚氏所谓"分析能力"（αναλυτιρων）可以译为"名学训练"。亚里士多德所称"分析"，即后世所称"名学"（Logica）或译"逻辑"。但用Logica一字为专门之学，推原其始，出于西塞罗，此字未尝显见于希腊著作（〔古希腊〕亚里士多德：《形而上学》，吴寿彭译，北京，商务印书馆，1981，第64页）。
③ 参见联合国教科文组织：《联合国公布基础科学分类》，《文摘报》1985-07-18。

论"下的一级学科。后来，该组织又发布了《科学技术领域的国际标准命名法建议》，将逻辑列于众多一级学科之首。① 中国逻辑工作者在论述逻辑的价值或功能时，往往也是这样评说的："作为基础学科的逻辑就是'器'，它的目的并不仅仅是为了提高思维能力和表达能力，主要是向学生介绍现代逻辑知识，为深入学习、研究逻辑和其他有关学科(哲学、语言学、法学、计算机科学、人工智能、数学等)提供必要的工具。"②

这种工具价值的取向往往把逻辑视作现代科学之各门学科的共同基础，使得逻辑的功能更多地指向了为科学技术服务。中国的逻辑工作者在论及逻辑的未来发展前景时，大多把逻辑与计算机科学和人工智能研究的结合视作其主要动力源泉。③ 由于对逻辑之工具价值的偏爱，逻辑不仅要与心理学也要与哲学分离，更要与人文社会学科划界。这种偏好的后果是，一方面，逻辑科学的发展空间越来越窄；另一方面，由于它自外于当代中国文化建设的孤立主义倾向，也造成了社会对逻辑科学的轻视，而这种轻视反过来又进一步加重了当代中国逻辑所面临的困境。④

其实，逻辑科学除了具有基础学科和工具学科的性质，还应该具有人文学科的性质。逻辑学的人文性质在于，"一方面为有识之士倡导思维方式变革提供了依据，另一方面也为他们对中国传统思维方式弊病的批评提供了武器"⑤。具有人文性质的逻辑科学本质上是"社会理性化的支柱学科。逻辑精神既是科学精神的基本要素，也是民主法制精神的基本要素，逻辑的缺位就是理性的缺位"⑥。可能是认识到了逻辑科学这种被学界所遮蔽的性质，以严复为代表的近代启蒙思想家试图借助西方逻辑对中国思维方式进行变革，将逻辑视为"一切法之法，一切学之学"，并主张变"惟圣"、"惟古"为创新自得；变臆断为实证；变整体认识为分析

---

① 参见丁雅娴：《学科分类研究与应用》，北京，中国标准出版社，1994，第163～164页。
② 张家龙：《迈向21世纪的逻辑学》，《社会科学战线》1996年第4期。
③ 参见陈波：《从人工智能看当代逻辑学的发展》，《中山大学学报论丛》2000年第2期。
④ 参见晋荣东：《逻辑何为：当代中国逻辑的现代性反思》，上海，上海古籍出版社，2005，第10～18页。
⑤ 崔清田：《墨家逻辑与亚里士多德逻辑比较研究：兼论逻辑与文化》，北京，人民出版社，2004，第286页。
⑥ 张建军：《真正重视"逻先生"：简论逻辑学的三重学科性质》，《人民日报》2002-01-12。

思考；变模糊为精确；变零散之说为系统之学。正如具有逻辑文化传统的学者所指出的："当我们努力使我们的同伴采纳我们自己的观点时，我们不应该通过压制或通过修辞的手段来达到。相反，我们应该努力说服他人根据自己的思考接受或者拒绝我们的观点。这只能通过理性的论证来达到，在那儿，他人被认为是自主的和理性的生灵。这不仅在个体伦理方面，而且在社会伦理方面是重要的。在我们的哲学写作和教学中，我们应当强调论证和辩护必定要担当的决定性的作用。这将使得传播谣言的政客和盲信者的日子更难过。这些谣言注定经受不起批判性的考察，相反经常能诱使群众变得偏执和狂热。理性的论证和理性的对话对健全民主制而言是重要的。"①显然，理性的论证和对话需要的不仅是以"必然地得出"为核心的形式逻辑，也需要以说理为核心的非形式逻辑。"说理"中的人是理智的，又不是100％的理智人，正如苏珊·哈克(S. Haack)所发现的，"如果人们都是理智的，那么他们应该只被那些具有真前提的有效论证所说服，但事实上，人们常常被那些非有效论证或者被那些具有假前提的论证所说服，而不是被可靠的论证所说服"②。逻辑参与社会理性的建构，就需要如同参与人工智能和计算机科学的应用工作一样，参与和营造社会"尊重论证"的风气。"论证"是以"逻辑"为工具的说理，"尊重"是一种人文精神的体现，"尊重论证"是对以逻辑为工具的说理规则、说服方式的遵循和敬重，是对盲目崇拜和粗暴干预的否定。

现代形式逻辑学者认识到"数理逻辑永远只能对付日常思维和科学思维的形式方面……这正是一般形式逻辑的固有缺陷，不能仅仅归咎于数理逻辑。克服这种局限性的办法不是改进这样那样的形式逻辑，而是努力发展非形式逻辑……"③或许是看到了形式逻辑发展的局限，同时又看到非形式逻辑广阔的发展空间，在国际逻辑学界兴起了一种新动向。享有盛誉的《哲理逻辑手册》(*Handbook of Philosophical Logic*)第一主编、

①　〔挪〕达格芬·弗罗斯达尔：《分析哲学：是什么以及为什么应当从事》，见上海中西哲学与文化比较研究会编著：《20世纪末的文化审视》，上海，学林出版社，2000，第280～281页。
②　〔英〕苏珊·哈克：《逻辑哲学》，罗毅译，北京，商务印书馆，2003，第21页。
③　康宏逵：《数理逻辑就是现代形式逻辑》，《文汇报》1961-09-29。

英国著名逻辑学家盖拜（D. M. Gabbay），在该手册第二版第 13 卷发表了他与著名非形式逻辑专家沃兹（J. Woods）合作的长篇论文《逻辑学的实用转向》，系统论述了他们关于当代逻辑科学的研究重心应从考察"推论"（inference）与"论证"（argument）的理想结构，转变为考察认知主体的实际推理（reasoning）与论证（arguing）过程之逻辑机理的主张，并提出了建构一般"实用逻辑"（practical logic）的基本构想①，随之而起的非形式逻辑和批判性思维研究的热潮，可以看作是逻辑对社会理性建构呼唤的一种回应。

二、悖论研究的方法论关切

任何理论的系统性应用和转化，都需要有一个过渡性的中介或平台，逻辑科学也不例外。系统的逻辑科学的理论成果并不能直接地"移植"到实践中的应用领域，它需要以逻辑科学方法论为其转化的平台。

直觉上，人们并不难理解，逻辑科学基础理论与逻辑科学方法论不应该是同一个概念。尽管人们可以做到"化理论为方法"，但从理论到方法，毕竟还要有一个"化"的手段、方式和过程，否则理论只能是理论，不可能直接就是方法。然而，在实际的理解中，学界的确有人把逻辑科学基础理论等同于逻辑科学方法论②。而要明确区分逻辑科学理论与逻辑科学方法论，把握逻辑科学方法论在逻辑学科体系中的位置或层级，就必须大致明确逻辑学科的层级结构。

国内外学界不乏对逻辑学科的层级结构的分类或分层。以学术视野

---

① D. M. Gabbay and J. Woods："The Practical Turn in Logic,"*Handbook of Philosophical Logic*，Second Edition，Vol. 13，Dordrecht：Kluwer Academic Publishers，2005：25-123.

② 在国内学界颇有影响的、由多名著名学者执笔撰写的《方法论全书Ⅰ·哲学逻辑学方法》，在其第三部"逻辑学方法"中，就把逻辑科学的基础理论与逻辑科学方法论视为"同一"的。它所指认的逻辑学方法包含的普通逻辑、数理逻辑方法（其中又含逻辑演算、集合论、证明论、递归论、模型论）、非标准逻辑方法（亦称非经典逻辑方法），在非标准逻辑方法中，又包含"模态逻辑"、"相干逻辑"、"多值逻辑"、"模糊逻辑"、"直觉主义逻辑"、"次协调逻辑"、"悖论"。另外还有"归纳逻辑"，以及较新发展的"概率逻辑"、"辩证逻辑"、"形象逻辑"和"逻辑哲学"。（李志才主编：《方法论全书》Ⅰ，南京，南京大学出版社，2000）。从其中的内容来看，这里所谓逻辑方法就是这些"逻辑学"内容的简介。这就把"理论"与"方法"混淆了。

宽广著称的美国逻辑学家雷歇尔（N. Rescher）认为，逻辑学科群可以分层为基本逻辑、元逻辑、数学发展、科学发展、哲学发展等。① 长期专注于逻辑哲学研究的英国逻辑学家苏珊·哈克认为，为了防止出现"将它们看成'不是真正逻辑'而加以排除的危险"，本着"先假定它们是逻辑的宽容方针"，而将庞大的逻辑学科群划分为传统逻辑、经典逻辑、扩展逻辑、异常和归纳逻辑。② 北京大学陈波将目前盛行的基础学科、应用学科和边缘交叉学科的划分方法移植到逻辑学领域，把逻辑学的各个分支一次性地划分为三大类，即基本逻辑、应用逻辑和广义逻辑。③ 华南师范大学胡泽洪从三个层面归置"逻辑"，即传统逻辑、经典逻辑与非经典逻辑；元逻辑、理论逻辑与应用逻辑；外延逻辑、内涵逻辑和语言逻辑。④ 南京大学张建军依据亚里士多德的前、后"分析篇"的主旨，对"逻辑"作了狭义与广义的层级区分，即"狭义的'前分析篇'就是指演绎逻辑，广义的'前分析篇'就是演绎逻辑、归纳逻辑、辩证逻辑三大基础理论；狭义的'后分析篇'就是指科学逻辑（包括演绎科学方法论和经验科学方法论），广义的'后分析篇'即是指应用逻辑学科群"⑤。

上述关于逻辑学科群的分类思想虽然各有主张，富有见解，但并不利于对逻辑学作宏观层次的把握，也不利于把握逻辑科学方法论在逻辑学科群中所处的地位和层级。在反复比较和推敲中外学者关于逻辑学科群的分类思想的基础上，笔者基于大逻辑观而把逻辑学科群落一次性划分为对象逻辑、元逻辑和应用逻辑三个层面。其中的元逻辑和应用逻辑是对逻辑的"核心"——对象逻辑的拓展研究与运用。所谓对象逻辑主要是指演绎逻辑（亚里士多德三段论与经典逻辑，或一阶逻辑与一阶理论等）、归纳逻辑和辩证逻辑。对象逻辑主要研究逻辑自身的工具性问题，包括逻辑自身观念的变革，以及逻辑技术的革新和换代。它是逻辑的"核

---

① N. Rescher：*Topics in Philosophical logic*，Dordrecht：D. Reidel Publishing Company，1981：6-9.
② 参见〔英〕苏珊·哈克：《逻辑哲学》，罗毅译，北京，商务印书馆，2003，第11～12页。
③ 参见陈波：《逻辑哲学导论》，北京，中国人民大学出版社，2000，第325页。
④ 参见胡泽洪：《逻辑的哲学反思：逻辑哲学专题研究》，北京，中央编译出版社，2004，第10～20页。
⑤ 王习胜、张建军：《逻辑的社会功能》，北京，北京大学出版社，2010，第49页。

心"之所在。在这个"核心"中，经典逻辑又是其基础之基础、核心之核心。所谓应用逻辑是将对象逻辑能够相对系统地应用于某一学科或某一领域而形成的新的逻辑学科。逻辑应用在形式系统的程度上是有差异的。一般而言，只要是运用了逻辑原理的都可以称之为逻辑应用，但只有将逻辑原理系统而非零散地应用于某一学科或领域，而且还在应用中形成了具有解释功能的新的逻辑系统，特别是逻辑形式系统的才能称之为应用逻辑，比如哲理逻辑、科学逻辑等。所谓元逻辑则是关于对象逻辑的理论研究。元逻辑不是直接研究思维形式及其规律的，而是关于逻辑问题的哲学研究，因此，"元逻辑"本身并不就是"逻辑"①。笔者所谓"元逻辑"包括三个层面，即逻辑哲学、逻辑学学和逻辑科学方法论。这里的逻辑科学方法论又包括演绎逻辑科学方法论、归纳逻辑科学方法论和辩证逻辑科学方法论。径直地，人们可以将其称之为演绎法、归纳法和辩证法。这些"法"才是将对象逻辑系统地应用于某一学科或领域的桥梁或纽带。②

在逻辑科学的发展史上，逻辑科学方法论一直是逻辑大师所关心的工作领域。传统逻辑的创始人亚里士多德，以及近代归纳逻辑的创始人培根等都十分注重发挥逻辑学的方法论功能。莱布尼兹（G. W. Leibniz）为改革逻辑而对逻辑作思维演算的构想也有其方法论的指向，即为了解决什么样的问题才"这样去做"。弗雷格创立数理逻辑的动因是为数学大厦奠定更为牢固的逻辑基础，他同样没有忽视逻辑的方法论意义。至于现代逻辑诞生后受其直接或间接影响而衍生出的新学科、新成果，如哥德尔定理、塔尔斯基（A. Tarski）的真理理论等，更是显现出逻辑学的方法论意义。③ 在笔者看来，逻辑科学的基础理论的研究成果之所以能够迅速而广泛地渗透并应用于现代科学的诸多领域，也正是凭藉逻辑科学方法论这样的平台。这种平台，也就是盖拜和沃兹在其《逻辑学的实用转

---

① 也有学者认为，"元逻辑（metalogic，又译后设逻辑）是研究逻辑的逻辑，它主要涉及形式逻辑自身的形式性质，包括语义、记号、真值等问题"（参见郑文辉：《欧美逻辑学说史》，广州，中山大学出版社，1994，第84页）。

② 参见王习胜：《逻辑地图：一种大逻辑观取向的学科划分》，《昆明学院学报》2010年第1期。

③ 参见张建军：《深入开掘逻辑学的方法论价值》，《光明日报》2003-11-04。

向》中所认为的那种"敏感于主体认知目标及相应认知资源的逻辑学","我们所谓逻辑学的实用转向，只是一种更为一般的转型的组成部分（尽管是具有基本重要性的部分）。在这种更为一般的形式上，我们会看到那些敏感于主体认知目标及相应认知资源的逻辑学。据此，推理者只有将其头脑中的认知任务和可资利用的适当资源相结合，才能做可靠的推理"①。这也正是冯契所谓的"化理论为方法"的"化"。这个"化"是理论与实践的结合，是"运用理论作方法"②，是依据理论而思与行。

作为对逻辑思维的方法论提炼，如何理解逻辑科学方法论才是合适的？逻辑在人们研究科学发现、科学检验和科学发展中所起的方法论架构作用，并藉此架构进而建构的科学逻辑成果可以视为典范。我国的科学逻辑研究肇始于 20 世纪 60 年代，至 20 世纪 80 年代初形成了系统的研究纲领，把科学逻辑定位为"经验自然科学的逻辑方法论"，即"关于科学活动的模式、程序、途径、手段及其合理性标准的理论"，分为"发现的逻辑"、"检验的逻辑"和"发展的逻辑"三个基本方面，演绎逻辑、归纳逻辑与辩证逻辑的基本理论与方法在科学研究中的作用机理达到了全面研讨。我国的科学逻辑研究在 20 世纪 80 年代全面启动之初，即确立了在逻辑主义与历史主义之间维持必要的张力、探索其对立互补机理的研究纲领，并取得了一系列恰与国际逻辑学科发展趋势相合拍的重要成果。在 20 世纪与 21 世纪交替之际，我国科学逻辑研究又逐步完成了由经验自然科学方法论向经验社会科学乃至人文科学方法论的扩张，以在科学主义与人文主义之间维持必要张力的精神继续新的探索，③ 不仅走出了一条将逻辑科学基础理论应用于科学发现、科学发明之中的独特道路，而且在应对后现代思潮对科学合理性的冲击方面也发挥着独特的阻止其"无穷后退"的堡垒作用。

所谓"方法"不外乎是认识事物、解决问题的手段或者途径。任何方

---

① D. M. Gabbay and J. Woods："The Practical Turn in Logic"，*Handbook of Philosophical Logic*，Second Edition，Vol. 13，Dordrecht：Kluwer Academic Publishers，2005：25-123.

② 《冯契文集》，第 1 卷，上海，华东师范大学出版社，1996，第 20 页。

③ 参见张建军：《当代逻辑科学"应用转向"探纲》，《江海学刊》2007 年第 6 期。

法的采用或运用都是针对"问题"的。没有问题，方法就没有对象。在泛化的意义上，可以将"问题"视为"事物的矛盾"①。专门研究"问题"的学者曾这样界定"问题"，即"问题是一种矛盾，一种情境，一个没有直接明显的方法、想法或途径可遵循的情境"②。认知心理学界则倾向于将"问题"理解为认知的初始状态与目标状态之间的距离。解决问题就是要消除这种距离，初始状态与目标状态之间的距离被消除，也就是目标的实现、问题的解决。③从哲学层面看，解决问题也就是解决矛盾，不论是思维的矛盾还是现实的矛盾。但是，不论在思维领域还是在实践领域，大多数矛盾是一般性的，也就是说，只要通过适当的努力，这样的矛盾就可能被消解。相对于一般性的矛盾而言，悖论所体现出来的"矛盾"其可解的难度与尖锐的程度都要突出得多。在哲学领域，悖论是让"哲学家头痛的问题"；在数学领域，悖论"也成了令数学家头痛的问题"④；在伦理领域，"道德悖论"造成了人们难以走出的"道德困境"；在思维领域，悖论则让智者在"奇异的循环"中难以自拔……"方法"是实现消解矛盾之目的的"桥梁"，是到达解决矛盾彼岸的"渡船"。如果说任何矛盾的消解都离不开方法，那么，艰涩的悖论矛盾的消解就更离不开方法，尤其是那些已经被证明可以有效地消解严格悖论的方法。因此，由于悖论矛盾的特殊性，决定了人们对解决悖论矛盾的方法论之需求也就更为迫切。

自从古希腊时期"说谎者"悖论被发现以来，悖论像幽灵一样纠缠着智者的大脑、牵扯着哲人的神经。虽然贤哲们研究"悖论"的心态和旨趣不尽相同，比如，古希腊的贤哲可能出于"好奇心"而把"说谎者"悖论当作益智的文字游戏去探究，中世纪的经院哲学家可能是为了回避弃绝人性的宗教禁忌或恼人的尘世习俗而钻研"说谎者"悖论及其变体，但自从罗素悖论诞生之后，"低估说谎者悖论和其他悖论的重要性，把它们当作

---

①《毛泽东选集》，第 3 卷，北京，人民出版社，1991，第 839 页。

② 江丕权、李越、戴国强：《解决问题的策略与技巧》，北京，科学普及出版社，1992，第 1 页。

③ 参见王习胜：《科学创造何以可能：起端于形而上的追问》，北京，当代中国出版社，2002，第 65 页。

④〔芬〕冯·赖特：《知识之树》，陈波等译，北京，生活·读书·新知三联书店，2003，第 165 页。

诡辩或者笑料"①的状况就大为改观。悖论一跃成为"科学的难题",威胁着数学大厦的根基,攻克悖论成为科学研究最为重要的工作任务之一。

伴随着罗素悖论研究的深入,人们重新发现了"说谎者"悖论等古老悖论的研究价值。学界在载负 20 世纪人类文明和科学成就的前提下重新审视"说谎者"悖论,一系列的新发现、新成就随之诞生;在逻辑学界和数学界努力攻克经典逻辑悖论的同时,经验自然科学领域的"光的本性悖论"、"追光悖论"等相继获得重大进展,而社会科学领域出现的特殊矛盾也被人们提升到悖论的高度进行认识,以悖论的范式进行研究。比如,在社会学领域发现的"投票悖论"、经济学领域发现的"阿莱斯(M. Allais)悖论"、伦理学领域发现的"道德悖论"等,这些悖论的发现与消解,无不需要严格的逻辑悖论研究在发现悖论、分析悖论和消解悖论等层面的方法论支援。然而,从既有的悖论研究成果看,学界对悖论研究的方法论概括意识还不强,所得到成果还不多,由此而形成了"需求"与"供给"之间的巨大落差。应用科学领域对这种"落差"的反映早已显现,比如经济学领域的研究者在研究资本理论的悖论时就曾发出了这样的感叹:"对资本理论分析的重点在于解释资本争论中存在的逻辑悖论。这些逻辑悖论产生的原因似乎很难在方法论的著作中找到现成的答案……"况且"经济学领域中的逻辑悖论并不是一个特例,而是所有被称之为科学理论体系中都可能存在的一般问题"②。因此,适时地梳理悖论研究的成果,把握悖论研究的方法论思想,概括悖论研究的方法论理论,这项工作不仅是已有两千多年研究历史的悖论研究发展的需要,也是顺应逻辑科学之应用取向的趋势、积极发挥悖论研究之应用价值的需要。

---

① 〔美〕A. 塔尔斯基:《语义性真理概念和语义学的基础》,见〔美〕A. P. 马蒂尼奇主编:《语言哲学》,牟博等译,北京,商务印书馆,2004,第 91 页。
② 柳欣:《资本理论:价值、分配与增长理论》,西安,陕西人民出版社,1994,第 545～546 页。

目　录

上　编　从严格悖论到泛悖论

下　编　泛悖论维度的科学理论创新机制

上　编　从严格悖论到泛悖论

　　"悖论研究"是一个涉及多学科的边缘性、交叉性研究领域。在20世纪与21世纪之交，随着悖论的语用学性质得到明确指认，悖论研究中的基本概念得到澄清和厘定，悖论研究的层次得到恰当切划和区分，不同层面的研究成果得到统一的把握和妥当的归置，悖论研究的发展脉络已经清晰显现。随着悖论研究中的问题及其症结得到充分揭示，悖论研究的未来发展方向得到明确昭示，当代悖论研究不论是在认识的精当性还是在视域的广阔性方面都在实现着历史性的跃迁。

　　在悖论研究中，人们曾将"公认正确的背景知识"的视域从日常合理思维领域转移到哲学思维和具体科学思维领域，从而界分出"哲学悖论"和"科学理论悖论"。为了研究工作的精确性，学界还通过严格的形式塑述方式，将一些"原生态"的悖论问题塑述为典型的严格悖论。这是一条理论研究的"上升"路线。但理论研究的目的终究是为了解决实际问题。经过两千多年的研究累积，严格悖论研究领域已经取得相对丰硕和成熟的成果，当代乃至在可预见的将来，悖论研究的视线将要转向更为广阔的理论领域，采取"下降"路线，把严格悖论研究的成果推广到泛悖论领域之中，去解决具体学科乃至当代社会政治、经济和文化生活等领域中的"类悖论"问题。这种拓展性工作，不仅是可能的，也是极为必要的。其可能性的实施进路在于，如果能够将我们的设想——以悖论研究的方法论为平台，建构起演绎科学和经验科学的统一而且系统的科学方法论，那么，将悖论研究的方法论推广到具体学科的基础理论乃至广泛的社会生活领域就具有无可置疑的可能性。

　　至于其必要性，更是不言而喻的。当代社会需要不断进行基础理论创新来支撑科学技术的迅猛发展，同时又要主动适应由于科学技术的迅猛发展而带来的巨大的社会关系的变革，这是一个需要在变革中寻求稳定、在对立中寻求合作的社会，是一个以消解"矛盾"以争取"共赢"的时代。变革是一种破除，对立是一种矛盾，尖锐的冲突是一种特殊的矛盾。如果以"悖论度"的视角去审视各种变革、对立、冲突或矛盾，也许可以将它们纳入泛悖论的视域。悖论惟有得到良好消解，人们的认识水平和能力才能获得质变性的提升和发展。社会生活中的对立和矛盾只有得到妥善处置，社会才能和谐，对立双方或多方之间才能实现"共赢"。悖论研究对于悖论性矛盾的"最优"性化解的方法，对于消解各种基础理论中的特殊矛盾，乃至社会生活中的冲突和矛盾具有直接的启示价值和间接的借鉴价值。因此，由笼统的悖论研究，到严格悖论研究，再到泛悖论研究，这种带有辩证否定轨迹的研究取向既是学术研究的内在逻辑使然，也是发展科学理论和改造社会生活的现实呼唤。

第一章　"悖论"概念的几个层面

　　"悖论"是英、德文"paradox"的意译。台、港、澳地区学者称之为"吊诡"或"诡论"，国外也有学者称之为"'逆论'，或'反论'"①。从字典学角度看，"paradox"由两个希腊词根合成，即"para-"(＝against，contrary)和"-doxa"(＝opinion)。美国学者 N. 雷歇尔在其《悖论：其根源、范围和解决》一书中认为，"paradox"的希腊词根"para-"的意思是"beyond"、"-doxa"则是"belief"②。《新华字典》对"悖"的解释是"混乱"、"违反"，比如"并行不悖"③。《辞海》对"悖"有两种释义，其一是"相冲突"，如"并行不悖"、"悖逆"；其二是"不合常理"、"错误"，如"悖谬"。悖谬则是指"荒谬"、"违背事理"。"悖逆"是指"违反正道"④。在古汉语中，"悖"字从"言"而不是从"心"，写为"誖"。《墨子·经下》中有"'以言为尽誖'，誖。说在其言。"《经说下》："誖，不可也。之人之言可，是不誖，则是有可也。之人之言不可，以当，必不当。""言以尽誖"中的"言"可以当"命题"解释；"誖"则是"假"的意思。所以，人们常常将"paradox"直译为相互冲突或矛盾的意见，意译是令人难以置信的主张。⑤ 宽泛地理解，

---

① 《科学美国人》编辑部编著：《从惊讶到思考》，前言，李思一等译，北京，科学技术文献出版社，1986，第 1 页。

② 美国学者 N. 雷歇尔认为，"The word 'paradox' derives from the Greek *para*(beyond) and *doxa*(belief)"。这种解释可能更利于我们理解这样的问题：悖论的消解为什么要创新原理论的核心"信念"(参见 N. Rescher：*Paradoxes：Their Roots，Range，and Resolution*，Chicago：Carus Publishing Company，2001：3)。

③ 商务印书馆编：《新华字典》，北京，商务印书馆，1998，第 19 页。

④ 参见翟文明、李冶威主编：《现代汉语辞海》，北京，光明日报出版社，2002，第 45～46 页。

⑤ 我国悖论研究的泰斗人物南京大学莫绍揆先生认为，"英文 paradox 一字，历来便有两个意义，其一是似非而是，应该译为怪论或奇论或佯谬；其二是似是而非，应该译为悖论，在这意义之下，人们亦常写为 antinomy，它可译为谬论(及悖论)。"(莫绍揆：《悖论》，见李志才主编：《方法论全书》Ⅰ，南京，南京大学出版社，2000，第 562 页) 笔者对照现有的英文词典，比如由商务印书馆和牛津大学出版社联合出版的 OXFORD ADVANCED LEARNER'S ENGLISH-CHINESE DICTIONARY (Extended fourth edition)，1997 年版第 1064 页，对 paradox 的释义是"似非而是的隽语；看似矛盾而实际(或可能)正确的说法。"这种释义恰恰是把莫先生指认的 paradox 的语义颠倒了。当然，这部词典把"隽语"作为 paradox 的语义之一，实际上已经认同了悖论的修辞语义。再者，如果认同莫先生对"悖论"——作"似是而非"的修辞语义指认，那就要将悖论中所包含的认识的真理成分排除出去，因为这种"悖论"不过是一种谬论而已。这是笔者所不敢苟同的，也是与本书的立意相左的。

悖论是指荒谬的理论或自相矛盾的语句或命题。这种意译和宽泛的理解，使得人们往往同样谈着"悖论"，在内涵上却大相径庭。

第一节　悖论修辞与逻辑悖论

今天的"悖论"是个多义词，也是使用频率较高的词。从 1994 年至 2012 年，仅中国知网全文数据库中竟有 6180 余篇以"悖论"为关键词的文章。从各种各样的关涉"悖论"的标题中，人们不难感受到"悖论"一词使用的繁杂性。诸如，"逻辑悖论"、"说谎者悖论"、"悖论文化"、"犹太人的悖论"、"镶牙不报销的悖论"、"涨利润不涨工资的悖论"、"竹内好的悖论"、"儿子的悖论"、"道德悖论"、"伦理悖论"、"青春的悖论"、"双愉悖论"、"幸福悖论"、"历史悖论"、"集合论悖论"，等等。各种"悖论"究竟是在什么意义上使用的，大多数使用者并不十分关心，除非是因为特别的"需要"才关注它的内涵的可能性与外延的恰当性。作为一本以"悖论"为关键词的专著，不能不追究"悖论"概念的内涵，不能不对本著所使用的"悖论"外延作必要的框定。

一、悖论修辞

从广义上讲，修辞是说服的艺术。从狭义上讲，修辞是一门研究语言修饰或雄辩的学问。"修辞"这个术语原指公开演说尤其是政治演说和辩论的技艺。早在古希腊时期，亚里士多德就系统地研究了"修辞学"。他特别注意到"修辞术"问题，并指出："修辞术是论辩术的对应物，因为二者都论证那种在一定程度上是人人都能认识的事理，而且都不属于任何一种科学。人人都使用这两种艺术，因为人人都企图批评一个论点或支持一个论点，为自己辩护或者控告别人。"[1]由于修辞术是在每一种事情上都要"找出其中的说服方式"[2]，悖论因其能够通过集中呈现矛盾的方式而达到说服人的目的，从而被人们作为一种修辞手法也就不足为怪了。

在当代西方形式主义文论流派之新批评学派那里，"悖论"修辞方法受到了极力推崇。新批评学派源出于英国而后极盛于美国，其全盛时期由 1915 年持续到 1957 年，前后四十余年。新批评学派的代表人物之一，

---

① 〔古希腊〕亚里士多德：《修辞学》，罗念生译，上海，上海世纪出版集团，2006，第 19 页。
② 同上书，第 20 页。

美国的布鲁克斯(C. Brooks)借用了逻辑学中的术语"悖论",将"悖论"看作是诗歌的本质性特征之一。他认为,诗歌的语言就是悖论的语言,因为"悖论正合诗歌的用途,并且是诗歌不可避免的语言。科学家的真理要求其语言清除悖论的一切痕迹;很明显,诗人要表达的真理只能用悖论语言"①。在新批评学派的词汇表里,有四个引人注目的术语,即"含混"(amgiguity)、"张力"(tension)、"悖论"(paradox)和"反讽"(irony)。传统修辞意义上的"悖论"是一种"狡黠的语言技巧"。"悖论"被修辞学界旧译为"诡论"或"似是而非",也有人将其说成是"似非而是"之论。有新批评学派成员认为,诗人必须创造自己的语言,创造的方法就是对语言进行违反常规的使用,用暴力扭曲字词的原意使之变形,把逻辑上不相干甚至对立的字词并置,以引发特殊的感受。这种感受只有以"似是而非"的悖论修辞方式才能真正表达出来。因此,"诗歌的语言是悖论的语言",诗意正是从这种不协调和不一致中产生。有人甚至认为,浪漫主义的典型风格是"悖论的惊奇",而古典主义尤其是玄学派诗歌的典型风格则是"悖论的反讽"。悖论修辞正是一些文学作品的亮点所在。比如,奥斯汀的名著《傲慢与偏见》卷首就是一句悖论性的语言,"凡是富有的单身汉必然需要一位妻子,这是举世公认的真理",类似这种经过悖论修辞后的语句一直受到热衷于以文学方式表达思想者的追捧。

　　悖论修辞不同于"反讽"修辞,反讽修辞手法达不到"悖论"手法的效果。"悖论"修辞可以将正反两层意思同时呈现在字面上,造成矛盾冲突的感受。与悖论修辞极为类似的是矛盾修辞法。"oxymoron"这个词来自希腊语的两个词根 oxys 和 moros。在希腊语中,oxys 的意思是 sharp(敏锐),moros 的意思是 dull/foolish(迟钝/愚蠢),oxymoron 这个词本身就前后矛盾,英语就是用这个词称谓矛盾修辞法。一般地说,矛盾修辞就是将语义截然相反或对立的词语放在一起使用,以揭示某一事物矛盾的性质。换言之,它使用两种不相协调、甚至截然相反的特征来形容同一事物,以增强语言感染力。比如,真实的谎言、创造性的破坏、一个聪明的傻瓜、无事空忙、忘却的记忆、公开的秘密、虽败犹荣、虚拟现实、欢乐的悲观者、温柔的残忍、残酷的善良、令人绝望的希望、令人不寒而栗的烈火、愚蠢的智慧、甜蜜的忧愁,等等。英国桂冠诗人阿尔弗雷德·顿尼森(A. Tennyson)有一句诗:His honour rooted in dishonour

---

　　①　转引自 http://www.poemlife.com/ReviewerColumn/huojunming/article.asp? vArticleId=50584。

stood, And faith unfaithful kept him falsely true(他那来源于不名誉的名誉依然如故，而那并不诚实的诚实保持虚伪的忠诚)。在这句诗中，诗人巧妙运用 dishonour 修饰 honour，unfaithful 修饰 faith，falsely 修饰 true，从而形成一系列的语义对立，产生出了鲜明的矛盾修辞效果——打破常规语序，出人意料。由于两部分语义相互矛盾，合并使用有悖常理，所以矛盾修辞可以强烈地冲击读者的惯常秩序思维，因为"意想不到"而引发读者深化理解的欲望，进而给人以深刻的思想启迪。仔细推敲这种看似矛盾的语言表达方式，并不难以发现，矛盾修辞法所表示的语义矛盾不仅符合事理逻辑，而且能够使文章语言更加形象生动，意蕴更为丰富深刻。① 从语词结构上看，矛盾修辞有时直接体现在一些偏正结构的语词表达中，比如，黑色的太阳，惬意的恐怖，致命的美丽等；也有并列的结构，比如，让人生也让人死(快乐)，年轻而又老迈(国王)，又高贵又滑稽(天鹅)，地狱或者天堂(深渊)，播撒喜悦和灾祸(美神)，恶毒而又神圣(眼光)，酷虐而甜美(折磨)；还有的是以逻辑与反逻辑的结构形式表达的，这主要体现在对某些事理的见解中，比如，死亡是新生的驱动器，新生是死亡的起始点；粪土中可以提炼出黄金，温情往往是暴虐的温床；② 失败是成功之母，等等。

悖论修辞之所以不同于矛盾修辞，是因为其中的"正"包含了"反"的种子，"反"中亦包含有"正"的基因，伟岳高山可以谓之小，秋毫之末可以谓之大，恶行也许正在践行一个善良的愿望，善举也许为了达到卑鄙的企图，黑白之间的界线没有鲜明的判别，美与丑、善与恶等观念也只是从不同视角审察事物的结果，对象自身似乎并没有各自独立的本性，而是相互依存、相反相成的。悖论修辞偏离语言的正常规范和语序逻辑，其反常而突兀的词语搭配不仅是语言层面上的历险，同时也超越了形式逻辑的逻辑矛盾层面，在一定程度上揭示出认识对象所内蕴的辩证矛盾的性质。辩证矛盾性质的一个显著的特点是相反相成的属性可以得到统一，而认识这种辩证关系，往往需要从多层面、多方面、多角度去检视和审思。比如，臧克家的名作《有的人——纪念鲁迅有感》，开头四行便采用了悖论性的语言："有的人活着/他已经死了，/有的人死了/他还活着。""有的人活着"，这里的"活"指生理的人、生物的人还活着；"他已经死了"，这里的"死"却是指他的生存意义、生命的价值已经没有了。"有

---

①　参见 http://baike.baidu.com/view/682101.htm。

②　参见刘波：《"矛盾修辞"与文明的悖论》，《外国文学评论》2005 年第 2 期。

的人死了"，其中的"死"指生理的人、生物的人已经死了；"他还活着"，其中的"活"是指他的精神永恒、奉献给社会的价值意义永存。诗人运用概念的潜替，语表上完全突破了形式逻辑的框框，即形式逻辑要求的那种"在同一思维过程中，每一思想必须保持自身的同一"。这样的"同一"是就"同一对象、同一时间、同一关系"而言的，而悖论修辞并不是就这种"三同一"而言的，即便对同一对象、同一时间，也往往是从不同关系而言的。比如，王维洲的《落日与生命》中的悖论语句——"落日离我遥远而又遥远了……唯其远才诱发我的憧憬……落日离我很近而又很近了……唯其近才逼迫我珍惜。"①这种带有辩证思维特色的修辞，使得这样的语句并不导致晦涩、费解，只要认知的角度把握得当，并不会产生语言层次上的缠绕，反而能够使读者很容易从中达到对深层事理的真切领悟。反之，如果悖论修辞后的语言直接违反了形式逻辑的要求，那就是逻辑错误，也是修辞的败笔。

　　有学者还进一步探讨了悖论修辞的语言结构，主要有：（1）两种不同的而又似乎相抵触的判断（有时是省略的形式）同时出现在字面上，出现了 B，又出现了非 B。（2）把不协调的东西紧连在一起，进行了超常搭配，构成了突兀的结合。②

　　其实，不仅在文学语言中有悖论修辞，在宗教经学中，这样的语言形式也大量存在。如 N. 雷歇尔所指出的，文学家们是擅长使用这种修辞意义的悖论的，基督教徒更是常用这样的悖论修辞。S. 弗兰克（S. Fanck）在 1534 年出版的《悖论》一书中收集了 280 个"悖论"，其中就包括这样一些"似是而非"或"似非而是"的格言，比如，"胜利伴随着征服"、"上帝从来没有比更远时更近"、"在不相信中建立信仰"，以及德尔图良（Tertullian）那臭名昭著的"名言"："正因为它是假的，所以我才相信。"③

　　显然，悖论修辞是吸纳了"悖论"最普遍的属性——悖逆性，但是，如果悖论的这种"悖逆性"被无限制地扩展，就可能造成"悖论"的滥用。当今，人们往往把"稀奇的念头"、"古怪的事件"、"异常的情形"，以及像奥斯卡·威尔德（O. Wilde）所说的"除了诱惑之外，我能够抵御任何东西"④等，这些介于"有意义"与"胡扯"之间的矛盾语言都赋之以"悖论"

---

①　转引自张宏梁：《诗歌中的悖论语言探析》，《逻辑与语言学习》1994 年第 5 期。

②　同上。

③　N. Rescher：*Paradoxes：Their Roots，Range，and Resolution*，Chicago：Carus Publishing Company，2001：4-5.

④　Ibid.，3-4.

的称谓，实在是对"悖论"一词的滥用。

　　总之，大凡精当的修辞意义的"悖论"，所使用都是"悖论"之"似非而是"的悖逆属性，使其诸多不协调的理由或情形并存。类似于叔本华（Schopenhauer）的"生命意志的最高期望就是自杀"的论点，人们常说的"弗洛伊德（Freud）不是弗洛伊德主义者"，或者"金规则就是没有金规则"、"假作真时真亦假，无为有处有还无。"（《红楼梦》）等，这种语表上显得荒谬，或不合常情，或表述带有逻辑矛盾的痕迹，实际上却蕴涵着一定道理，揭示了某种事理，才显示出特殊的修辞效果。因此，这种悖论修辞，其语表虽然近似甚至直呈着形式逻辑的矛盾，其语里却蕴涵着认知对象的辩证矛盾的属性。

二、逻辑悖论

　　"逻辑悖论"亦即逻辑意义的悖论。《逻辑学大辞典》对"逻辑悖论"是这样释义的："逻辑学术语。（1）即'悖论'。（2）指'严格悖论'。（3）指'集合论悖论'。"①显然，这里的（1）（2）（3）是三个渐次深入或者说外延上渐次缩小的属种关系。

　　是否存在逻辑意义的悖论，历来有不同的意见。早在古希腊时期，斯多葛派的克吕希波（Chrisippus）就曾说过："谁要是说出了'说谎者悖论'的那一句话，那就完全丧失了语言的意义，说那句话的人只是发出了一些声音罢了，什么也没有表示。"②及至当代，仍有学者认为，悖论只是人们为了"研究"而刻意构想出来的。③ 基于科学理论中一再出现而且不可彻底避免悖论的客观事实，我们坚持认为，悖论的存在是不可否认的事实。那么，究竟什么是悖论呢？为避免不必要的歧见纠缠，我们不想径直给出悖论的抽象界说，而想从一个相对公认的而且事例本身亦不会内蕴多少歧义的经典案例说起，通过对这个案例的解析，呈现我们对悖论本质和特征的认识。

　　从相关史料中我们不难得知，在古希腊毕达哥拉斯（Pythagoras）时期，数学思维尚处于刚刚形成有理数观念的早期阶段。由于数量概念源于测量，而测量得到的任何量在任何精确度的范围内都可以表示成有理数，所以，毕达哥拉斯学派确信一切量均可用有理数表示。这种认识还被进一步凝练为可公度原理，即"一切量均可表示为整数与整数之比"。

---

①　彭漪涟、马钦荣主编：《逻辑学大辞典》，上海，上海辞书出版社，2004，第609页。

②　转引自杨熙龄：《奇异的循环：逻辑悖论探析》，沈阳，辽宁人民出版社，1986，第45页。

③　参见杜音：《近年国内悖论论争之我见》，《湘潭师范学院学报》1999年第4期。

在"万物皆数"和"一切量均可表示为整数与整数之比"的信念的导引下，毕达哥拉斯学派成功地发现了伟大的毕达哥拉斯定理。然而，学派成员希帕索斯（Hippasus）却发现，边长为 1 个单位的正方形其对角线的长度，即$\sqrt{2}$却无法表示为整数之比。这个结论与可公度原理产生了尖锐的矛盾：如果可公度原理是正确的，$\sqrt{2}$就没有作为一个量而存在的权利；如果$\sqrt{2}$具有作为一个量存在的权利，则可公度原理就不正确。在维持"一切量均可表示为整数与整数之比"的原有信念下，我们不难抽象出其冲突程度更为显然的矛盾形式：$\sqrt{2}$是量，同时，$\sqrt{2}$不是量。

$\sqrt{2}$虽然无法公度，但它确实量度出了一个确定的长度，事实表明，它具有作为一个量存在的权利，况且，重复运用希帕索斯的方法，还可以得到无限多个不可公度的量。于是，在毕达哥拉斯学派之外，人们逐渐放弃了"一切量皆可公度"的理念。到了欧几里得（Euclid）时代，无理量及其证明成了《几何原本》的重要组成部分。至 19 世纪，一批著名的数学家，比如，哈密顿（W. R. Hamilton）、威尔斯特拉斯（K. Weierstrass）、戴德金（R. Dedekind）和康托尔（G. Cantor）等人认真研究了无理数，给出了无理数的严格定义，提出了一个同时含有理数和无理数的新的数类——实数，并建立了完整的实数理论，至此，由$\sqrt{2}$问题所引发的第一次数学危机才得以消解。

$\sqrt{2}$问题是当时数学领域出现的一个悖论，对于这一指认，持悖论存在观的学者大多没有异议。从这个近乎公认的典型案例中，如下认识不难成为我们的共识：首先，$\sqrt{2}$悖论所呈现的"矛盾"是逻辑矛盾，它违反了依据矛盾律制定的逻辑规范，即"在同一思维过程中，相互矛盾的思想不能同时为真"。在$\sqrt{2}$悖论中，相互矛盾的思想恰恰"同时为真"，或者说，相互矛盾的思想可以得到"同等有力的证明"或"同等有力的证据支持"。这样的矛盾，不是为了解释某种现象而给出的说明，也不是对认识对象的属性或特征从多方面、多层面、多角度的揭示，而是在"同一对象、同一时间、同一关系"的情况下发生的矛盾。其次，这样的悖论总是相对于特定认知主体而言的。$\sqrt{2}$悖论主要是相对于毕达哥拉斯学派成员而言的。对于不持"一切量皆可公度"观点的人而言，在他们的思想中"$\sqrt{2}$是量，同时，$\sqrt{2}$不是量"并不能构成同时成立的矛盾命题。换句话说，在这对矛盾命题之间，必有一个命题是会被舍弃的。但是，对产生这种悖论认识的认知共同体而言，究竟舍弃其中的哪一个命题，他们是无法给出令自己信服的理由的，因为矛盾双方都得到了"同等有力的支持"，"占优选择策略"在这里失效了。或许是基于这种认识，《简明不列颠百科全书》"悖论"条目明确地指出："对某些人来说够得上一个矛盾或悖论的命题，对于另外一些信念不同或见解不坚定的人来说并不一定够得上是一个矛盾命题或悖论。"①再次，悖论总是从特定认知共同体"公认正确的背景知识或认知信念"中合乎逻辑地推导或衍生出来的。$\sqrt{2}$悖论就是从毕达哥拉斯学派的"万物皆数"的认识信念和"一切量均可表示为整数与整数之比"的背景知识中合乎逻辑地推导出来的。不认同这样的认知信念和背景知识，也就不会构成$\sqrt{2}$悖论。最后，悖论所表现出来的推论结果往往是相互矛盾的命题能够同时成立。这种成立可能有不同的表现方式，有学者将其归纳为四种形式，即(1)矛盾互推式，即在语言表述方式上直接构建了 p 和¬p 相互推导的矛盾等价式；(2)矛盾直接证明式，即表述为矛盾双方 p 和¬p 被分别证明的情况；(3)矛盾间接证明式，即 p 和¬p 分别推出矛盾，根据司格特法则 A∧¬A→B，从而能够分别间接证明对方的情况；(4)二难循环式，即在语言表述中出现了两个矛盾命题 p 和¬p 互为先行条件的情况。后三种情况均可视为逻辑必然地建立矛盾等价式，但"在实际的语言表述中，只要明确它们'可以'建立矛盾等价式即可，而不必处处把等价式建立起来"②。悖论的上述四种特征，是我们能够指认悖论与普通的逻辑矛盾乃至半截子悖论、悖论的拟化形式、佯谬等区别所在的依据。由此，我国学者张建军对"逻辑悖论"实际上是对"悖论"所作的界定是：所谓(逻辑)悖论是"指谓这样一种理论事实或状况，在某些公认正确的背景知识之下，可以合乎逻辑地建立两个矛盾语句相互推出的矛盾等价式"③。这是目前在悖论研究领域具有较高公认度的一种界说。

在明确了悖论的基本含义之后，我们还应该追问两个基本问题，其一，"逻辑悖论"这个概念是怎么来的；其二，"逻辑悖论"之中的"逻辑"应当怎样理解？

"逻辑悖论"现已是一个被广泛使用的概念，但从概念种类划分角度首先提出这个概念的是英国数学家和逻辑学家莱姆塞(F. P. Ramsey)。

对悖论进行种类划分的思想缘起罗素(B. Russell)在康托尔创立的素

---

①　《简明不列颠百科全书》，第 1 卷，北京，中国大百科全书出版社，1985，第 655 页。

②　张建军：《悖论与科学方法论》，见张建军、黄展骥：《矛盾与悖论新论》，石家庄，河北教育出版社，1998，第 108～109 页。

③　张建军：《逻辑悖论研究引论》，南京，南京大学出版社，2002，第 8 页。

朴集合论理论中发现的罗素悖论,即"由所有不是它们自身的元素所组成的类的类"究竟属不属于这个"类"?由于该悖论"危及"现代数学基础理论——集合论的合理性,罗素倾其全力提出了一种旨在一揽子解决这种集合论悖论和既往发现的说谎者型悖论①的方案——分支类型论。需要说明一点的是,罗素当时没有区分逻辑悖论(集合论悖论)和语义悖论(认识论悖论),分支类型论可用于解决这两类悖论。1926年,莱姆塞明确区分了上述两类悖论,提出了用简单类型论解决逻辑悖论的方案,而分支类型论的作用主要是解决语义悖论。1937年,罗素接受了莱姆塞的观点。②正是在对分支类型论方案进行批判性审视的过程中,莱姆塞认识到,集合论悖论与说谎者型悖论虽然具有类同的逻辑构造,但二者在由以导出的基本命题(即背景知识)的可表达性上却存在重大差异:集合论的基本原则可用纯粹的逻辑语形语言表达,而说谎者型悖论所由以导出的基本原则必定在本质上涉及"真"、"假"等有关语言的意义、命名或断定,即语言与对象的关系方面的内容,因而,这是两种性质不同的悖论。据此,莱姆塞把集合论悖论称为"逻辑悖论",把说谎者型悖论称为"认识论悖论"③。这是悖论研究史上首次以导出悖论的背景知识为基准对悖论进行的明确分类。

莱姆塞所谓的"逻辑悖论"是该词最为狭义的用法,即其"逻辑"之要旨是指谓悖论所据以推导的背景知识的"逻辑性",是关于是否"逻辑"的元逻辑问题。由于这里的对象逻辑主要是指集合论的内容,而集合论语言又可以转化为纯粹的逻辑语形语言。由于集合论语言也可以转化为高阶逻辑语言,故而,莱姆塞意义上的"逻辑悖论"时常被明确地指认为高阶逻辑悖论,更多地被称为"集合论-语形悖论"或简称为"语形悖论"。"逻辑悖论"的广义用法是指导出悖论的过程是"合逻辑"④的,这里的"合

① 说谎者说:"我正在说的这句话是谎话",那么,"这句话"究竟是"真话"还是"谎话"?凡是与这种悖论具有类同的逻辑构造,并必然涉及"真"、"假"等语义概念的悖论,一般称之为说谎者型悖论。

② 参见张家龙:《论语义悖论》,《哲学研究》1981年第8期。

③ F. P. Ramsey:"The Fundations of Mathematics",*Proceedings of the London Mathematical Society*,series 2,1925:Vol. 25.

④ "逻辑"是个多义概念。学界长期存在"逻辑是什么"的争论。既有包含事理、规律层面的"大"逻辑,又有仅指"形式演绎系统"的"小"逻辑;既有包含演绎逻辑、归纳逻辑和辩证逻辑的"大逻辑观",又有仅指形式演绎系统"必然的得出"的"小逻辑观"。同样是"大逻辑"与"大逻辑观"、"小逻辑"与"小逻辑观",它们之间仍然存在诸多分歧。本书是以经典逻辑为基准而研究泛悖论的,所以我们这里的"逻辑"是指遵守不矛盾律的经典逻辑。

逻辑"有两层意思，其一，这里所导出的矛盾性结论是形式逻辑层面的逻辑矛盾，不是修辞层面的矛盾也不是辩证逻辑层面的矛盾；其二，这里的逻辑矛盾是"合乎经典逻辑规律和规则"推导出来的。① 因此，这里的逻辑并不包括事物的发生、发展之事理规律的"逻辑"。

第二节　严格悖论与泛悖论

随着悖论研究的深入，我们将"逻辑悖论"进一步区分为"严格悖论"和"泛悖论"。这两种悖论又是如何被区分的，其标尺是什么？"严格悖论"和"泛悖论"概念的诞生，固然是悖论研究深化和发展的"逻辑必然"，也与逻辑悖论研究者对"悖论"含义的反复推敲与争鸣密切关联。

笔者在系统梳理国内逻辑悖论研究成果的基础上，曾经作过这样一个判断，即我国的逻辑悖论研究是直接建基于西方学界的最新成果之上的，其特点是：其一，述评国外悖论研究的成果，译介国外悖论研究的动态；其二，探究和论争悖论的本质及其"矛盾"的性质归属，试解具体悖论，对悖论作哲学层面的思考；其三，由辩证思维学者肇端的逻辑悖论研究的科学方法论意义问题引起学界的持续关注。② 在对"逻辑悖论"内涵的把捏和外延的框定方面，国内学者花费了较多时间和精力。在笔者看来，这项工作已经基本完成，相对的"共识"也已基本形成，但并不表明其中毫无分歧，尤其是对那些没有能够及时把握逻辑悖论研究新近成果的学者，以及新近"入道"于逻辑悖论研究行列的学者，"重复"阐释虽然是一种浪费，但却并非没有必要，这既是学术传承所必须付出的代价，同时也有可能从老问题中阐发出新洞见。况且，今天的逻辑学科已是一个庞大的现代学科群，即便都是终身专注于逻辑学的研究者，也"大概已不再有任何一个人能够通观这整个领域的每一个细节了"③，而逻辑悖论研究也只是逻辑学研究中的一个特殊领域。有鉴于此，我们不妨再回溯一下这种概念澄清的学术历程，评析国内外学界的一些新近认识。

早在20世纪90年代初，专注于逻辑悖论研究的学者张建军就已经发现："在数学哲学和逻辑哲学领域几十年的悖论研究中，尽管对于'悖论'的内涵有着诸多不同的界定，但其'所指'即外延却基本相同，主要指

① 参见张建军：《逻辑悖论研究引论》，南京，南京大学出版社，2002，第20页。
② 王习胜：《逻辑悖论方法论研究述要与思考》，《自然辩证法研究》2007年第5期。
③ 〔德〕W.施太格缪勒：《当代哲学主流》，上卷，王炳文等译，北京，商务印书馆，1986，第441页。

以罗素悖论为代表的集合论悖论及相应的语形悖论和以说谎者悖论为代表的语义悖论。然而,仅就这两类悖论而言,某些流行的定义也显得过于狭窄。"①这就是说,在 20 世纪初、中期的那些岁月中,数学哲学和逻辑哲学讨论的"悖论",显然是"逻辑意义的悖论",而且在外延上"主要指以罗素悖论为代表的集合论悖论及相应的语形悖论和以说谎者悖论为代表的语义悖论",这种外延的"逻辑悖论"显然只是《逻辑学大辞典》中对"逻辑悖论"释义的(2)甚至是(3)的层次。即便是这样的层次,人们对"逻辑悖论"的内涵的阐释仍然存在诸多分歧。

张建军在其早年发表的一篇文章中列举并剖析了五种辞典来源的"悖论"定义以及一种经常被人们引用的"悖论"定义:其一是《逻辑学辞典》的"悖论"条目,即"悖论是指这样一种逻辑上自相矛盾的状况:肯定一个命题,就得出它的矛盾命题;同时,如果肯定这个命题的否定,同样又得出它的矛盾命题。也就是说:如果肯定命题 A,就推出非 A;如果肯定命题非 A,就推出 A"②。其二是《辞海》(哲学分册)中对"悖论"的释义是"一命题 B,如果承认 B,可推得非 B,如果承认非 B,又可推得 B,称命题 B 为一悖论"③。其三是《中国大百科全书·哲学卷》中所界说的,即"悖论指由肯定它真,就推出它假,由肯定它假,就推出它真的一类命题。这类命题也可以表述为:一个命题 A,A 蕴涵非 A,同时非 A 蕴涵 A,A 与自身的否定等值"④。其四是《哲学大辞典·逻辑学卷》所给出的解释,即悖论是"逻辑上自相矛盾的恒假命题。它的标准形式是 P ⟷ ¬P,即由前提 P 可推出非 P,并由前提非 P 可推出 P"⑤。其五是美国《哲学百科全书》中的界定,即"悖论由两个相互矛盾或对立的命题构成。一种显然合理的论证把我们引向这两个命题,这种论证被认为是合理的,因为在别的场合使用这些论证并不发生任何困难。只是在出现悖论的特定组合中,才得出麻烦的结论。悖论的极端形式由两个相互否定的显然等价构成"⑥。另一种经常被学界引用的"悖论"定义是两位外国学者弗兰克尔(A. A. Fraenkel)和巴—希勒尔(Y. Bar-Hillel)在其《集合论基础》一

① 参见张建军:《悖论的逻辑和方法论问题》,见张建军、黄展骥:《矛盾与悖论研究》,香港,黄河文化出版社,1992,第 48 页。
② 《逻辑学辞典》,长春,吉林人民出版社,1983,第 665 页。
③ 夏征农主编:《辞海》,哲学分册,上海,上海辞书出版社,1980,第 453 页。
④ 《中国大百科全书》,哲学卷,北京,中国大百科全书出版社,1988,第 33 页。
⑤ 《哲学大辞典》,逻辑学卷,上海,上海辞书出版社,1988,第 391 页。
⑥ 转引自张建军:《悖论的逻辑和方法论问题》,见张建军、黄展骥:《矛盾与悖论研究》,香港,黄河文化出版社,1992,第 50 页。

书中给出的，即"如果某一理论的公理和推理原则看上去合理，但从中却证明了两个相互矛盾的命题，或者证明了这样一个复合命题，它表现为两个相互矛盾的命题的等价式。那么，这个理论就包含了一个悖论"①。张建军指出，定义一运用"真"、"假"语义概念来下定义，只能刻画说谎者悖论这样的语义悖论，对于集合论—语形悖论它是无能为力的，定义过窄；定义二与定义一存在共同的问题，即把悖论归结为一个导致矛盾等价式的孤立命题。定义三是定义一和二的合取，也存在同样的错误。"实际上，作为悖论形式特征的矛盾等价式，都是从某些背景知识中导出的，而不是由某一个命题直接推导而来。即使对导致说谎者悖论的命题'本命题为假'来说，如果没有一定的背景知识，它本身也并不能导出矛盾等价式。"②定义四"正确地指出了悖论的形式特征，但仍然容易引起误解，即矛盾等价式是由 P 和非 P 的直接互推得到的，其实，单从 P 本身不可能合乎逻辑地推出非 P（除非命题 P 本身是一逻辑矛盾句，而此时非P 就成为永真句，不可能再推出 P），反之亦然"③。定义五未把论证的前提（背景知识）和推理区分开来，而这种区分是重要的。如果把弗兰克尔和巴—希勒尔所给的悖论定义看作定义六的话，它的问题在于把"背景知识"限定为"某一理论的公理和推理原则"，有定义过于狭窄之弊，而且，定义五和定义六也只能刻画集合论—语形悖论，并不能刻画语义悖论。④

张建军的上述剖析，写于 1990 年左右，部分文稿发表于《现代哲学》杂志 1990 年的第 4 期，距今已逾二十余载。应该说，张先生对"悖论"界定的把捏不乏精细与洞见，所获成果也是悖论研究领域的学者首肯和赞赏的。然而，学术研究是一项传承与发展的事业，对既有材料的尽可能占有和对新材料的及时关注极为重要。就悖论的界定而言，一方面，还有一些颇受学人重视的定义张先生未及评说；另一方面，国内外学者新近给出的定义，张先生此时无法关注得到。

属于前一种情况的有中国逻辑学界的泰斗人物金岳霖给出的悖论定义："悖论是一种特别的逻辑矛盾。悖论是这样的一种判断，由它是真的，就可推出它是假的，并且，由它是假的，就可推出它是真的。"⑤这种定义，与张先生辨析的定义一是类似的。此外，还有原中国逻辑学会

① 张建军：《悖论的逻辑和方法论问题》，见张建军、黄展骥：《矛盾与悖论研究》，香港，黄河文化出版社，1992，第 50 页。
② 同上书，第 49 页。
③ 同上书，第 49～50 页。
④ 同上书，第 50 页。
⑤ 金岳霖：《形式逻辑》，北京，人民出版社，1979，第 271 页。

会长张家龙早年给出后来再次发表的悖论定义："悖论是某些知识领域中的一种论证，从对某概念的定义或一个基本语句（或命题）出发，在有关领域的一些合理假定之下，按照有效的逻辑推理规则，推出一对自相矛盾的语句或两个相互矛盾的语句的等价式。"①张建军在新近发表的《广义逻辑悖论研究及其社会文化功能论纲》一文中，对张家龙的悖论定义曾有这样的评析："国内外都有学者认为悖论的属概念是'论证'，但我们可以为同一悖论'发明'不同的论证，如罗素悖论就有许多种论证方式，却仍然是同一个悖论。最早把罗素悖论公之于世的'弗雷格版本'和《数学原理》中的'罗素版本'所使用的就是不同的论证。"②

属于后一种情况的，在笔者看来，如下三种定义大致可以视其为一类。其一是陈波的悖论定义："如果从明显合理的前提出发，通过正确有效的逻辑推导，得出了两个自相矛盾的命题或这样两个命题的等价式，则称得出了悖论。这里的要点在于：推理的前提明显合理，推理过程合乎逻辑，推理的结果则是自相矛盾的命题或这样的命题的等价式。"③其二是由英国学者塞恩斯伯里（R. M. Sainsbury）给出的："悖论就是显然可接受的推理从显然可接受的前提推出一个显然不能接受的结论。"④其三是英国学者斯蒂芬·里德（S. Read）界定的："悖论产生于从表面可接受的前提通过一个合理的论证推出一个不可接受的结论。"⑤这三类定义有一个共同的问题，那就是"含混"。这里的"明显合理"、"显然可接受"和"表面可接受"都是含混的表达，至于怎样才是"明显合理"、"显然可接受"、"表面可接受"，缺少精确判断的标准。而沈跃春的悖论定义："悖论就是指在某理论系统或认知结构中，由某些公认正确或可接受的前提出发，合乎逻辑地推导出以违反逻辑规律的逻辑矛盾或违背常理的逻辑循环作为结论的思维过程"⑥，因为"悖论"是一种事实，思维过程只是对这种"事实"进行认识和揭示的思虑环节的连续性程式，用"过程"来界定"事实"是不合理的。此外，还有美国学者 N. 雷歇尔在 2001 年给出的悖论定义："在哲学家和逻辑学家看来，悖论这个词有更多特殊的意义。当

① 张家龙：《悖论》，见张清宇主编：《逻辑哲学九章》，南京，江苏人民出版社，2004，第 194 页。
② 张建军：《广义逻辑悖论研究及其社会文化功能论纲》，《哲学动态》2005 年第 11 期。
③ 陈波：《逻辑哲学导论》，北京，中国人民大学出版社，2000，第 229～230 页。
④ R. M. Sainsbury：*Paradoxes*，New York：Cambridge University Press，1995：1.
⑤ 〔英〕斯蒂芬·里德：《对逻辑的思考：逻辑哲学导论》，李小五译，沈阳，辽宁教育出版社，1998，第 186 页。
⑥ 沈跃春：《论悖论与诡辩》，《自然辩证法研究》1995 年（增刊）。

从某些似然前提推出结论，而该结论的否定也具有似然性时，悖论就产生了。也就是说，当个别地看来均为似然的论题集{p₁，p₂，…，pₙ}可有效地导出结论 C，而 C 的否定非 C 本身也具有似然性时，我们就得到了一个悖论。这就是说，集合{p₁，p₂，…，pₙ，非 C}就其每个元素来说都具有似然性，但整个集合却是逻辑不相容的。据此，对'悖论'这个术语的另一种等价定义方式是：悖论产生于单独看来均为似然的命题而组成的集合整体却为不相容之时。"①笔者认为，雷歇尔这个悖论界说也有问题，其一，雷歇尔没有区分"泛悖论"和严格悖论，严格悖论几乎在其视野之外。尽管雷歇尔区分了逻辑意义的悖论和修辞意义的悖论，但他并没有对逻辑意义的悖论作进一步的区分。他在书中分析的悖论案例，诸如"角的悖论"——如果你没有丢失的东西，就是你仍然有的②，"打父亲悖论"——你停止打你父亲了吗？③ 以及"视觉幻象悖论"——将树枝以一个角度放在水中，视觉上看上去是弯的，触觉证明树枝是直的④，等等，因其悖论度极低，稍有逻辑常识或光学常识者就很容易辨析出其谬误所在，难以成为那种"一直是哲学家头痛的问题——自集合论出现之后，它也成了令数学家头痛"⑤的严格悖论。其二，在严格意义的悖论中，雷歇尔的"R/A 选择"（保留/舍弃选择，retention/abandonment alternatives）⑥策略或许会失效。雷歇尔的解悖方法的核心是区分悖论所由以导出之前提集的优先性序列，"严格悖论"之所以会形成，恰恰是因为认知共同体在其前提集中无法排列出或难以找到这样的优先性序列。如果存在明显的优先性顺序，比如两个命题 p 与 q 矛盾，而 p 明显地优先于 q，无疑就构成了对 q 的归谬论证而并不导致悖论。在雷歇尔所列举的{p，q，r，s}集合中，因为已经确定了 q 和 s 的优先性低于 p 和 r，矛盾的导出即可视为对 q 和 s 的归谬。如果 p 和 q 的优先性"相当"，即得到"同等有力"的支持，"R/A 选择"也许就会成为两难选择，因为无法选择而"失效"。一个明显的例子是关于光之本质的"波粒二象悖论"。光的"微

---

① N. Rescher：*Paradoxes：Their Roots，Range，and Resolution*，Chicago：Carus Publishing Company，2001：6.

② Ibid.，12.

③ Ibid.，140.

④ Ibid.，46-47.

⑤ 〔芬〕G. H. V. 赖特：《知识之树》，陈波等译，北京，生活·读书·新知三联书店，2003，第 165 页。

⑥ N. Rescher：*Paradoxes：Their Roots，Range，and Resolution*，Chicago：Carus Publishing Company，2001：27.

粒说"和"波动说"都有理论和实验证据的支持,在两百多年的争论中,人们先是偏向于微粒说,后又主张波动说,问题的最后解决并不是人们作了 R/A 选择,而是对这两个矛盾性的理论的双方作了扬弃,在光量子层面上实现了二者的统一,即光的本性是波粒二象性的。

在反复推敲悖论界说成果的基础上,张建军对"悖论"所作的界定是"指谓这样一种理论事实或状况,在某些公认正确的背景知识之下,可以合乎逻辑地建立两个矛盾语句相互推出的矛盾等价式。"①这个界说,是以关涉"悖论"本质的三个基本属性的合取方式构成的,当然,据此我们也就不难将其解构为三个结构性的要素,即"公认正确的背景知识"、"严密无误的逻辑推导"和"可以建立矛盾等价式"。

在多种学术交流的场合,张建军为他坚持多年的这个悖论界定作过辩护,理解他的辩护,不仅对于我们把握逻辑悖论的准确界定有帮助,而且对于我们正确理解"严格悖论"与"泛悖论"的界分也有益处。他说:"为什么说悖论的属概念是'理论事实'或'理论状况'?因为悖论是在特定知识领域被'发现'的东西,而不是被'发明'的。"那么,什么是"理论事实"或"理论状况"呢?张建军进一步解释道:"所谓'理论事实'有两方面的含义:其一,这种事实并不存在于纯客观对象世界,而存在或内蕴于人类已有的知识系统之中;其二,这种事实是一种系统性存在物,再简单的悖论也必须从具有主体间性的背景知识经逻辑推导构造而来,因而又可称为'理论状况'。"比如,人们"在发现罗素悖论之前,该悖论乃是存在于素朴集合论中尚未被认识到的'理论事实'"。至于悖论的第三要素之所以用"可以"(或"能够")建立"矛盾等价式"的说法,而不是一定要建立矛盾等价式,张建军的解释是"不只是因为悖论的实际的语言表述中矛盾等价式未必出现而经常用推出逻辑矛盾的形式表达,而且因为'能够建立矛盾等价式'的性质在悖论被发现以前就已内蕴于认知共同体的知识系统之中"②。将前述诸多悖论定义与张建军的悖论定义相比较,它们在悖论的导出方式——合乎逻辑的推导,及其形式结构——矛盾等价式两个方面具有较大的同质性,分歧较大的是对导出悖论的前提的指认,张建军认为是"公认正确的背景知识",这与陈波、塞恩斯伯里和斯蒂芬·里德等对悖论界定时所使用的"明显合理的前提"、"显然可接受的前提"和"表面可接受的前提"具有相似性,却又存在本质的差异。问题的关键在于

---

① 张建军:《逻辑悖论研究引论》,南京,南京大学出版社,2002,第 8 页。

② 张建军:《广义逻辑悖论研究及其社会文化功能论纲》,《哲学动态》2005 年第 11 期。

"公认"一词。张建军特别看重这个关键词，因为"公认"蕴涵着如下重要信息："首先，它明确地表明了悖论的'相对性'、'根本性'和'可解性'这些重要性质。其次，它说明悖论实际上是一种与认知共同体本质相关的语用现象，'悖论'应属语用学概念……自觉地认识到这一点……成为理解与论证当代悖论研究'语用学转折'的出发点。再次，'公认'的模糊性不但在分析具体悖论时可以克服（落实到每个具体悖论的构造，其由以导出的背景知识，是能够以与特定认知领域相适应的严格性，明确而非含混地予以揭示的），而且有其一般性的方法论意义，由它可以将'狭义逻辑悖论'向'广义逻辑悖论'拓广，并且可以引申出'悖论度'这一重要概念。"①

随着学界对悖论概念内涵的挖掘和甄别，以及悖论的语用学性质的指认，从"狭义"和"广义"或者是"严格"与"泛化"的不同层面指称悖论，便是悖论研究中逻辑地出现的事件。由此，对"严格悖论"与"泛悖论"进行必要的区分也已不再是一件十分困难的事情。泛悖论显然是相对于严格悖论而言的。严格悖论除了莱姆塞意义上的"逻辑悖论"和"认识论悖论"②，还包括一种新型的认知悖论。该类悖论的源出版本之一是所谓的"绞刑疑难"。某法官在周日宣布判决："囚徒 a 将在下周某日被绞死，但在行刑之前，a 事先不知道他将在该日被绞死。除非囚徒事先知道本判决为假。"听罢判决，a 进行了如下推理：假如在下周日行刑，我就会在周六事先知道在该日被行刑，这与判决不符，因此在下周日行刑的可能性可以排除；那么在余下的六天中可以用同样的逻辑程序逐次排除周六、周五……直到周一。于是，a 得出结论：该判决不可能被执行。然而，在下周三（或下周任何一天），刽子手确实前来行刑了，这大大出乎 a 的意料，判决得到了不折不扣的执行。这种悖论所据以导出的"背景知识"中本质地包含了"知道"这个语义概念，依照莱姆塞对悖论类型的二分法，这种悖论理应归置于语义悖论之列。但是，知道者悖论与说谎者悖论之间又存在重要差异，即"知道"是表达"态度"的谓词，它涉及认知主体与语句意义之间的关系。就是说，该悖论所依据的背景知识在其所指层面即已本质地涉及了语用因素。正是抓住了这一要义，后来的研究者能够仿照知道者悖论，为"相信"、"断定"、"认为"等一系列态度谓词构造出了诸多类似的悖论。20 世纪 70 年代末，美国哲学家伯奇(T. Burge)主张

---

① 张建军：《广义逻辑悖论研究及其社会文化功能论纲》，《哲学动态》2005 年第 11 期。

② 莱姆塞所谓"认识论悖论"，现已通称为"语义悖论"。它以是否在"背景知识"之所指层面本质地使用了"真"、"假"等语义概念而与语形悖论形成了明确的界分。

将含有态度谓词的悖论从语义悖论中独立出来,称为"认知悖论"①,得到了学界的广泛认同。但是,在背景知识之所指层面本质地涉及语用因素的悖论并不仅限于认知悖论。近年来,随着对策论经济学和公共选择理论的发展,关于合理行为理论的逻辑与认识论研究得到了较大发展,同时也发现了关于"合理选择"或"合理行为"等一系列新的悖论,比如,盖夫曼—孔斯(H. Gaifman-R. C. Koons)悖论:假定有甲、乙两人,甲向乙提出,乙可以选择盒子 A(空的)和盒子 B(1000 元),但不能两者都选。甲保证:如果乙做出了一个不合理的选择,甲将奖励他 10000 元。我们假定甲和乙都是理性人,而且甲总能兑现自己的诺言。乙该如何选择?显然,类似的这些悖论其由以导出的背景知识也是一些能为普通理性思考者所普遍认可的基本原则。与语形悖论和语义悖论相对应,学界将认知悖论和合理选择或合理行为悖论,以及所有在"背景知识"之所指层面本质地涉及理性主体的悖论统称之为"语用悖论"。

我们这里述介的集合论—语形悖论、语义悖论和语用悖论,便是20 世纪西方逻辑学与逻辑哲学界在"逻辑悖论"名义下所研究的主要对象。它们的共同特点是:其由以导出的背景知识都是日常进行合理思维的理性主体所能普遍承认的公共知识或预设,而且均可通过现代逻辑语形学、逻辑语义学和逻辑语用学的研究使之得到严格的形式塑述或刻画,其推导过程可达到无懈可击的逻辑严格性。② 鉴之于此,我们将这三类悖论统称为严格悖论。

依据悖论的语用学性质的指认,每一个悖论都必然是从其认知主体的背景知识中合乎逻辑地推导得出的,因而,把"背景知识"的视域从日常合理思维领域转移到具体科学思维领域和哲学思维领域,在认知信念和哲学信仰层面,换句话说,从认知共同体推导悖论的背景知识或背景信念层面,即可进一步引入"具体科学理论悖论"和"哲学悖论"。就具体科学理论悖论而言,其由以导出悖论的"公认正确的背景知识"是一些科学共同体所持有的"科学原理",比如 $\sqrt{2}$ 悖论,就是从毕达哥拉斯学派持有的"所有的量都可以表示为整数与整数之比"的背景知识中导出的;再如光速悖论,就是经典物理学派持有的"绝对时空观"中导出的。这些科学共同体所持有的"背景知识",并不是日常进行合理思维的理性主体所能普遍承认的公共知识或预设的。由于具体科学理论悖论在由以导致悖

---

① T. Burge:"Buridan and Epistemic Paradox", *Philosophical Studies*,1978:Vol. 34.

② 参见张建军:《逻辑悖论研究引论》,南京,南京大学出版社,2002,第 21 页。

论的背景知识的外延上突破了严格悖论的问题阈，我们将其归置于"泛悖论"之中；就哲学悖论而言，其由以导出悖论的"公认正确的背景知识或背景信念"都是一些基本的哲学命题。哲学悖论的典型代表之一是著名的"芝诺悖论"。它是芝诺(Zeno)否证"运动"的四个论证——"二分法"、"追龟辩"、"飞矢不动"和"运动场辩"的贯通与合取。另一个范型是康德(I. Kant)关于时间与空间的无限性与有限性、世界构成物的可分解性与不可分解性等问题的四个"二律背反"。哲学悖论与严格悖论的主要区别在于，哲学悖论所由以导出的背景知识及其推导过程，均未能够得到严格的逻辑语形学、逻辑语义学和逻辑语用学的塑述，其推导的无误性只是在认知共同体尚未找到其逻辑错误的意义上能够成立。换句话说，所谓"导出"了哲学悖论，只是从"直觉合理性"的角度而言。这种"直觉合理性"在哲学悖论的构建中起着很大的作用。① 为了表示这样的悖论与严格悖论在结构上的关联性及其可能的相互作用，我们也将它们归置于"泛悖论"之中。

如果我们以"悖论度"为立论的理据去思考"严格悖论"和"泛悖论"之间的差异，可能具有更多的操作性。按照张建军对逻辑悖论界定，逻辑悖论有三个结构性要素，从任何悖论都是"从特定认知共同体公认正确的背景知识推导出来"的这一角度看，"公认正确的背景知识"当属第一要素。其中的"公认"与陈波的"明显合理"、塞恩斯伯里的"显然可接受"和斯蒂芬·里德的"表面可接受"等表述具有相似性，就是说，在语义上都是模糊的，但"公认"的模糊性却可以自然地引出"公认度"与"悖论度"等重要概念。如果悖论的其他两个要素都经得住推敲，那么它由以导致悖论的"背景知识"的"公认度"也就决定了它的"悖论度"②。笔者以为，"公认度"决定"悖论度"，可以有多方面的理解，首先，公认度与悖论度是呈正相关的。"公认度"越高，其"悖论度"就越高，悖论度高的悖论，其严格性或者说"狭义性"的程度就越高，反之，悖论的严格性越低，其"泛化"程度就越高。一些修辞意义的悖论在某些认知者看来很难理解，这就恰恰说明，即便是这种层面的"悖论"往往也具有一定的"悖论度"，不是按照"常识逻辑"即可完全理解的。其次，依据"公认度"可以为悖论划分层级。类型划分和程度区分是学术研究的重要方法，而划分的恰当性和区分的准确性更是学术研究推进程度如何的重要标志。从莱姆塞开始，

---

① 参见彭漪涟、马钦荣主编：《逻辑学大辞典》，上海，上海辞书出版社，2004，第 616 页。
② 参见张建军：《广义逻辑悖论研究及其社会文化功能论纲》，《哲学动态》2005 年第 11 期。

学界有了为悖论分类的思考,这种思考对推进悖论的深化研究之意义是巨大的。据笔者搜集的资料,国外学界在 20 世纪 80 年代就有了按照悖论的程度为悖论划分层级的思考,比如,1988 年威廉姆·庞德斯通(William Poundstone)就在其《推理的迷宫:悖论、谜题及知识的脆弱性》中对悖论作了三种程度的划分,即"谬误型悖论"、"挑战常识型悖论"和"真正的悖论"①。再如,1995 年塞恩斯伯里在其《悖论》一书中更是将悖论依其程度划分为 10 个等级,并明确将"理发师悖论"——因为那个"理发师给而且只给那些不给自己刮胡子的人刮胡子"的前提假设不可接受,而将该悖论位列最低等级②。应该说,这些按悖论程度为悖论划分的思考是值得肯定的。当然,这两位学者所给出的悖论层级划分还是极为初步的,造成这种"初步"的主要原因是因为他们还没有根本掌握区分悖论程度的"钥匙"——具有语用学性质的导致悖论之"背景知识"或"背景信念"的"公认"问题。因此,"公认"既是我们区分悖论程度的理据所在,也是我们区分"严格悖论"和"泛悖论"的一个重要理据。

① 〔美〕威廉姆·庞德斯通:《推理的迷宫:悖论、谜题及知识的脆弱性》,李大强译,北京,北京理工大学出版社,2005,第 22 页。
② R. M. Sainsbury:*Paradoxes*,New York:Cambridge University Press,1995:1-2.

第二章　泛悖论的类型及其矛盾性质

　　以导出悖论的潜在性或显在性的前提——"公认正确的背景知识或背景信念"的"公认度"为理据,我们可以确定具体悖论的"悖论度";以"悖论度"为理据,我们可以适当区分悖论的层级,而悖论层级的高低对于我们评判某个具体悖论究竟是严格悖论还是泛悖论具有直观性的标尺功用。由于"公认度"是一个语用学性质的概念,是与日常理性思维的认知主体及其认知情境分不开的。这里的认知主体是一个笼统概念,既没有区分其群体性和个体性,也没有区分其专业知识型与日常生活型。比如,$\sqrt{2}$悖论和光的本性悖论等,其认知主体就是群体性和专业知识型的,实际上是某领域中的某个或某些科学共同体。说谎者悖论的认知主体则是群体性和日常生活型的,是具有普通理性思维的广泛的认知主体。至于罗素构造的"理发师悖论",就那位"理发师"而言,如果从"我给而且只给那些不给自己刮胡子的人刮胡子"中导出悖论,那么这个前提性假设(背景知识)只是相对于这个理发师个体性的认知主体而成立,实际上是谈不上"公认"的。由于"公认"本质上是一个主体间性概念,不是孤立的个体性概念,塞恩斯伯里将"理发师悖论"位列最低等级是有道理的。就认知主体的认知情境而言,"情境"本身也是语用学性质的概念,按照情境语义学(Situation Semantics)的代表性人物巴威斯(J. Barwise)的理解,"情境产生于认知主体与其环境之间的相互作用"[①]。因此,"情境"的表达方式只有与"事件"和"心灵状态"两个方面系统地联系在一起才能产生意义,"假如表达式一方面不系统地与各种事件联系在一起;另一方面也不系统地与心灵状态联系在一起,那么人们所说的话就根本不能传达信息,就只能是噪声或杂乱的墨迹,根本没有任何意义"[②]。由于认知主体的心灵状态及其所认知的事件对象具有广阔的解释空间,使得认知主体之间在背景知识与背景信念的"公认"达成方面掺杂了很多可变的和相对的因素,这为我们评判和区分严格悖论与泛悖论制造了很多障碍,特别是对我们切划泛悖论之域界、指认其矛盾性质的归属造成了很多困难。

---

① Jon. Barwise:"Situations, facts, and True Propositions", Jon Barwise: *The Situation in Logic*, Stanford:CSLI Publications, 1989:232.

② Jon. Barwise and John Perry: *Situations and Attitudes*, Stanford:CSLI Publications, 1999:3.

第一节　泛悖论域界与类型

"泛悖论"是相对于"严格悖论"而提出的新概念，仅从这个概念的发生学角度去理解它的内涵与外延，似乎并不会有多大的困难，因为严格悖论就是这样的"理论事实"或"理论状况"，即其由以导出悖论的前提性的背景知识或背景信念具有极高的"公认度"，导出悖论的过程具有严密的逻辑性，其结论的表现形式可以构成矛盾等价式，泛悖论似乎就是对应于严格悖论的三个构成要素而泛化构成的，但事实并非如此简单。

一、纯粹理性领域的泛悖论及其悖论度

泛悖论的确是相对于严格悖论而提出的，如前文已所阐明，严格悖论的上位概念不是"论证"、"思维过程"或"矛盾命题形式"，而是"理论事实"或"理论状况"。我们知道，"理论事实"或"理论状况"是纯粹理性的表达形式，按照康德的理解，纯粹理性探究的是"是什么"的问题，是认知的而且是求真的。如果泛悖论的上位概念仍然是"理论事实"或"理论状况"，那么，这样的泛悖论就属于纯粹理性范畴，只是相对于严格悖论的这种内蕴着悖性的"理论事实"或"理论状况"的一种拓广形式。如果我们只是在这个意义上来理解泛悖论，就有理由对照严格悖论的三个构成要素来思考其"泛"的程度问题。

比如，就严格悖论的结论的矛盾等价式的形式结构而言，泛悖论的结论形式可以不构成矛盾等价式，也可以不构成矛盾命题同时被证成的形式，而只构成前提与结论之间的矛盾，只不过由前提导出的矛盾性结论是对人们"公认"的前提之真的颠覆性否定，而不是对前提中显然存在的谬误的揭示，那种简单的逻辑谬误显然不能在泛悖论之列，因为简单的逻辑谬误其前提几乎没有公认之"真"的成分，或者说，它被公认为"真"的程度极低，因此，由其导出的矛盾性的结论，也谈不上对前提之"真"构成颠覆性否定。这种情况，在 N. 雷歇尔所列举的 130 个悖论案例中是大量存在的。比如，N. 雷歇尔所列举的"角的悖论"，其大前提中的"你没有丢失的东西"是一个多义概念，因其指代不明而被混淆或偷换，并不能说它蕴涵着理性主体经过理性思维之后的认同之真；又如"打父亲悖论"，不论你回答"是"还是"否"都会肯定这个复杂问语的预设——"你打你的父亲"。如果不作"是"与"否"的选择，就不会陷入其预设的陷阱。再如，"视觉幻象悖论"，即插入水中的树枝看起来像弯曲的，实际上是

直的，这不过是一种感知错觉而已。再就严格悖论的导出过程的逻辑性而言，严格悖论的导出过程的逻辑性不仅可以得到现代逻辑语形学严格的形式刻画，还可以得到现代逻辑语义学和现代逻辑语用学的语义和语用的双重解释的，泛悖论虽"泛"，但其导出过程也要是合逻辑的。这里的"合逻辑"的意思指，泛悖论的导出过程不一定能够得到现代逻辑语形学严格的形式塑述，但其前提与结论之间也要能够构成"If…then"的逻辑关系，并能够得到现代逻辑语义学和现代逻辑语用学的合理解释。这就是说，那种因为推导过程的逻辑错误而导致结论与前提所蕴涵的常识之颠覆性否定，也不能归之于泛悖论之列。在威廉姆·庞德斯通划分的三类悖论中，所谓的"最弱形态的悖论"便属于此。他为我们举出的案例是代数证明的"1＝2悖论"，即(1)令：$x=1$，(2)很明显：$x=x$，(3)两边取平方得：$x^2=x^2$，(4)两边同时减去x^2得：$x^2-x^2=x^2-x^2$，(5)因式分解：$x(x-x)=(x+x)(x-x)$，(6)除去相同的因式$(x-x)$：$x=(x+x)$，(7)即有$x=2x$，(8)根据$x=1$，得：$1=2$，便是悖论的证成。其实，推导过程中的"除去相同的因式$(x-x)$"是错误的，所以，"1＝2"的结论并不能够对数学常识构成颠覆性否定。此外，哲学思辨中因为层次缠绕而导致的认知谜题，因其无法建构"If…then"的逻辑关系，也不能将其归之于泛悖论。比如，西方学界有所谓的"缸中之脑悖论"：人们根据人脑实验而设置了一个著名的难题，即"你以为你正坐在那儿读这本书，实际情况可能是，你是一颗已经与身体分离的大脑，在某地的一间实验室里，浸泡在一缸营养液中。大脑连着电极，一位疯狂的科学家连续地向大脑输送刺激信号，这些信号模拟了'读这本书'的体验"①。它类似于中国古代的"庄周梦蝶"现象，即庄周梦见自己是一只蝴蝶，醒来以后开始怀疑：莫非自己本是一只蝴蝶，只是梦见自己是一个人？从思辨哲学来说，你没有任何办法证明实际情况不是这样，也就不知道这一切究竟是不是一场梦，故而他们把这种情况也称之为悖论，但在逻辑理性乃至在现实生活中，这种由思辨"缠绕"而迷惑的现象并不能挑战具有日常理性思维的主体之常识的。

　　如果把"角的悖论"、"1＝2悖论"、"缸中之脑悖论"等类似问题都称之为悖论，那就混淆了悖论与诡辩、谬误的本质界限。我们不同意将悖论简单地定性为"似是而非"，是因为悖论的矛盾性结论对前提之真具有

---

① 这是西方学者经常引用的一个案例。参见〔美〕威廉姆·庞德斯通：《推理的迷宫：悖论、谜题及知识的脆弱性》，李大强译，北京，北京理工大学出版社，2005，第4页。

一定程度的颠覆作用，而前提之"真"又是日常理性思维主体所能公认的，悖论的巨大贡献就是对日常理性思维主体公认的背景知识和背景信念之"真"提出了挑战和质疑。其质疑是包含着新的真理性认识的，因此，悖论不是"似是而非"，而是"似非而是"，是以"矛盾"的"非"揭示新的真理性认识之"是"。诡辩则恰恰相反，它是"故意违反逻辑规律和规则的要求，为错误论点作辩护的各种似是而非的论证"①。诡辩与悖论至少有如下四个方面的差异：首先，诡辩不论其外表伪装得多么像"是"，其本质一定是"非"；悖论因其矛盾的形式而使其外在形式表现为"非"，但其内在本质中却是包含有新认识的"是"。其次，诡辩是一种论证，不论证则无诡辩；悖论不是一种论证，论证只是其表达的形式，没有被论证出来的悖论也会以一种悖态的理论事实或理论状况而存在。再次，诡辩的目的在于为错误的论点作辩护，因而它故意违反逻辑规律和规则的要求，难以结出"真理"之果；悖论则不同，一个具体悖论被揭示出来之后，往往成为某个领域中的科学难题，解决悖论是一项科学事业。所以，古希腊时期柯斯的斐勒塔（Philetas of Cos）为排除悖论而耗尽心血、患痨病而亡，是值得人们敬重的。最后，诡辩的消除是对主观故意造成的谬误的排除，只能从负的方面维护真知存在的合法性；纯粹理性领域中悖论的解决是对客观知识中存在的特殊矛盾的消解，它可以从正的方面推进人类真知的发展。所以，把悖论乃至于泛悖论混同于诡辩不仅是对悖论的误读，更是对泛悖论之"泛"的错解。

　　不能将悖论混同于诡辩，更不能将其混同于普通的逻辑谬误。谬误"从广义上说，指不符合客观实际的一切言论。从狭义上说，在形式逻辑科学中，主要是指人们在思维活动中，自觉或不自觉地违反思维规律或思维规则而发生的各种逻辑错误"②。从悖论研究的历史来看，这样的现象的确存在，即经过人们反复推敲之后发现某些"悖论"是人们不自觉地犯有的谬误，比如，著名的"孪生子悖论"。当爱因斯坦（A. Einstein）创立相对论之后，学界有人以思想实验的方式作了这样的推演：相对论认为，时间流逝的速度因观察者的运动而不同。在速度慢的系统内时间过得较快，在速度快的系统内时间过得较慢，而在具有光速的系统内时间几乎不动。他们由此推想，有一对孪生兄弟，让其中一位乘上具有光速的飞船前往太空，而另一位留在地球上。当前往太空的那位孪生子返回

　　① 《哲学大辞典》，逻辑学卷，上海，上海辞书出版社，1988，第 301 页。
　　② 《逻辑学辞典》，长春，吉林人民出版社，1983，第 829 页。

地球之时，此人将被发现他比留在地球上的另一孪生子年轻许多。人们可以根据孪生兄弟脸上的皱纹数量和头发衰老情况，根据表示时间度量的显示，根据他们对时间流逝的主观感受，甚至是任何一种人们所知道的定义时间的物理手段去判断，结论都是飞离地球的孪生子比留在地球上的那位孪生子要更加年轻。这个"孪生子悖论"曾经被人们认为是证伪相对论的绝好的思想实验，犹如伽利略（G. Galileo）证伪亚里士多德关于"较重的物体下落的速度要大于较轻的物体"的思想实验。因为在日常生活中，没有任何东西可以让我们信服地认同"时间是相对的"论断。我们只认同"从摇篮到坟墓，一对孪生兄弟始终同岁"[1]的常识之理。然而，科学实验[2]让我们不得不认同时间的相对性，不得不承认同时性的绝对性之常识是一种谬误。尽管这种谬误来自于对隐含谬误的认知前提的不当肯定，是非形式方面的逻辑错误，但这种逻辑错误的发现和纠正，却非常有利于人们对所持常识的更新，因此，并不能将其等同于那种普通的逻辑谬误。我以为，学界将其称之为"孪生子佯谬"已经显示了它与谬误之别，是非常恰当的。

　　在笔者看来，不能把悖论与诡辩和谬误本质性地区分开来，根本性的原因有两点，其一是没有很好地把握导致矛盾性结论的前提之"背景知识"或"背景信念"的"公认度"问题，尽管人们很难给出导致悖论的前提之"公认正确"的程度以界线分明的判断标准，但有没有"公认度"这个判定理据和判断方法却是存有质的差异的。有了这个理据和方法，就可以对多种多样被冠以"悖论"的学说进行区分和评级，就具有了检视悖论的系统性和统摄性；没有这个理据和方法，只能杂乱而茫然地面对它们。其二是对悖论之"悖"过于"泛化"理解。没有"公认度"的理据和方法，就难以有"悖论度"的层级意识，因而只能笼统地将"怪"、"奇"、"疑"、"难"、"谬"等问题不加区分称之为悖论，这种做法表面上是扩大了"悖论"的外延，壮大了"悖论"的阵营，实际上，这种杂乱的归置，其后果却是戕害了悖论研究的生命，不利于悖论研究向精细化方向发展并发挥悖论研究的应有价值。

　　以"公认度"确定"悖论度"，进而区分严格悖论和泛悖论，这只是悖

<hr>

① 〔美〕威廉姆·庞德斯通：《推理的迷宫：悖论、谜题及知识的脆弱性》，李大强译，北京，北京理工大学出版社，2005，第20～21页。
② 1972年物理学家约瑟夫·哈费勒（Joseph Hafele）设计了一个实验，把铯原子钟装进喷气式客机环球飞行。实验证明，当飞机乘客回家时要比其他所有人年轻，相差虽然微乎其微但这样的瞬间却是可以测量的。如果一个宇航员用接近光速旅行，他返回时，要比待在家里的其他人年轻。

论研究的一般方法论原则。在纯粹理性领域，如何相对精确地切划泛悖论的域界呢？威廉姆·庞德斯通依其粗略的"悖论度"标准将悖论切划为不同类型的做法对我们是有启发价值的。他是将悖论分为三类，最低层次的是"最弱形态的悖论"，亦即谬误型悖论，其次是挑战常识型悖论，最高层次的是所谓的最强的悖论，即真正的悖论。威廉姆·庞德斯通认为，在谬误型悖论中，悖论是一个假象，只要发现了其中的错误就可以排除。在挑战常识型悖论中，矛盾令人惊奇但可以解决，解决的方法是明显的："必须放弃原来的假定。无论最初的假定多么根深蒂固，一旦放弃它，矛盾迎刃而解。"①至于真正的悖论，"我们不清楚哪个前提应该（或可以）抛弃"②。尽管威廉姆·庞德斯通对"悖论"的外延解释得极为宽泛，认为"'悖论'这个词有很多含义，但是最基本的含义是'矛盾'。悖论从一系列合理的前提出发，而后从这些前提推演出一个结论来颠覆其前提。悖论是对'证明'的模仿和嘲弄"③。但从他对悖论层级的区分中还是可以看出，他是有"悖论度"意识的，所以，在其《推理的迷宫：悖论、谜题及知识的脆弱性》一书中，他明确指出，他在书中所要"讨论的悖论至少属于第二类，大多数属于第三类"④，即"挑战常识型悖论"和"真正的悖论"⑤。鉴于此，笔者以为，如果要在纯粹理性领域中适当地切划泛悖论之"泛"的域界，其底线应该是合乎逻辑的挑战常识的特殊矛盾，而不能突破这个底线，将普通的逻辑矛盾、认知谬误乃至诡辩等无限制地扩展进来，不加区分地框入其中。

二、实践理性领域的泛悖论及其界域

在张建军看来，将由以导致狭义逻辑悖论的背景知识由日常进行合理思维的理性主体所能普遍承认的公共知识或预设，拓展到具体科学理论领域和哲学领域，即可引出科学理论悖论和哲学悖论，由于具体科学理论悖论和哲学悖论尚难得到现代逻辑语形学、逻辑语义学和逻辑语用学的严格的形式塑述或刻画，其推导过程也难以达到无懈可击的逻辑严格性，相对于狭义逻辑悖论，可将其归之为广义逻辑悖论。但在笔者看

---

① 〔美〕威廉姆·庞德斯通：《推理的迷宫：悖论、谜题及知识的脆弱性》，李大强译，北京，北京理工大学出版社，2005，第 21 页。
② 同上书，第 22 页。
③ 同上书，第 18～19 页。
④ 同上书，第 22 页。
⑤ 可惜，威廉姆·庞德斯通没有守住他自己的承诺，而将很多"谬误型悖论"也写入书中进行了讨论。

来，张先生所建类的"广义逻辑悖论"，虽然名为"广义"但其范围仍然不够宽广，因为他的"广义逻辑悖论"仍然局限于纯粹理性之域，是纯粹理性在求真的过程中发生的悖论。当我们把视域由纯粹理性向实践理性拓展，便会发现在实践理性领域也会存在悖论问题，而实践理性领域中的悖论与纯粹理性领域中的悖论是存在重大差异的。

相对于传统的悖论研究而言，实践理性领域的悖论是一个新种类和新问题，那么，这是一个真问题还是一个伪问题呢？回应这个质疑，必须要回答两个问题，其一是实践理性领域存在不存在悖论？其二是如果存在悖论，又是怎样的悖论？只有这两个前提性问题得到回答之后，我们才能阐释纯粹理性领域的悖论与实践理性领域的悖论之间的差异性，进而回答实践领域的悖论为什么是泛悖论的问题。如果这些问题都得到了有效的应答，"实践理性领域的悖论"这个新提法究竟是真问题还是伪问题的追问也就得到了相应的答复。

首先，实践理性领域存在不存在悖论。我们知道，实践理性领域也是日常进行合理思维的理性主体所必须面对的一个领域，因此，在理性范围之中，普通矛盾和特殊矛盾的存在是普遍的，因此实践理性领域不可能是完全和谐与协调的世界，也是一个广泛存在悖论的领域。一个显然的例子就是，康德既在纯粹理性领域建立起了时空等问题的四个"二律背反"[①]，在实践理性领域也同样建立起了"德"与"福"的"二律背反"[②]。康德关于纯粹理性领域的四个"二律背反"已被学界看作是"广义逻辑悖论"，那么他所谓的实践理性领域的"二律背反"应当如何处置呢？

其次，实践理性领域的悖论是怎样的悖论。其实，在道德、政治、经济等实践理性（或交往理性）领域广泛存在着具有一定"悖论度"的悖论问题，也不乏"道德悖论"、"爱国主义悖论"、"幸福悖论"等种种悖论的关注和讨论。这里我们姑且就这几种悖论各择一例予以说明。先看"道德悖论"。道德悖论研究者指认，儒学是中国传统文化的主要构成部分，在中国封建社会时期，儒家的伦理道德思想及其规范居于社会道德文化的主流地位，理所当然地成为日常理性思维主体所普遍承认的公共政治知识和道德行为准则的先验预设。仁学经典思想以"天道"、"天命"和人的"本性"等为本体预设，主张"为政以德"的政治理念，倡导"修身养性"的人格培养。这些政治伦理思想的实质内核和价值取向是反对人的自私本

---

① 参见〔德〕康德：《纯粹理性批判》，邓晓芒译，北京，人民出版社，2004，第361～385页。
② 同上书，第155～156页。

性的。但是，这套思想体系在实践过程中却遭遇了诸多矛盾：一方面它赢得了国家的安全和社会的稳定，使得黎民百姓获得了"安居乐业"的基本的生存空间，维系着现实社会中"道德"所具有的绝对权威；另一方面它又压制了社会变革的思想，压抑了上自统治者下至黎民百姓的创造性。一方面它造就了一代代以国家民族大业为重的仁人君子和文化精英；另一方面它又培育了一批批善于假以仁义道德话语讨好卖乖、投机钻营的伪善君子和势利小人，如此等等。这便是从仁学经典思想中演绎出来的善恶同生同在的道德悖论。① 再看"爱国主义悖论"。美国学者 R. 尼布尔（R. Niebuhr）认为，个体的人和社会群体都有利己欲望，但是，个体的人"在涉及行为的关键问题上他们能够考虑与自己的利益不同的利益，有时甚至能够做到把他人的利益放到自己的利益之上"②。通过精心设计的社会教育，可以改造个体的利己欲望，扩展个体的同情心，培育个体天生的理性能力而使其具有正义感，因此，个体的人可以成为道德的人。但是，"在每一种人类群体中，群体缺乏理性去引导与抑制他们的冲动，缺乏自我超越的能力，不能理解他人的需要，因而比个人更难克服自我中心主义（尽管个人组成了群体，个人的存在要在个人之间的相互关系中表现出来）"③，群体的道德必然低于个体的道德。阶级、民族和国家等群体的道德本性就是一种较大范围的利己主义，"甚至爱国主义也是自私的一种形式，因为爱国主义将个人的无私转化成了民族的利己主义。以牺牲个体的无私道德来换取民族利己的不道德"，这种矛盾现象就是"爱国主义的道德悖论"④。这种爱国主义悖论还可能具体地体现在民族主义政治伦理之中，这是因为，世界性的道德戒律是"忠于人类整体、尊重人类生命"，而民族道德却是"效忠某一民族、为捍卫民族国家利益而消灭别国成员生命"，在世界性道德与民族道德冲突之中，民族群体必须作出抉择，由此便产生出所谓的"民族沙文主义"和"狭隘民族主义"两种扭曲的道德观⑤及其相应的不道德行为。最后我们来说明"幸福悖论"。企业生产产品，国家推动经济，其本意是要增加社会财富，提升国民的幸福指

---

① 参见钱广荣：《仁学经典思想的逻辑发展及其演绎的道德悖论》，《江海学刊》2008 年第 4 期。
② 〔美〕R. 尼布尔：《道德的人与不道德的社会》，导论，蒋庆等译，贵阳，贵州人民出版社，2009，第 3 页。
③ 同上书，第 3 页。
④ 陈维政：《道德的人与不道德的社会》，中译者序，见〔美〕R. 尼布尔：《道德的人与不道德的社会》，贵阳，贵州人民出版社，2009，第 4 页。
⑤ 参见靳凤林：《民族主义政治伦理的道德悖论》，《中共中央党校学报》2009 年第 3 期。

数。然而，美国南加州大学经济学教授理查德·伊斯特林(R. Easterlin)发现，经济增长与国民快乐并不一致，即随着收入增长到一定程度，国民的幸福感便不再随着收入的增加而增长，一些发达国家甚至还不同程度地出现了幸福感下降的现象。这里有一个矛盾：当一个人变得富裕之后，会更加快乐；当社会作为一个整体富裕之后，人们就不再觉得满足了①，这种现象被经济学界称之为"伊斯特林悖论"(Easterlin Paradox)或财富悖论②。这种财富悖论让那些本着以增加社会财富、提升国民幸福感为目标而努力工作的企业家和经济学家颇感困惑。

再次，纯粹理性领域的悖论与实践理性领域的悖论之间的差异性。纯粹理性是求知和求真的理性，纯粹理性领域中的悖论大多出现在知识系统之中，是一种"理论事实"或"理论状况"。虽然任何理论的建构包含真理性理论的建构，从最终的意义上说都离不开实践，都需要以实践为源泉和动力，甚至要以实践为检验的标准，但理论毕竟也有自己的发生、发展的规律，任何理论的建构都离不开建构者的理论思维和理论判断，因此，纯粹理性领域的悖论生成总是离不开理论建构者主观的断定，而这种主观的断定都是在纯粹理性思维中进行的。实践理性领域出现的悖论并不仅仅是实践者主观断定的问题，虽然它并不能与实践者的纯粹理性思维截然划清界限，甚至与实践者所坚持的经由纯粹理性而得出的背景知识或背景信念有着密切关联，但实践理性领域里的悖论毕竟是在交往实践过程中发生的，它不是那种知识体系中的悖论问题，也不是从思想实验中推演出来的，而是客观地存在的，是与实践者所持有的背景知识或背景信念相背反的交往事实，它不仅是理性思维主体遭遇的认知困惑，更是从事社会交往活动中的实践主体遭遇到的现实困境。正如道德悖论研究者钱广荣所指认的，道德悖论是"在主体的道德选择行为和实践行为同客观环境建立某种统一性的关系中"出现的矛盾，属于"正确的选择(行动)错误——因为选择(行动)对了，所以也选择(行动)错了"，本质上是道德悖"行"③，是在社会实践中"做"出来的，而不是在理性思维中由形式逻辑推理"推"出来的。

最后，实践理性领域的悖论为什么是泛悖论。十分显然，如果按照

---

① 〔美〕格雷戈·伊斯特布鲁克：《美国人何以如此郁闷——进步的悖论》，黄海燕等译，北京，商务印书馆，2005，第8页。

② 陈惠雄、邹敬卓：《"财富—快乐"悖论：一个探索性的理论解释》，《中共杭州市委党校学报》2007年第4期。

③ 钱广荣：《把握道德悖论需要注意的学理性问题》，《道德与文明》2008年第6期。

构成严格悖论的"三要素"去衡量实践理性领域的悖论，它们都难以符合这些要件。首先，实践理性领域中的悖论很难构成矛盾等价式或矛盾命题同时被证成的结论形式，很多实践理性领域中的悖论只能由实践者持有的信念或原则之"真"，演化出与其背反的现实结果；或者是由现实结果的合理性能够逆推实践者所持信念或原则的不合理性，而那种矛盾互推的情形极为少见；其次，实践理性领域的悖论往往是在实践过程中演化的，而不是由形式逻辑思维所推导的，它可能具有事理逻辑的合理性或事理的必然性，很难说具有形式逻辑的严密性和形式逻辑的必然性。换句话说，实践理性领域的悖论的导出过程之"If…then"，是事理性的描述，不是思维形式的构造，因此，实践理性领域的悖论很难得到现代逻辑语形学、逻辑语义学和逻辑语用学严格的形式塑述。最后，就实践理性领域悖论的前提而言，与纯粹理性领域所导出的悖论之前提的专业知识性相比，在实践理性领域，人们似乎具有更多的常识性"共识"，事实却并不如此。由于交往实践中的人们在世界观、人生观、价值观方面的差异，在实践理性领域的公共知识及其预设之"共识"，并不比在纯粹理性领域容易取得，即便在同一事件或决策上，"重叠性共识"的取得来之不易，当然，这并不否认实际存在的阶级、集团、政党、民族、国家、派别等在某些背景知识或背景信念上持有"公认"，但现实中广泛存在的持有各自"公认"背景知识或背景信念的阶级、集团、政党、民族、国家、派别等差异现象，恰恰说明了实践理性领域悖论的前提很难是日常进行合理思维的理性主体所能普遍承认的公共知识或预设。基于上述三个要素的分析，我以为，如果将泛悖论的视域从纯粹理性领域扩展到实践理性领域，那么实践理性领域中的悖论只能是"泛悖论"，至少目前还不能将其上升到严格悖论的层面。

总之，泛悖论之"泛"是有域界的，不能无限制地泛化，导致"悖论"概念的滥用。同时，泛悖论有纯粹理性领域和实践理性领域两种既相互关联又各有规定的类型。既然它们是各有规定性，那么，它们在矛盾性质的归属方面就需要我们细致区分。

第二节　泛悖论的矛盾性质

"悖论"，因其挑战了人们持有的根深蒂固的常识，因其让人们无法分辨其导致悖论的前提究竟错在哪里，因其结论可能会构成真与假、善与恶等相互推出的"矛盾等价式"，而被学界指认为"一种特殊的矛盾"。这种"特殊的矛盾"究竟特殊在哪里，具有什么性质？严格悖论的矛盾属性与泛悖论的矛盾属性是否相同？这是悖论研究之方法论关切所不能不追问和明确的问题。

一、逻辑矛盾与辩证矛盾

"悖论"是一个多义概念，作为悖论之上位概念的"矛盾"，更是一个语义繁杂的概念。在汉语中，"矛盾"原作"矛楯"。"矛"是用来攻击敌人的武器，"楯"是用来保护自己的武器。《现代汉语辞海》"矛盾"条目给出的释义是：(1)比喻观点或行为自相冲突。(2)唯物辩证法指客观事物和人类思维内部各个对立面之间的相互依赖又相互排斥的关系。(3)泛指人或事物在关系上存在的问题。①《现代汉语词典》给出了"矛盾"的六种语义，即(1)矛和盾是古代两种作用不同的武器。(2)因认识不同或言行冲突而造成的隔阂、嫌隙。(3)泛指事物互相抵触或排斥。(4)辩证法上指客观事物和人类思维内部各个对立面之间互相依赖而又互相排斥的关系。(5)形式逻辑中指两个概念互相排斥或两个判断不能同时是真也不能同时是假的关系。(6)具有互相排斥的性质。② 在英语中，"矛盾"的词源在古希腊，由于古希腊并没有《韩非子·难一》中所提及的"卖矛与盾"的典故，因此希腊文 αυτιφσεως(αυτιλογια)的直译是"反驳"，为了能与逻辑语义相近的词条对译，有的译者将其翻译为"相反"或者"矛盾"③。从词典释义和"矛盾"词源中我们不难体悟这个概念的语义之繁杂性，以及不同语系之间必然存在的"不可翻译"性，这可能是造成当代"矛盾"概念语义理解和指认的诸多障碍的"历史原因"。对于这一点，当代西方分析的马克思主义学派的创始人之一乔恩·埃尔斯特(J. Elster)感同身受。埃尔斯特曾

---

① 《现代汉语辞海》，北京，光明日报出版社，2002，第760页。
② 中国社会科学院语言研究所词典编辑室编：《现代汉语词典》，北京，商务印书馆，2005，第923页。
③ 参见〔古希腊〕亚里士多德：《形而上学》，吴寿彭译，北京，商务印书馆，1981，第64页，正文和脚注。

经说："和某些后来的马克思主义者不同，马克思没有用'矛盾'这个语词来表示一切形式的冲突、斗争或对立。这一事实由于一种经常性的误译被遮蔽了，其中，不仅是'矛盾'（Widerspruch），还有'对立'（Gegensatz），在英语和法语中都被译成了'矛盾'（contradiction）……我不认为马克思是在一种统一的意义使用'矛盾'这个语词的，但他肯定没有像毛泽东在《矛盾论》①中那样用这个语词不加区分地来指各种广泛的现象。"②正如另一位西方学者所言，"不加区别地任意滥用'矛盾'这个名称就等于是要败坏这个名称的力量"③。因此，不论人们从何种角度和语境中去理解"矛盾"，也不论把"矛盾"宽泛地理解为"差异"、"隔阂或嫌隙"、"抵触或排斥"、"互相排斥的性质"等何种语义，"矛盾"之所以为"矛盾"，其语义中的本质性规定应该是"逻辑的"和"辩证的"。失去了这种本质性的规定，"矛盾"将不成为"矛盾"，任何泛指或隐喻也就失去了可供评鉴的标准。因此，悖论乃至泛悖论，作为一种"特殊的矛盾"，要讨论其矛盾性质及其归属问题，就只能在逻辑矛盾和辩证矛盾的基础上讨论，而不是在"差异"、"隔阂或嫌隙"、"抵触或排斥"等语义上讨论。

关于"逻辑矛盾"，不同的学者可能有不同的表述，但在其本质性规定的认识上似乎并没有多少歧义，即"所谓逻辑矛盾，就是指思维中由于违反形式逻辑的矛盾律而产生的逻辑错误"。这里的关键词是"矛盾律"，什么是"矛盾律"呢？《逻辑学辞典》对矛盾律的解释是"两个互相矛盾的（或对立的）思想或论断，不能同真，其中必有一假"④。也就是说，"不能同真、必有一假"的思想或论断之间存在逻辑矛盾。张建军发现，这里存在定义循环问题：逻辑矛盾是用矛盾律来定义的，而矛盾律是用"不能同真"的矛盾关系来定义的，至于为什么"不能同真"又要追问到"矛盾律"⑤。现在的问题是，如何依据"矛盾律"而又不再犯循环定义的错误去定义逻辑矛盾。关于矛盾律，亚里士多德曾经作过四个层面的阐释。⑥在本体论层面，亚氏认为，"同样属性在同一情况下不能同时属于又不属

---

① 的确，毛泽东在《矛盾论》中对"矛盾"的语义作了过分宽泛的解释，他说："世界上的每一差异中就已经包含着矛盾，差异就是矛盾。"参见《毛泽东选集》，第 1 卷，北京，人民出版社，1991，第 307 页。

② 〔美〕乔恩·埃尔斯特：《理解马克思》，何怀远等译，北京，中国人民大学出版社，2008，第 37 页。

③ 〔美〕R. L. 海尔布隆纳：《马克思主义：赞成和反对》，易克信等译，北京，中国社会科学院情报研究所，1982，第 55 页。

④ 《逻辑学辞典》，长春，吉林人民出版社，1983，第 715 页。

⑤ 参见张建军：《逻辑悖论研究引论》，南京，南京大学出版社，2002，第 308 页。

⑥ 参见郑文辉：《欧美逻辑学说史》，广州，中山大学出版社，1994，第 77～81 页。

于同一事物"①，或者说"任何事物不可能同时既是而又非是"②，换句话说，同一事物不可能同时具有而又不具有某种属性；在思维层面，矛盾律可以表述为"相反叙述不能同时两都真实"③；在认知层面，亚氏认为，不可能"同一人，在同一时间，于同一事物，既信为是又信为不是"④；在语义层面，亚氏说，"'是'或'不是'应各有一个限定的命意，这样每一事物将不是'如是而又不如是'"，"'是一个非人'与'是一个人'不同……若对同一事物的不同表白混淆为同一涵义则不仅相反的事物将混一，一切事物皆将混一"⑤。依据唯物主义反映论原则，矛盾律的本体论层面的含义是基础，思维层面、认知层面和语义层面的含义都是对本体论层面含义的反映和拓展。为此，张建军依据亚氏矛盾律的本体论含义，给出了"逻辑矛盾"的递归性定义。他把亚氏矛盾律本体论含义刻画为原子矛盾律，即"对所有对象 x，x 不能同时既具有又不具有 F 属性"，用一阶逻辑符号可将其表示为 $\forall x \neg (Fx \wedge \neg Fx)$，而把一切形如 $Fx \wedge \neg Fx$ 的断言称为原子逻辑矛盾。张建军由此扩展到对关系的原子矛盾律的理解问题，并将其表述为："对两个或两个以上的对象而言，对象间不能同时既具有又不具有某种关系"，用一阶逻辑符号表示为 $\forall x \forall y \neg (Rxy \wedge \neg Rxy)$，$\forall x \forall y \forall z \neg (Rxyz \wedge \neg Rxyz)$，等等，一切形如 $Rxy \wedge \neg Rxy$，$Rxyz \wedge \neg Rxyz$ 等断言，都属于关系的原子逻辑矛盾。就复合命题而言，从亚氏的"相反叙述不能同时两都真实"导出这样的刻画，即 $\neg (p \wedge \neg p)$，这是复合命题层面的原子矛盾律，因而 $p \wedge \neg p$ 也是复合命题层面的原子逻辑矛盾，有关复合命题的任何逻辑矛盾都可以还原为这种逻辑矛盾。⑥ 近年来，国外学者对逻辑矛盾作了更为细致的分析，格瑞姆（P. Grim）在系统考察逻辑学界所给出的"矛盾"的主要定义之后，将学界的认识归结为四种类型：(1)矛盾的语形型定义。这种定义依赖于"否定"词，以纯粹的语言形式构造，如苏珊·哈克将"矛盾"定义为形如"$A \wedge \neg A$"的公式，或形如"A 且非 A"的陈述。(2)矛盾的语义型定义。这种定义以语义概念"真"、"假"及其可能性构造，如普赖尔（A. N. Prior）把矛盾定义为：它们既不能同真，又不能同假。(3)矛盾的语用型定义。这种定义以"断定"、"否认"等

---

① 〔古希腊〕亚里士多德：《形而上学》，吴寿彭译，北京，商务印书馆，1981，第 64 页。
② 同上书，第 65 页。
③ 同上书，第 81 页。
④ 同上书，第 65 页。
⑤ 同上书，第 66～68 页。
⑥ 参见张建军：《逻辑悖论研究引论》，南京，南京大学出版社，2002，第 309 页。

心智行动为理据构造，如布鲁迪（B. Brody）主张把矛盾定义为既断定一命题，又断定对它的否定。（4）矛盾的本体论型定义。这种定义将矛盾视为一种事态，而不是命题（陈述）或命题（陈述）的否定。比如，卢特雷（R. Routley）给出的矛盾定义：一个情境是矛盾情境，如果对于其中的某个 B，B 和并非 B 都成立。① 十分显然，这些关于"矛盾"概念内涵的讨论及其形式构造的探究，对于我们准确把握逻辑矛盾的本质性规定乃至泛悖论的矛盾性质问题是大有助益的。

关于辩证矛盾②，学界的分歧历来很大。首先是存在不存在辩证矛盾的问题；其次怎么理解辩证矛盾的问题。

就有没有"辩证矛盾"而言，这种论争直到今天也没有真正达到"共识"而平息，虽然受过辩证唯物主义教育的人多数持有辩证法的观念，并因此而认同辩证矛盾之说，但反对辩证矛盾之说的学者也不在少数。古代中国有韩非，古希腊时期有亚里士多德，近有英国有哲学大家卡尔·波普尔（K. Popper），等等，他们只认同逻辑矛盾，并不承认辩证矛盾之说。

在中国传统文化典籍《易经》、《黄帝内经》和《老子》中，其辩证矛盾的思想我们可以俯拾皆是。仅就《老子》而言，其中的有无相生，难易相成，长短相形，高下相倾，音声相和，前后相随；曲则全，枉则直，敝则新，少则得，多则惑；祸福相倚伏、相反相成，"反也者，道之动也"，等等，已为世人所熟知。但是，这样的辩证矛盾思想因其缺少"条件"的限定和把握，虽然给人们认识事物和解决问题提供了方法论的思想资源，

---

① P. Grim："What is a Contradiction?" in G. Priest and B. Armour-Garb（eds.）：*The Law of Non-Contradiction*：*New Philosophical Essays*，Oxford：Clarendon Press，2004：51-55. 同时参见付敏、张建军：《"矛盾"的多重定义与"真矛盾论"的理论困境》，《江海学刊》2010 年第 3 期。

② 从辩证法的发展史看，有辩证矛盾思想并不等同于有辩证矛盾的概念。据学界考证，在中国学术史上，韩非子提出了具有形式逻辑性质的"矛盾"概念，而第一次明确使用具有辩证性质的"矛盾"概念的是唐代刘禹锡。他在其《因论·儆舟》中指出，"祸福之胚胎也，其动甚微；倚伏之矛盾也，其理甚明"（《刘梦得文集》卷二十四）。刘禹锡给韩非子以来一直作为逻辑错误的"矛盾"概念增加了新语义。第一次正面提出朴素但又极富思辨色彩的辩证"矛盾"概念的是明清之际方以智。他在其《一贯问答》中指出，"正信之子，只学天地，更为直捷。是故设教之言必回护，而学天地者，可以不回护。设教之言必求玄妙，恐落流俗，而学天地者不必玄妙。设教之言惟恐矛盾，而学天地者不妨矛盾。不必回护，不必玄妙，不妨矛盾。一是多中之一，多是一中之多。一外无多，多外无一；此乃真一贯者也"。在西方学术史上，亚里士多德提出的作为逻辑错误的"矛盾"概念直至康德仍然保持着，在康德那里，"辩证法"也只是形式逻辑意义的矛盾，是谓辩证法的消极意义。只有把这种消极意义转化为积极意义，辩证法才能获得重生。其中，费希特的贡献不应该被湮没，而黑格尔则是集大成者。

又因其缺少必要的操作规程很容易滑向相对主义和诡辩论。这一点在诸子百家时期就已经表现出来了，并造成了"言无定术、行无常义"的混乱局面。这种局面对于推行具有"确定性"特征的法治思想的韩非而言，是必须直面并予解决的问题。他在《韩非子·难一》中说："贤舜则去尧之明察，圣尧则去舜之德化；不可两得也。楚人有鬻楯与矛者，誉之曰：'吾楯之坚，物莫能陷也。'又誉其矛曰：'吾矛之利，于物无不陷也。'或曰：'以子之矛陷子之楯，何如？'其人弗能应也。夫不可陷之楯与无不陷之矛，不可同世而立。今尧、舜之不可两誉，矛楯之说也。"他进一步提出"冰炭不同器而久，寒暑不兼时而至，杂反之学不两立而治。"（《韩非子·显学》）"不相容之事，不两立也。"（《韩非子·五蠹》）韩非从"事"之不相容、不两立，得出了"以为不可陷之楯，与无不陷之矛，为名不可两立"（《韩非子·难势》）的结论，在中国逻辑思想史上第一次从形式逻辑角度提出了"逻辑矛盾"问题，也使得"以子之矛，攻子之盾"成了中国人揭露逻辑矛盾的重要方法。但是，韩非子以"思维"的逻辑矛盾应对"事物"的辩证矛盾的后果是两方面的，一方面为正确的形式理性思维提供了方法和标准；另一方面又把本来应是辩证矛盾的东西错误地当成形式逻辑的矛盾进行批判，把形式逻辑矛盾的作用范围扩大化，上升为世界观的基本原则，走向了形而上学。这也是中国传统文化中长期存在的经学独断论倾向的思维根由①。由于"矛盾"概念一直以逻辑错误的负面形式而存在，中国传统文化中的辩证矛盾思想没有能够得到良好发展的生态环境，所以，中国传统文化中的辩证矛盾思想虽然丰富，但过于笼统含混，其内在作用机理并没有得到应有的发掘和阐释。

在古希腊，赫拉克利特（Heraclitus）的辩证矛盾思想是具有代表性的。因为如下著名论断，赫拉克利特曾经深受黑格尔（G. Hegel）的推崇——"一切皆流，万物常新。""我们不能两次踏进同一条河，它散而又聚，合而又分。"②"混合音域不同的高音和低音、长音和短音，造成一支和谐的曲调。"③"在圆周上，终点就是起点。"④"海水最干净，又最脏：鱼能喝，有营养；人不能喝，有毒。""驴爱草料，不要黄金。""猪在污泥中洗澡，鸟在灰土中洗澡。""最美的猴子同人类相比也是丑的。"⑤但是，一

---

① 参见丁祯彦、臧宏：《中国哲学史教程》，上海，华东师范大学出版社，1989，第 128 页。
② 北京大学西方哲学史教研室编：《西方哲学原著选读》，上卷，北京，商务印书馆，1981，第 23 页。
③ 同上书，第 23 页。
④ 同上书，第 24 页。
⑤ 同上书，第 24～25 页。

个不可否认的历史事实是，亚里士多德提出形式逻辑的矛盾律所要应对的对象主要有二，其一是智者派的诡辩论；其二就是赫拉克利特的辩证矛盾思想。亚里士多德在《形而上学》中点名道姓地批判道："传闻赫拉克利特曾说'同样的事物可以为是亦可以为非是'，这是任何人所不能置信的。"①他还对"有些人不但自己主张'同一事物可以既是而又非是'，还说这可让世人公论，事理确乎如此"的要求，不惜以"人身攻击"的方式反驳说，"实在这是因为他们缺乏教育"②。对于"相对事物从同一事物中出现"的观察现象，亚氏认为，"我们将认为他们在某一意义上说得对，在某一意义上说错了。成为实是可有两义，其一昔者无'是'，今日有'是'，其另一为'无是'不能成'是'，而同一事物则可以成为实是与不成为实是——但其道不同。"③亚氏的确维护了形式理性的矛盾律，但我们从中看不出他对辩证矛盾有同情认可的倾向。④

在现代，反对辩证矛盾的学者更是大有人在。基于对辩证矛盾的错误认识之上，英国著名哲学家卡尔·波普尔在其名著《猜想与反驳》中专门写有一篇《辩证法是什么》的批判文章。他在文中指出，"在思想发展的历史中矛盾极为重要——正像批判一样重要。因为批判总是指出某种矛盾"⑤，然而，最重大的误解和混乱也正是来自于辩证法家谈到矛盾时那种不严格的方式，由于"世界上矛盾无所不在"，辩证法家根据矛盾富有成效而主张必须摒弃传统逻辑的不矛盾律。鉴于"辩证法的整个发展应当是防备建立哲学系统的内在危险的前车之鉴"⑥，波普尔的结论是"我认为显然应当十分慎重地使用'辩证'这个词。也许最好是根本不用这个词"⑦。

---

① 〔古希腊〕亚里士多德：《形而上学》，吴寿彭译，北京，商务印书馆，1981，第 64 页。

② 同上书，第 65 页。

③ 同上书，第 74 页。

④ 有学者认为，亚氏"一方面反对赫拉克利特的矛盾思想；另一方面也以另外一种形式肯定了'矛盾'思维的合理性"。参见曾庆福：《亚里士多德的辩证思维思想》，《河南社会科学》1996 年第 3 期。笔者认为，这是对亚氏所揭示的事物性质的两面性，比如，"一"与"多"、"潜能"与"实现"等关系的强化指认，亚氏并没有以自觉的"辩证矛盾"意识去认识和分析事物的辩证思维倾向。列宁也有同样的指认，他在《谈谈辩证法问题》中指出："亚里士多德在其著作《形而上学》中经常为此绞尽脑汁，并跟赫拉克利特即跟赫拉克利特的思想作斗争。"列宁：《谈谈辩证法问题》，见中共中央马克思、恩格斯、列宁、斯大林著作编译局编译：《列宁选集》，第 2 卷，北京，人民出版社，1995，第 556 页。

⑤ 〔英〕卡尔·波普尔：《猜想与反驳：科学知识的增长》，傅季重等译，上海，上海译文出版社，1986，第 451 页。

⑥ 同上书，第 478 页。

⑦ 同上书，第 461 页。

　　韩非子、亚里士多德和波普尔对辩证矛盾的误识和批判，代表了一些反对和拒斥辩证矛盾者的理由和态度，但是，对不拒斥且持信辩证矛盾的学者而言，在究竟什么是辩证矛盾的问题上，他们的意见也并不统一。

　　《哲学大辞典》对辩证矛盾的释义是"客观现实中，事物对象自身所包含的对立面的统一关系。它存在于客观现实中，是对象本身所固有的。辩证矛盾不是错误论断的矛盾，而是现实的矛盾。这种现实的辩证矛盾在我们的思维中的正确反映，就形成了思维中的辩证矛盾"①。《逻辑学辞典》的解释是"所谓辩证矛盾，就是任何客体或过程所包含的两个对立面之间的相互联系和相互斗争……列宁把辩证矛盾称作为'实际生活中的实际矛盾'，'而不是字面上的、臆造出来的矛盾'"②。辞典对辩证矛盾的界定似乎很清楚，按理说，人们应该能够非常清晰地切划出"逻辑矛盾"与"辩证矛盾"之域界，其实不然。现实中，人们并不容易区分这两种矛盾。张建军在《如何区分逻辑矛盾和辩证矛盾》一文中，概括了20世纪70年代末和80年代初中国学界在区分这两类矛盾时涉论的11个标准，即(1)真值标准：逻辑矛盾实质上是对同一事物的正确反映和不正确反映的两个思想之间的矛盾，是真理与谬误之间的矛盾。辩证矛盾是对事物矛盾双方对立而统一关系的正确反映。(2)实践标准：矛盾双方有一方符合实际，有一方不符合实际的，就是逻辑矛盾；如果双方都符合实际，那就是辩证矛盾。(3)属性标准：逻辑矛盾是指同一属性既属于某一客观对象，同时又不属于某一客观对象。辩证矛盾是指肯定的属性和否定的属性同时属于某一客观对象。(4)方面标准：对于一对肯定和否定的命题，看它是不是从同一个意义(或方面)来说的，如果是从不同意义(或方面)来说的，则这个命题就不是逻辑矛盾的命题，而是辩证矛盾的命题。(5)时空标准：辩证矛盾是思维认识始终存在着的矛盾，它贯穿于思维、认识的全过程，逻辑矛盾不是思维认识的固有矛盾，也不贯穿于思维认识的全过程。(6)原型标准：逻辑矛盾只存在于思维中，现实世界里没有它的原型，辩证矛盾不仅存在于思维中，而且有现实的原型。(7)作用标准：辩证矛盾是思想、认识发展的动力。逻辑矛盾是思想发展的障碍。(8)原因标准：逻辑矛盾的产生是由于思维违反了自身的规律，辩证矛盾的产生则在于思维遵守了自身的规律。(9)性质标准：逻辑矛盾双方是绝

① 《哲学大辞典》，逻辑学卷，上海，上海辞书出版社，1988，第532页。
② 《逻辑学辞典》，长春，吉林人民出版社，1983，第716页。

对地相互排斥，是单纯的否定。辩证矛盾双方不是单纯的否定，而是肯定之中有否定，否定之中有肯定。(10)模态标准：辩证矛盾具有客观必然性，而逻辑矛盾是在思维过程中出现了主观错误所形成的矛盾，不具有客观必然性。(11)系统标准：逻辑矛盾是特定语用系统中命题之间相互否定的一种逻辑关系。任何一个语言系统都必须遵守形式逻辑的规律和规则，严格防止逻辑矛盾的出现。而不同语言系统之间可以有不同的甚至是彼此相反的基本公设，具有"A 并且非 A"形式的辩证矛盾命题可以作为语言系统的基本公设。① 这些繁多的区别标准本身就说明，学界对如何区分逻辑矛盾与辩证矛盾并没有达成共识。

人们之所以在逻辑矛盾和辩证矛盾关系上切划不清，是因为没有真正弄清楚辩证矛盾的本质性规定。"辩证矛盾"是一个复合词，是由"辩证"和"矛盾"两个语词的复合而构建的。这里的"矛盾"是由"辩证"限制的，把握"辩证"的本义和精髓是理解这个概念语义的关键。《现代汉语词典》给"辩证"的定性为"方法"和"属性"②。因此，理解属性的"辩证"语义，必须在"方法"层面把握。这又必须追溯到辩证法的历史源头才能真正弄清楚"辩证"的本义和精髓。作为舶来品的辩证法而非中国本土的辩证法，它的源头在古希腊。赫拉克利特的生成流变说和苏格拉底(Socrates)、柏拉图(Plato)的概念主义被学界指认为辩证法的两个源头。③

笔者研究发现，在古希腊的历史源头，"辩证"其实有三个而并非两个原初语义。④ 其一是本体论语义的"辩证"，即赫拉克利特关于"火"的运动规律。这种规律体现的是客观事物自身所具有的既对立又统一的属性关系。这也是恩格斯(F. V. Engels)所说的"客观辩证法"的原初形态。随着近代科学发展，这种意义上的"辩证"内涵及其规律已成为广义"实证科学"的研究对象。其二是认识论语义的"辩证"，即芝诺关于"运动"的否证。如何认识事物的运动属性？是感知直觉，还是理性认知？日常生活中，人们取信于感知，芝诺则以逻辑推理的方式，通过逻辑悖论的形式，

---

① 以上所涉 11 个标准的"逻辑矛盾"和"辩证矛盾"的定义，分别是由赵总宽、阎庆华、杜汝辑、朱志凯、方宏建、金顺福、王经伦、陈晓平等学者在不同论著中给出的。张建军：《如何区分逻辑矛盾和辩证矛盾》，张建军、黄展骥：《矛盾与悖论新论》，石家庄，河北教育出版社，1998，第 1～20 页。

② 《现代汉语词典》(商务印书馆 2005 年版)第 87 页"辩证"词条的解释是(1)动词，辨析考证。(2)形容词，合乎辩证法的。

③ 参见丁立群：《哲学实践与终极关怀》，哈尔滨，黑龙江人民出版社，2000，第 71～72 页。

④ 参见王习胜、张建军：《逻辑的社会功能》，北京，北京大学出版社，2010，第 164～188 页。

将以往素朴的"运动"概念内在的矛盾——"连续"与"间断"、"无限"与"有限"等范畴之间的关联性揭示出来,彰显了人们把握"运动"概念内在矛盾关系的必要性与重要性。其三是方法论语义的"辩证",即苏格拉底的方法。与智者学派的论辩术不同,苏格拉底辩论的目的,在总体上可以说是"探求真理",他自己将这种方法称之为探索真理的"助产术",其论辩的最大的特点就是通过揭示言语中的逻辑矛盾达到辨析概念的目的。的确,由于苏格拉底和芝诺都使用了归谬法论证,二者有相似之处,但并不能因此将苏格拉底的方法与芝诺的方法相等同。苏格拉底的"归谬助产"的目的,是要通过论辩去发现一个个分立的"真理",而芝诺的归谬反驳的锋芒所指的则是一些基本的思维范畴。

　　基于"辩证"的原始语义,我们不难得出"辩证"的要义和精髓,即在本体论层面,"辩证"是认识对象自身所"共有"的两个相反相成的属性;在认识论层面,则是对认识对象相反相成属性的揭示;在方法论层面,则是以相反相成的矛盾方法去认识对象。从静态看,相反相成的"对立统一"属性是"辩证"之根本所在,没有这个根本,"辩证"就无法构成;从动态看,是对立双方的相互否定,正是这种相互否定才形成了双方相互依存、相反相成的关系,乃至于矛盾双方的相互转化才成为可能。所以,"在黑格尔那儿,否定的辩证法是贯穿一切的最重要的原则,而矛盾原则或对立统一原则正如前述质量互变原则一样,都只不过是自否定原则的一种体现"[1]。

　　总之,辩证矛盾是与认识对象(包括客观世界、人类社会和思维)的属性分不开的。我们承认客观世界普遍存在着矛盾,同时又要致力于在思维中正确地反映这种矛盾,但思维中的这种"矛盾"是指向客观事物的"对立统一"属性,不是形式逻辑所要拒斥的"自相矛盾"。因此,逻辑矛盾与辩证矛盾的根本区别是:逻辑矛盾所断言的是同一属性既属于某一对象,同时又不属于这一对象,或者说断定某一对象同时既有又没有某一属性;而辩证矛盾断定的是某些肯定性和否定性的属性相反相成地统一于某一对象,或者说是断定两种相反相成的属性同属于某一对象。从肯定和否定的性质方面说,在原子逻辑矛盾中,"肯定"与"否定"是指属性的"有"与"无";而在原子辩证矛盾中,"肯定"与"否定"是指一个对象"共有"两个相反相成的属性,不是肯定与否定的简单相加。[2] 换句话说,

---

[1]　邓晓芒:《思辨的张力》,长沙,湖南人民出版社,1992,第230页。

[2]　参见张建军:《如何区分逻辑矛盾和辩证矛盾》,见张建军、黄展骥:《矛盾与悖论新论》,石家庄,河北教育出版社,1998,第1~20页。

辩证矛盾有两个根本性规定，即矛盾双方的对立统一性和自我否定性，是逻辑矛盾所不具有的。

二、泛悖论矛盾性质的指认

相对于严格悖论而提出的泛悖论概念，包含着纯粹理性领域有域界的由思维的逻辑构造而形成的泛悖论，以及在实践领域由于主体的"主观见之于客观"的实践活动而造成的泛悖论。在我看来，这是两类既有关联性又有各自规定性的泛悖论。这两类泛悖论各自具有怎样的矛盾性质，其矛盾性质又能否给予现代逻辑形式的刻画呢？

如前所论，逻辑矛盾是思维领域的逻辑错误，客观世界本身是没有逻辑矛盾的；逻辑矛盾不具有对立统一性，矛盾双方也不具有自我否定性。以此检视纯粹理性领域的泛悖论，比如，$\sqrt{2}$悖论，在"所有的量都可以表示为整数与整数之比"的背景知识下，"$\sqrt{2}$是量"与"$\sqrt{2}$不是量"之间的矛盾就是逻辑矛盾，并不是辩证矛盾。至于在明晰的"有理数"和"无理数"认识的基础上创建了实数理论，使得"有理数"与"无理数"相互依存、相反相成，并在实数理论中实现了"对立统一"，这时的"$\sqrt{2}$是量"与"$\sqrt{2}$不是量"已经不再是逻辑矛盾的关系，而是转化为具有辩证性质的矛盾关系了。在这个意义上，有学者径直地将化解悖论解读为"将悖论消解为……辩证矛盾关系命题"①是有一定道理的。之所以说$\sqrt{2}$悖论的矛盾性质是一种特殊的逻辑矛盾，是因为其中内蕴着将这种逻辑矛盾转化为辩证矛盾的可能性，但并不能直接将其等同于辩证矛盾。

现在的问题是，实践理性领域的泛悖论不是纯粹理性思维的逻辑构造，而是由"主观见之于客观"的实践活动所造成的，不是"思"和"推"的"论"，而是"做"和"行"的"事"，不是"理论事实"或"理论状态"，而是"社会事实"和"现实事态"，这种泛悖论究竟是什么性质的矛盾？

以实践理性领域中的道德悖论为例，道德悖论研究者钱广荣既不赞同将道德悖论所内蕴的矛盾直接指认为逻辑矛盾，也不赞同将它们归属于辩证矛盾，而是倾向于称之为逻辑矛盾和辩证矛盾之外的第三类矛盾。虽然如此，钱先生却仍然采用了用以指称逻辑矛盾的"自相矛盾"之名称，以指称他认为的那种既不是逻辑矛盾又不是辩证矛盾的第三类矛盾。笔者基于对逻辑悖论研究资源的把握和理解，一度指认道德悖论本质上是

---

① 罗翊重：《矛盾解悖反演概论》，昆明，云南科技出版社，1999，第99页。

一种广义的逻辑悖论。① 既然是逻辑悖论，不论它是"广义的"还是"狭义的"，其矛盾性质都应该归属于逻辑矛盾之列。刘叶涛认为，国内学者研究的道德悖论并不是严格的逻辑悖论，不过是一种"类悖论道德困境"②。至于这种道德困境的矛盾性质，由于它内蕴着道德主体的社会实践特征，所以刘叶涛并不赞同将其称之为"自相矛盾"③。随着研究和交流的深入，笔者有意识地将道德悖论分为两种类型④，即理论型道德悖论和实践型道德悖论。借助于严格悖论的界定成果，我们并不难理解理论型道德悖论，"就是指谓这样一种理论事实或状况，即特定认知主体在一定的道德背景知识之下，经过合乎经典逻辑规则的推导，得出了与其道德常识或其公认的道德观念和原则相冲突的结论"⑤。如果学界能够认同笔者对理论型道德悖论的规约，那么这种类型的道德悖论之矛盾性质就应该是逻辑矛盾，即道德认知主体在道德认知思维中出现的自相矛盾的逻辑错误。

钱广荣一再强调，道德悖论是"在主体的道德选择行为和实践行为同客观环境建立某种统一性的关系中"出现的矛盾，属于"正确的选择（行动）错误——因为选择（行动）对了，所以也选择（行动）错了"⑥，本质上是道德悖"行"。在反复推敲钱先生这一思想之后，笔者认识到，这种道德悖论与理论型道德悖论具有不同的矛盾性质。虽然它仍然与道德主体的道德信念密切关联，但在本质上已经涉及道德主体的交往实践，其悖性是以客观事态的方式呈现出来的，应该将其单独建类，可称之为实践型道德悖论。实践型道德悖论是指道德主体本着"善"的信念或原则，在进行道德选择和道德价值实现的过程中，其"善行"在实现"善果"的同时又不可避免地出现了"恶果"。显然，这种实践型道德悖论亦可同时指称"类悖论道德困境"。那么，这种实践型道德悖论的矛盾性质是怎样的？是逻辑矛盾、辩证矛盾还是第三类矛盾？

---

① 笔者仍然坚持将理论层面的道德悖论归属于"广义的逻辑悖论"，除了因为理论层面的道德悖论尚未得到严格的逻辑语形、逻辑语义和逻辑语用的形式刻画，没有得到"非特设性"的哲学辩护之外，还有一个重要的"同情"因素，即道德悖论的结论不必完全符合狭义逻辑悖论的形式结构——"矛盾等价式"的要求，只要能够从"公认"的道德原则或道德信念合乎逻辑地推导出悖性的结论，即可视之为"道德悖论"。参见王习胜：《关于道德悖论属性的思考：从逻辑的观点看》，《安徽师范大学学报》2007 年第 5 期。

② 刘叶涛：《论"道德悖论"作为一种悖论》，《安徽师范大学学报》2008 年第 5 期。

③ 刘叶涛：《道德悖论的矛盾归属》，《安徽师范大学学报》2009 年第 6 期。

④ 参见王习胜：《道德悖论研究的价值与意义》，《道德与文明》2008 年第 6 期。同时可参见王习胜：《道德悖论研究探赜》，《光明日报》2009-02-17。

⑤ 王习胜：《关于道德悖论属性的思考：从逻辑的观点看》，《安徽师范大学学报》2007 年第 5 期。

⑥ 参见钱广荣：《把握道德悖论需要注意的学理性问题》，《道德与文明》2008 年第 6 期。

钱广荣是以"自相矛盾"之名指称实践型道德悖论的矛盾，并将其列为第三类矛盾。刘叶涛认同这种悖论的社会实践特征，但并不认可"自相矛盾"的说法。从刘先生的文论中，我们不难解读出这样的质疑意见，即由《韩非子·难一》所出的"自相矛盾"，其中的"自"显然是指那个卖矛和盾的人自己的断言，即他对"矛"和"盾"的属性的断言前后出现了矛盾，所谓"矛之锋利无物不摧"和"盾之坚固无物可摧""不可同世而立"。具有社会实践特征的道德悖论之矛盾，如果是"自相矛盾"的，那么它的"自"的对象是什么，是道德主体的道德认知判断前后出现了"自相"矛盾，还是道德主体的道德活动之结果与其道德价值选择之初衷"事与愿违"而"自相"矛盾，抑或道德事实本身出现了"自相"矛盾？这是三个不同层面的"自相"矛盾。显然，第一个层面是道德认知层面，属于道德思维领域的问题；第二个层面是道德活动主体与道德价值实现的对象之间的关系层面，属于社会交往实践层面的问题；第三个层面是道德事实，属于社会现象的对象层面。

在探究逻辑悖论的矛盾性质的过程中，我国学界曾就逻辑悖论的矛盾到底是特殊的逻辑矛盾还是辩证矛盾、抑或第三类矛盾开展过热烈讨论。沙青认为，"悖论是普通逻辑思维与辩证思维的中间物"[1]，其矛盾性质是介于逻辑矛盾和辩证矛盾之间的。沈跃春就曾主张逻辑悖论的矛盾是第三类矛盾。[2] 在相对全面地把握了学界关于这个问题的不同的看法，并对逻辑矛盾和辩证矛盾的"矛盾"特质作了细致剖析的基础上，张建军对逻辑悖论的矛盾性质即特殊的逻辑矛盾给出了周密论证。[3] 特别是在20世纪与21世纪之交，随着逻辑悖论语用学性质的明确揭示，学界关于逻辑悖论的矛盾是一种特殊的逻辑矛盾的认识已基本取得了共识。

实践型道德悖论进而所有的实践理性领域的泛悖论，它们的矛盾性质是不是第三类矛盾？与逻辑矛盾和辩证矛盾相并列的第三类矛盾，它的本质属性是什么？又如何能够与可能出现的第四类矛盾、第五类矛盾……相区别？在为试解这些问题而寻求思想资源的过程中，当代西方分析的马克思主义学派的创始人之一乔恩·埃尔斯特的理论给了我很多

---

[1] 沙青：《辩证逻辑简明教程》，石家庄，河北人民出版社，1984，第31页。

[2] 自1986至1997年，沈跃春发表了多篇文章坚持悖论之"矛盾"性质是思维领域的第三类矛盾。如，《关于思维领域中的三类矛盾》，《安庆师范学院学报》1986年第4期；《悖论：思维领域的第三类矛盾》，《安徽大学学报》1992年第1期；《再论思维领域的三类矛盾》，《学术界》1997年第5期，等等。

[3] 张建军：《悖论是一种特殊的逻辑矛盾》、《再论悖论是一种特殊的逻辑矛盾》，见张建军、黄展骥：《矛盾与悖论新论》，石家庄，河北教育出版社，1998，第56～103页。

启发。在分析资本主义社会矛盾时，埃尔斯特并没有开列出更多的新的"矛盾"类型，对于思维领域中不能同真命题的断定谬误，埃尔斯特仍然坚持用逻辑矛盾去指称，而对于关涉人们社会交往实践的矛盾，则是用"现实矛盾"指称。

乔恩·埃尔斯特关于"现实矛盾"的基本思想是：一个人不能既相信命题 p 同时又不相信命题 p，一个人或社会共同体不能既实施行动 A 同时又不实施行动 A；但是，一个人却可能实际地拥有矛盾信念或矛盾期望，即他既相信 p 实际上却又相信了非 p，或者既期望 p 却又同时期望非 p，即在人的信念或期望系统中"现实地"存在着这种"自相矛盾"，这种违反不矛盾规范的信念或期望有时是由于思维混乱产生，但在许多情况下是由于各种客观原因所造成。他运用现代模态逻辑工具探究了这类"现实矛盾"产生的逻辑机理，即模态合成谬误。他所谓的模态合成谬误包含两种情况，其一是从整体之部分的性质推得整体本身的性质，比如，从椅子的每部分都轻而推出这把椅子就是轻的；其二是由"一个汇集的单个元素或分子的性质得到该汇集总体或元素全部的性质"[1]，比如，由一辆公共汽车比一辆小汽车用油多，推得全部公共汽车比全部小汽车用油多。在其《逻辑与社会》一书中，为了说明现实的社会矛盾，乔恩·埃尔斯特用量化模态逻辑工具分析了上述第二类"模态变种"的合成谬误，即"从任一个体都可能具有某属性，推出可能所有个体都具有该属性"。他用模态逻辑公式表示为：$(\forall x)[\Diamond(Fx)] \vdash \Diamond(\forall x)(Fx)$。他举例解释说，上述模态逻辑公式所表达的意思可以解释为：任何人把他所有的钱都存入银行并从中可能会得到利息，但从这一事实出发，推出可能所有人都把他们所有的钱同时存入银行并从中得到利息。十分显然，这个推理在现实中是错误的。那么，为什么从$(\forall x)[\Diamond(Fx)]$不能推出$\Diamond(\forall x)(Fx)$呢？换句话说，二者之间究竟存在怎样的差异？这可以从模态逻辑中的从物模态与从言模态的差异中找到根由。由于从物模态是指事物或对象的模态，语法形式中的模态词是修饰、限定命题中的主词所表示的事物与谓词所表示的性质或事物间关系的联系方式。比如，模态逻辑公式$(\forall x)[\Box F(x)]$所表达就是从物模态，它的意思是：任何一个事物，它必然具有性质 F。这里的模态词"必然"是关于事物本身的断定。而从言模态是关于命题本身的模态，置于命题的句首模态词是用于修饰、限

---

① 〔美〕欧文·M. 柯匹、卡尔·科恩：《逻辑学导论》，张建军等译，北京，中国人民大学出版社，2007，第 184 页。

定一个完整的语句。比如，模态逻辑公式□（∃x）[F（x）]所表达就是从言模态，它的意思是：存在一个事物，它具有性质 F，这一点是必然的。这里的模态词"必然"是关于命题的。上述模态变种造成的模态合成谬误（∀x）[◇（Fx）]⊢◇（∀x）（Fx），就是由从物模态导出从言模态的，比如说，从屋子里可能存在一个个子最高的人，推不出在屋里有人可能是个子最高的。因此，"所论及的这些推理在模态逻辑的所有解释下都是无效的，这是可以证明的事实"①。据此，乔恩·埃尔斯特解释了社会生活中经常出现的次优性（suboptimality）和反终极性（counterfinality）两种"现实矛盾"现象，它们反映的是意向与结果（result）之间的差距（gap），以及可能和现实之间的差距。比如，在农耕社会，"生儿养老"是一个价值共识，但如果所有人都选择了这种方法而生许多孩子的话，就会造成人口过多，反而会使家庭人均收入下降而不能达到养老的目的。② 埃尔斯特将"现实矛盾"进一步区分为心理矛盾和社会矛盾。他所谓的心理矛盾"是在那些其内容上相矛盾的心理状况中（即在一个人同时接受了可能在逻辑上源于一个矛盾的信念和欲望的时候）获得的"；而社会矛盾则"是在几个人同时接受了一些彼此都认为应该如此的信念时获得的，尽管他们中的任何一个人很可能是真的，但在逻辑上却不可能皆为真"③。因此，对于"现实矛盾"，并非只要具有自觉的不矛盾意识即可消除；这类矛盾信念或期望也可能造成人类行动选择系统中现实存在的矛盾状况。也就是说，根据不矛盾法则可以拒斥矛盾个体的现实存在，但并不能排除人类信念系统中自相矛盾状况的现实存在。④

正如曾庆福所分析的，埃尔斯特之所以将个人层面的心理矛盾和群体层面的社会矛盾都归属于"现实矛盾"，是因为这些矛盾都需要诉诸对"现实"的理解。因"现实世界"不仅指与人类主体无涉的客观世界，还有人的信念世界，同时，还有具有信念的人所组成的人类社会。我赞同埃尔斯特对"现实矛盾"的指认，而且特别欣赏他将合理的"现实矛盾的概念仍然紧系于（firmly tied to）逻辑概念，而又不对我们接受矛盾命题的真承

---

① Jon Elster：*Logic and Society*，Chichester：John Wiley and Sons，1978：19.
② 参见曾庆福：《必然、可能与矛盾：乔恩·埃尔斯特〈逻辑与社会〉解析》，南京，南京大学博士学位论文，2010，第 88 页。
③ 〔美〕乔恩·埃尔斯特：《理解马克思》，何怀远等译，北京，中国人民大学出版社，2008，第 37 页。
④ 参见曾庆福：《必然、可能与矛盾：乔恩·埃尔斯特〈逻辑与社会〉解析》，南京，南京大学博士学位论文，2010，第 64 页。

担义务"①的观点。这是因为，埃尔斯特的"现实矛盾"并不是与逻辑矛盾和辩证矛盾无关联的新型矛盾，而是用现代形式逻辑工具分析社会矛盾。由于社会矛盾是一个关系范畴，是具有辩证性质的矛盾，埃尔斯特其实是将形式逻辑与辩证逻辑贯通起来，使得长期以来只能被人们意会和模糊使用的辩证矛盾变得更为清晰。在我看来，实践性道德悖论的矛盾与埃尔斯特所谓的"现实矛盾"中的"社会矛盾"具有某种程度的一致性，但它们之间也存在差异，主要表现在：其一，埃尔斯特所谓的"现实矛盾"是指"现实地存在的矛盾"，是就矛盾存在的客观性而言的。他分析了这种客观性矛盾生成的原因，比如心理矛盾和社会矛盾，却没有细致地剖析社会矛盾的类型，比如，在"主观见之于客观"的社会交往实践活动过程中产生的现实矛盾，他就没有给予必要的分析。其二，我们所谓的实践理性领域的泛悖论均具有价值取向性质，是带有价值求善性的矛盾，并不完全是纯粹理性的求真性的矛盾，比如，在道德交往实践中出现的实践型道德悖论总是以"善果"与"恶果"的相生相依（所谓不可避免）的方式出现的，这是一种在道德交往实践中出现的特殊的辩证矛盾，类似于这种泛悖论的矛盾，能不能用形式逻辑来分析，还是有待探究的问题。

辞典或字典收入的词条及其释义，一般都是学界有较大共识的。从这一点判断，辩证矛盾是"现实的矛盾"在我国学界是早已有的认识。在1983 年出版的《逻辑学辞典》和 1988 年出版的《哲学大辞典》（逻辑学卷）的"辩证矛盾"词条中，都有"现实矛盾即辩证矛盾"②或辩证矛盾是"现实的矛盾"③的明确说明。可能是受哲学教科书的影响，我国学界把辩证矛盾的视点放在了辩证唯物主义领域，关注于客观事物对象内部的辩证矛盾问题，对于社会历史领域，包括生产力和生产关系、经济基础和上层建筑等辩证矛盾关系关注得不够，至于在社会交往实践中产生的矛盾虽然也会称之为"现实矛盾"，但这里的"现实"往往只是时间属性的概念，而不是客观对象属性的概念，因而，往往只是从阶级关系的角度去考量它的社会性质，很少从哲学或逻辑学角度关心这种"矛盾"与逻辑矛盾和辩证矛盾之间的关系。因此，乔恩·埃尔斯特的"现实矛盾"理论虽然不是新思想，却为我们理解社会交往实践中的矛盾性质提供了思想资源。

按照学界对学科的"科学性"的理解，只有能够运用数学工具的学科

---

① 〔美〕乔恩·埃尔斯特：《理解马克思》，何怀远等译，北京，中国人民大学出版社，2008，第 37 页。
② 《逻辑学辞典》，长春，吉林人民出版社，1883，第 716 页。
③ 《哲学大辞典》，逻辑学卷，上海，上海辞书出版社，1988，第 532 页。

才能走向科学化，而只有能够被逻辑精当地形式刻画的理论才能达到系统的严密性。从当代逻辑学科的发展状况看，对逻辑矛盾进行精当的形式刻画已经不是问题，那么，辩证矛盾能不能以精当的形式进行刻画呢？如果辩证矛盾能够被精当地进行形式刻画，具有辩证矛盾属性的实践理性领域的泛悖论就具有被现代逻辑语形学进行严格的形式塑述的可能性，反之，如果辩证矛盾尚不能得到精当的形式刻画，那么实践理性领域的泛悖论就难以被现代逻辑语形学进行严格的形式塑述。

从辩证矛盾形式化工作的历史来看，学界的努力大致可以分为两个层次，一是试图给出辩证矛盾的规律性结构；二是对体现辩证法精髓的辩证思维进行数理形式的刻画，试图建构数理辩证逻辑体系。前者是前提性的工作，其源头可以追溯到赫拉克利特；后者是深化性工作，是当代逻辑学者的努力目标。

赫拉克利特将生成辩证法结构性地表述为"既是……又不是"，即当一事物变成另一事物时，比如说，当 A 变成 B 时，A 既不是 A 又不是 B，而是处于 A 与 B 之间；或者说，既是 A 又是 B。而黑格尔则将辩证法表述为"肯定－否定－否定之否定"，即所谓的"正、反、合"的"三一式"。黑格尔的"三一式"辩证结构是从费希特思想中引申的，费希特是试图克服康德哲学的局限性而发明"三一式"辩证法结构之雏形的。

康德为了解决休谟(D. Hume)的怀疑论，给出"必然性知识之所以可能"的解决方案，建构了"纯粹理性批判"理论。纯粹理性批判的核心是"先天综合判断"。"先天"是得出必然知识的形式，"综合"的是能够得出新知的经验材料。在感性阶段，康德以空间和时间为先验形式建构数学命题；在知性阶段，康德是以传统形式逻辑判断的四个要素，即量(全称的、特称的和单称的)、质(肯定的、否定的和不定的)、关系(直言的、假言的和选言的)和样式(或然的、实然的和必然的)为蓝本，根据判断形式与知性形式的对应关系导出了 12 个范畴，以这些范畴为先天形式建构经验自然科学命题；在理性阶段，康德以传统逻辑的三段论推理形式，即以直言三段论、假言三段论和选言三段论作先天统摄原则建构形而上学命题。但是，理性以这些统摄原则探究形而上学问题时却不可避免地陷入了"二律背反"的先验幻象。为此，康德要限制知识的范围，给信仰留下地盘。康德的认识论也因此而搁置在半途。费希特(J. G. Fichte)为了超越康德，首先在认识对象方面不再作"现象"和"物自体"的二分，而是以自我意识为统摄对象。费希特与康德有共同点，都相信逻辑形式与人的认识能力是相对应的。只是康德仅仅探讨了判断形式和推理形式与知性和理性的形式对应，没有考虑更一般的逻辑规律与何种认识形式相对应的问题。费希特将传统形式逻辑的三个规律，即同一律、矛盾律和排中律引入"自我意识"，形成了自我意识的自明原则，即自我设定自身，与同一律 A＝A 相对应；自我设定非我，与矛盾律 A≠¬A 相对应；自我与非我的统一，与排中律 A 或¬A 相对应。费希特认为，排中律的依据不是非此即彼，而是亦此亦彼，表面上的"或"，其深层意义是"和"，这就是"自我和非我"。这种"自我－非我－自我和非我"的演化思想便成为辩证法的"正题－反题－合题"，或"肯定－否定－否定之否定"的"三一式"表达的雏形。① 黑格尔辩证法的"僵死形式"就是这种"三一式"。

这种"三一式"辩证法的规律性结构曾经遭到英国哲学家卡尔·波普尔和加拿大哲学家马里奥·本格(M. Bunge)的严厉批驳。波普尔在"辩证法是什么"一文中指责，"辩证解释把谷种看作正题，由种子发育成的作物是反题，而所有从这一作物生产的种子是合题"，以及恩格斯在《反杜林论》中提出的"'更高的合题定律……经常应用于数学中。否定(－a)自乘变成 a^2，即否定的否定达到新的合题。'但即使认为 a 是正题，－a 是反题或否定，仍然可以期望否定的否定是－(－a)即 a，这不是'更高的'合题，而是等同于原来的正题本身"②，等等，面对这些辩证法"三一式"无法给予合理解释的"糟糕的典型事例"，波普尔说"最好避免某种公式化"③。本格在其《科学的唯物主义》一书中，单列第四章"对于辩证法的批判"，对辩证法的五个原理，即"任何事物都有一对立面"、"任何客体本质上都是矛盾的，即由相互对立的成分和方面所构成"、"每一种变化都是所涉及的系统内部(或不同系统之间)对立面的张力或斗争的结果"、"发展是一种螺旋线，它的每一层都包含上一层，但同时也是对它的否定"、"每一量的变化都归结为某种质的变化，而每一新的质都有它自己新的量变的方式"④，逐一进行了分析。比如，"任何事物都有一对立面"中的"对立面"，究竟是指一事物的"反事物"，还是指一事物性质的"反性质"？这些"反事物"或"反性质"又是怎样存在的，等等。只要对"反事物"和"反性质"没有给出规定或解释，"对立面"的含义就是模糊不清的。通

① 参见赵敦华：《西方哲学简史》，北京，北京大学出版社，2001，第288～289页。
② 〔英〕卡尔·波普尔：《猜想与反驳：科学知识的增长》，傅季重等译，上海，上海译文出版社，1986，第460～461页。
③ 同上书，第459页。
④ 〔加〕马里奥·本格：《科学的唯物主义》，张相轮等译，上海，上海译文出版社，1989，第42～43页。

过分析，他认为现在的辩证法存在着无法消解的症结，即"不精确性、肤浅性、关于普遍性的无根据的论断，以及对于反例的忽视"①。在他看来，"唯物主义是真理，尽管它还有待发展；然而，辩证法却是模糊的且同科学疏远的。因此，唯物主义意欲沿着精确化以及与科学相协调的路线发展，它就必须同辩证法划清界限"②。

西方分析的马克思主义者埃尔斯特也有这样的指认：马克思（K. Marx）"总是批判所有那些以一种机械的方式运用黑格尔的推理模式的企图（从蒲鲁东到拉萨尔）。他在提到拉萨尔的法哲学时说：'辩证方法则用得不对。黑格尔从来没有把归纳大量事例为一个普遍原则的做法称为辩证法。'然而，恩格斯试图把辩证法的规律形式化，恰恰是对一般原则下的杂多情况的归类"③。我们援引以上这些学说的目的，无非是要表明，止于目前学界所给出的辩证矛盾的规律性结构仍然存在有待精确化的问题。

再就对体现辩证法精髓的辩证思维进行数理形式刻画来看，国内确有一些学者为此投入了极大的精力，比如，有的学者套用现代数理逻辑的程式和语言建构辩证逻辑的形式系统。赵总宽曾以"逻辑科学形态的辩证逻辑形式化"建构了"强辩证逻辑的形式化类型"。它包括六个系统，即辩证命题自然推理系统 DPNR，辩证谓词逻辑自然推理系统 DQNR，辩证命题形式公理系统 DPA，辩证谓词形式公理系统 DQA，辩证模态命题逻辑系统 DMT 和辩证道义模态命题逻辑系统 DDMT。其中，"辩证命题形式公理系统 DPA"是其他各系统的基础。有专家对这些系统作了细致审读之后发现，这些系统并不严密。专家指出：构造形式语言不是任意的，是为建立演算服务的。但在数理辩证逻辑系统中，对象语言与公理系统是脱节的。如果在形式语言部分就出了问题，那么形式系统的可靠性就更无从谈起了。④ 金顺福援引张清宇对赵总宽的 DPA 形式系统的检视结论说："在 DPA 中，凡演绎可证的公式都不是演绎可证的。"由于这个基础系统出了问题，在此基础上构造的其他系统也就难望成功。⑤

还有学者不顾及现代数理逻辑的程式和"套路"，自创基本符号表达辩证思维，建构辩证逻辑。金顺福考察了马佩的《辩证思维研究》和《辩证

① 〔加〕马里奥·本格：《科学的唯物主义》，张相轮等译，上海，上海译文出版社，1989，第 63 页。
② 同上书，第 41 页。
③ 〔美〕乔恩·埃尔斯特：《理解马克思》，何怀远等译，北京，中国人民大学出版社，2008，第 36 页。
④ 参见王路：《逻辑的观念》，北京，商务印书馆，2000，第 190～192 页。
⑤ 参见金顺福：《关于辩证逻辑形式化问题》，《广州大学学报》2002 年第 3 期。

逻辑》两本专著后指出，马佩在试图对辩证矛盾进行刻画时，他的初始符号曾由形式逻辑的"∧"改变为后来的太极图标，但这种改变只是换汤不换药，并没有真正解决形式逻辑与辩证法两者之间的本质区别问题，[①]并且，太极图标在马佩的辩证逻辑中只是知性思维的象征意义的图标，不是严格的逻辑符号，马佩却把它当作严格的基础性逻辑符号使用，致使其辩证逻辑系统"没有标准，没有规则"[②]，而且"量词更不在马先生的考虑之列"[③]。面对马佩的辩证逻辑体系，金顺福得出的结论是："马佩先生的辩证逻辑体系是不能成立的。"[④]

国内学者对体现辩证法精髓的辩证思维进行形式化不成功，国外学者的努力是否成功呢？金顺福特别推介苏联数理逻辑学家伏伊什维洛以逻辑的非矛盾形式反映运动的辩证法思想。在假设"运动意味着物体在一个地方同时又不在一个地方"，其学理问题已经解决了的前提下，如何对这个表述现实运动过程的辩证法语句进行逻辑刻画呢？先用符号 P_0（即具有零数字的语句 P）来表示这个语句。下面要求精确语句 P_0 中的所有词语。这样做的目的，一是为了有可能对这个语句在逻辑上的不矛盾性作出判断；二是为了使这个语句本身成为非逻辑矛盾的语句。用 Δt 表示取值于间隔(t，t_1)的时间间隔集的变量，用 Δs 表示取值于间隔(s，s_1)的空间间隔集的变量，用 N 表示运动物体的点，用"H"表示"在"的关系，在经过若干阶段的精确化过程之后，可用谓词逻辑的如下语言来表述不包含逻辑矛盾的辩证运动的语句，即 $\forall \Delta s \exists \Delta t H(N，\Delta t，\Delta s) \wedge \forall \Delta t \exists \Delta s \neg H(N，\Delta t，\Delta s)$。金顺福认为，伏伊什维洛的这个形式语句能够把以自然语言表达的形似逻辑矛盾的关于运动的辩证矛盾语句，即"运动意味着物体在一个地方同时又不在一个地方"[⑤]，用人工语言精确地刻画为不再形似逻辑矛盾的辩证矛盾语句。

在辩证思维的形式化或者说为辩证法寻求逻辑基础时，亚相容逻辑（para-consistent logic）受到人们的青睐。有学者甚至直接将亚相容逻辑视之为"辩证法的逻辑基础"[⑥]。亚相容逻辑是以拒斥经典逻辑的司格特法则，弱化经典逻辑矛盾律的作用，从而试图包容"真矛盾"的逻辑系统。

① 参见金顺福：《概念逻辑》，北京，社会科学文献出版社，2010，第167页。
② 金顺福：《概念逻辑》，北京，社会科学文献出版社，2010，第201页。
③ 同上书，第200页。
④ 同上书，第202页。
⑤ 同上书，第7～10页。
⑥ 参见杨武金：《辩证法的逻辑基础》，北京，商务印书馆，2008。

在经典逻辑司格特法则的证明中有等价律、传递律和合取律三条规律，只要拒斥其一便可达到拒斥司格特法则而获得亚相容性的目的，由此形成了亚相容逻辑系统的正加方向系统、相干方向系统和弃合方向系统。[①]

巴西学者达·科斯塔(N. C. A. da Costa)创立的 $C_n(1 \leqslant n \leqslant \omega)$ 系统属于亚相容正加方向系统。C_n 系统通过修改经典逻辑否定词，使 C_n 的否定词不同于经典逻辑的否定词，即令经典逻辑中 A 和 ¬A 不能同真也不能同假的关系，变为可以同真但不能同假的关系。澳大利亚学者普利斯特(G. Priest)的 LP(Logic of Paradox)系统属于亚相容逻辑相干方向系统，它是使用命题变元相干原则技术，使得不相干的结论不能从前提中推得，两个相互矛盾的命题 A 和 ¬A 不能推出一切公式，矛盾也就不会在系统中任意扩散。亚相容弃合方向系统是使不同的命题在不同的可能世界中取值，矛盾被分置在不同的可能世界中，或者说，矛盾可以分立地出现，不能合取地出现[②]。这样，两个相互矛盾的命题就不会推出任意命题，从而达到包容"真矛盾"的目的。

审视辩证法规律的结构化工作，我们不难发现，自从赫拉克利特给出"既是……又不是……"这种概括性语句出现之后，如何用形式结构或形式语言塑述辩证矛盾就是后人不断探索的工作。从费希特、黑格尔甚至到恩格斯的"三一式"概括屡遭学界质疑。"三一式"在解释具体问题时的确有很多难以自圆其说的地方。如果我们拘泥于这种"三一式"，难免也会陷入黑格尔辩证法"僵死形式"的泥沼之中。针对辩证法的"三一式"结构，本格指出"辩证法并不仅仅是又一哲学教条，而且是一种具有危险的实际结果的教条，因为它使人们沉溺于冲突并乐于去从事冲突，它使人们对合作的可能性和好处视而不见"[③]。现在的问题是，如果辩证法的规律不能被抽象为"质量互变规律"、"对立统一规律"和"否定之否定规律"三个结构性规律，或者说这样的结构性并不具有普适性，那么，还能不能将辩证法的精髓结构化？学界至今还没有给出令人信服的理论成果。再就苏联学者伏伊什维洛刻画的"运动"概念的辩证语句而言，这个逻辑结构形式仅仅是用人工语言刻画了用自然语言表达"运动"概念时可能会

① 参见李秀敏：《亚相容逻辑的历史考察和哲学审思》，南京，南京大学博士学位论文，2005，第1~3页。

② N. Rescher and R. Branddom：*The Logic of Inconsistency*，Oxford：Blackwell Press，1980：7.

③ 〔加〕马里奥·本格：《科学的唯物主义》，张相轮等译，上海，上海译文出版社，1989，第63页。

引起"逻辑矛盾"误解的语句，在笔者看来，即便这个语句的形式刻画没有问题，它也仅仅是刻画了"运动"概念中静止的辩证矛盾，至于在这个概念的基础上，如何刻画出矛盾双方在具体条件下的"自否定"过程及其机制，则是伏伊什维洛的工作所远远未能企及的目标。

再就对试图通过辩证思维的形式化而建构辩证逻辑形式系统的工作而言，正如马佩所说，"现在搞的所谓辩证逻辑的形式系统以及各种系统之间的区别乃是因人而异的，因此有很大的随意性"①。他自己的辩证逻辑系统与赵总宽的辩证逻辑系统就有很大区别。它们的形式区别是外在的，内在的共同之处是均"不能成立"。金顺福甚至指出，"逻辑就是逻辑，辩证法就是辩证法，不能把逻辑与辩证法混为一谈，而且要对辩证法要有一个正确的理解"②。

就亚相容逻辑系统来看，虽然学界对其刻画辩证矛盾的能力普遍看好，但笔者考察后认为，其情况并不能令人乐观。首先，亚相容逻辑系统并不是为刻画辩证矛盾及其演化机制而创立的，将其视为"辩证法的逻辑基础"是严重的误解。其次，亚相容学者所说的"真矛盾"并不同于我们所说的辩证矛盾，从他们所建构的系统中不难看出，他们所刻画出来的矛盾只是将形式逻辑命题之间的矛盾关系弱化为反对关系。正如有的学者所指认的，"'真矛盾论'者常常将黑格尔—马克思型辩证法中的辩证命题视为'真矛盾'，并以此作为对'真矛盾论'的辩护。然而，这是混淆'逻辑矛盾'与'辩证矛盾'的典型案例"③。最后，亚相容逻辑通过弱化矛盾律的约束力而达到"圈禁"矛盾的目的，使"有意义"的悖态理论既能够发挥其价值，又不至于让其中的矛盾任意扩散而毁坏这个领域的整个知识系统，这个做法是值得肯定的，当然，它也的确为悖态理论找到了逻辑存在的理由，但问题并不是到此就得到了解决。这是因为，他们由承认"矛盾"而接纳和容忍矛盾，由看到矛盾、刻画矛盾而止于矛盾的认知取向，不论是从科学理论创新的角度看，还是社会历史发展的角度看，都不是我们所追求的目的。在笔者看来，包含"真矛盾"的科学理论或社会境况，只是科学理论或社会历史发展中的一个环节，承认这种矛盾，刻画或分析这种矛盾，目的在于更好地消解这种矛盾，消解科学理论的"悖态"和社会发展中的"矛盾"，是要实现科学理论或社会境况达致新的相容

---

① 马佩：《辩证逻辑》，开封，河南大学出版社，2006，第 371 页。
② 金顺福：《概念逻辑》，北京，社会科学文献出版社，2010，第 202 页。
③ 付敏、张建军：《"矛盾"的多重定义与"真矛盾论"的理论困境》，《江海学刊》2010 年第 3 期。

与和谐。揭示矛盾、转化矛盾，在对立中求得统一，这是辩证法所体现和追求的，然而，这并不是亚相容逻辑系统所追求的，所以，亚相容逻辑系统并不是体现和刻画辩证法精髓的逻辑系统。①

　　我国学界最近较为关注西方分析的马克思主义学者，特别是埃尔斯特运用现代模态逻辑工具和集体行动逻辑尤其是博弈逻辑对社会矛盾现象进行分析的工作。② 埃尔斯特用"模态合成谬误"分析了社会矛盾的两种典型的表现形式——"反终极性"与"次优性"的成因。他所谓的"反终极性"是"指群体中的每一个体按照其想象的与他人的关系行动时，所产生的无意识后果，即产生一种总体上的合成谬误，当此谬误的前件为真时，其后件就会产生矛盾"③。如前文所提及的在中国农耕社会出现的"生儿养老"的社会矛盾等。反终极性社会矛盾的存在，说明了人类的行为存在域限，当人类给这种域限施加了不当压力，就可能出现因果悖论，即个体追求其利益实现的行动选择，不仅不能达到预期的目的，反而会出现与其初衷相反的结果。"次优性"原本是一个博弈论概念，在埃尔斯特看来，"所谓次优性是指非合作解决方案的故意实现，是由个体策略选择带来的某种次帕累托状态的补偿机制，即在此情况下，当所有参与者都采用某一策略方案，并充分意识到其他人也会这样做时，他们的收益至少等于或者多于他们中的某些人或所有人采取处在分歧策略方案时的情况"④。埃尔斯特用博弈论中的典型案例"囚徒困境"，说明了现实社会中为什么会出现这种次优性社会矛盾：在完全信息条件下的博弈中，囚徒甲和乙可以选择的方案有两种，即坦白或者不坦白。如果他们都不坦白，警方会因为没有证据指控他们而不得不将他们释放，这是他们能够获得的最佳收益。但是，在被分离审讯的情况下，甲与乙都会担心对方为了其自身的利益最大化而选择坦白，进而危害到自己的利益（因为自己不坦白而罪加一等），作为理性的社会人，他们最终不是选择那种"不坦白"的最优方案，而是选择"坦白"这种"次优"的方案，得到的也将是减轻处罚的"次优性"结果。

　　由于埃尔斯特所谓的现实矛盾与我们所研究的实践理性领域的泛悖论具有某种程度的一致性，埃尔斯特的逻辑研究思路具有向实践理性领

---

① 参见王习胜：《亚相容方法论研究》，《自然辩证法通讯》2008 年第 3 期。
② 埃尔斯特运用现代逻辑工具分析社会矛盾的详细情况，可参见 Jon Elster：*Logic and Society*，Chichester：John Wiley and Sons，1978。
③ 曾庆福、张建军：《埃尔斯特"现实矛盾"思想解析》，《河南社会科学》2009 年第 5 期。
④ 同上。

域中的泛悖论研究移植的可能性和价值。当然，我们也应该注意到，埃尔斯特对具有辩证性质的社会矛盾的分析模式只是一种探索，正如吉登斯(A. Giddens)所言，埃尔斯特对矛盾概念的博弈论解释只是一种很有局限性的策略行为分析，"这样的矛盾概念所面临的困难也是很明显的，它和这种概念所借助的博弈论模式密切相关……但是博弈论在社会科学中却似乎只能应用于有限的范围。如果我们抽象地谈论博弈论的模式，或者用学术方法来表述他们，这些模式会显得优雅精致、令人满意，但他们和实际发生的行为之间的关系往往却是相当不牢靠的"①。

在严格悖论研究的成果基础上开展的泛悖论研究，因其外延的扩展而带来了一系列难以克服的问题，其一是泛悖论域界的准确切划问题；其二是导致泛悖论的背景知识或背景信念的内涵和外延的辨析与确认的问题；其三是对泛悖论导出过程进行逻辑形式的塑述问题。这些都是泛悖论研究所要着力解决的前提性问题。鉴于这些问题所涉范围的广泛性及其解决的复杂性，目前，我们关注的重心不是实践理性领域的泛悖论，而是纯粹理性领域的泛悖论；我们所工作的着力点不是运用现代逻辑工具对泛悖论及其生成和消解机理进行精细的逻辑分析和形式刻画，而主要是对其进行哲学方法论层面的研究。

① 〔英〕安东尼·吉登斯：《社会的构成》，李康等，北京，生活·读书·新知三联书店，1998，第447～448页。

第三章　严格悖论研究的成果与转向

　　严格悖论的研究成果主要集中在逻辑语形悖论、逻辑语义悖论以及逻辑语用悖论三个领域。对于逻辑语形悖论，研究者运用汤姆逊（J. F. Tomson）对角线引理可以对其形成机制进行统一的形式刻画，若以当代解决逻辑悖论的一般标准，即 RZH 标准来衡量，策墨罗（E. Zermelo）等人创建的公理化集合论理论因其重构了集合论的背景知识，使得这类悖论已经获得了相对消解；逻辑语义悖论研究，可以追溯至古希腊时期的说谎者悖论，在经历古希腊和中世纪圣贤先哲的充分追问之后，此类悖论又历经罗素的分支类型论、塔尔斯基的语言层次理论、鲍契瓦尔（D. A. Bochvar）的三值理论、克里普克（S. Kripke）的真值间隙论、赫兹伯格（H. G. Herzberger）的素朴语义学方案、伯奇的索引化真值谓词方案等诸多试解，当人们将巴威斯等人新近创立的情境语义学之"情境"（situations）因素引入说谎者悖论的消解之中时，这类缠绕人类思绪达两千年之久的古老悖论也已露出令人折服的消解"曙光"；尽管逻辑语用悖论时兴不久，但凭藉对逻辑语形悖论与逻辑语义悖论研究的积淀，加之情境语义学对这类悖论同样显示出独到的解题功能，学界普遍以乐观的心态去对待这类新型悖论的研究和消解工作。

　　严格悖论研究已历经两千余年，尤其是近百年来，取得了极为丰富而且相对有效的成果。随着逻辑悖论的语用学性质的明确指认，一些基本概念得到充分澄清，当代逻辑悖论研究已经明晰地区分出三个不同的研究层面，即"层面Ⅰ：特定领域某个或某组悖论具体解悖方案研究"、"层面Ⅱ：各种悖论及解悖方案的哲学研究"和"层面Ⅲ：一般意义的解悖方法论研究"①。在不同学科的研究者的共同努力下，逻辑悖论的前两个层面的研究工作在 20 世纪取得了长足发展，相比而言，第三个层面的研究工作尚处于启动阶段。

---

　　①　张建军：《逻辑悖论研究引论》，南京，南京大学出版社，2002，第 37～39 页。

第一节　严格悖论研究的主要成果

所谓严格悖论，是指其由以导出的背景知识都是日常进行合理思维的理性主体所能普遍承认的公共知识或预设，而且均可通过现代逻辑语形学、逻辑语义学和逻辑语用学的研究使之得到严格的形式塑述或刻画，其推导过程可以达到无懈可击的逻辑严格性的悖论。[①] 一般地，严格悖论包含逻辑语形悖论、逻辑语义悖论和逻辑语用悖论三个子类。逻辑语形悖论又称为集合论－语形悖论，它与典型的语义悖论——说谎者悖论，虽然具有类同的逻辑构造，但二者在由以导出的基本命题（即背景知识）的可表达性上却存在重大差异：集合论的基本原则可用纯粹的逻辑语形语言表达，而说谎者悖论所由以导出的基本原则必定在本质上涉及"真"、"假"等有关语言的意义、命名或断定，即语言与对象的关系方面的内容，逻辑语形悖论与逻辑语义悖论由此而形成了明确的界分。相应地，凡是在"背景知识"之所指层面本质地涉及理性主体之预设因素的逻辑悖论，如"知道者悖论"等，则隶属于逻辑语用悖论。

一、严格悖论具体解悖方案趋于成熟

在严格悖论的三个子类中，逻辑语义悖论的研究历史最为悠久，它可上溯至古希腊时期人们对说谎者悖论的探究。作为逻辑语义悖论之冠，说谎者悖论历经了古希腊和中世纪贤哲的充分追问，又经过罗素的分支类型论、塔尔斯基的语言层次论、鲍契瓦尔的三值理论、克里普克的真值间隙论、赫兹伯格的素朴语义学方案、伯奇的索引化真值谓词方案等诸多试解，人们依据巴威斯和艾切曼迪所创立的情境语义学，将其"情境"因素引入说谎者悖论的消解之中而产生的情境语义学解悖方案，是目前最具说服力的消解方案。

情境语义学是基于几个重要的语用学观念提出的。其一是"语言效应论"，即认为具有相同语言意义的表达式在不同的对象、空间、时间和方式中会有不同的解释。其二是通过所谓"奥斯汀型命题"——由于语言效应中的语境敏感要素必然内化于语句的意义中，在英国语言哲学家奥斯汀看来，情境因素对判定陈述的"真"或"假"至关重要。因此一个奥斯汀

---

　　① 严格悖论是与泛悖论相对而言的。参见张建军：《广义逻辑悖论研究及其社会文化功能论纲》，《哲学动态》2005 年第 11 期。

型命题必由三个要素构成：一个是自然语言的语句普型 T(type)，一个是对该普型的索引的和指示的元素的外延指派和一个该命题所处世界(一种"情境")的部分模型 S。真值谓词本身不是索引的，但"真的"在一个命题中的一次出现是依据有关情境中该谓词的部分外延赋值的。一个奥斯汀型命题 P(proposition)可表示为：〈S；[δ]〉。其中，S 是表示 P 所处的情境，δ 表示 P 所描述的事态，而[δ]则表示取决于 δ 的情境类型。P 为真，当且仅当，事态 δ 属于情境 S。① 由于情境语义学方案的这种命题观，准确地反映了与一个语句相关的情境变化所带来的语义变化，从而使得同一语句普型在不同的情境中可以表达不同的命题，并获得不同的真值，即便说谎句"P：P 不是真的"也不例外。由于任何一个情境模型不可能既包括一个事态又包括这个事态的否定，一旦相关情境发生了变化，说谎句所表达的命题必然发生变化。因而，情境语义学学派断言，"说谎者悖论的真实根源不在于自我指涉，也不在于真假值，而在于未被认知的脉络。一旦你弄清楚语句出现的脉络之后，说谎者悖论便不再是悖论，就如同美国人认为六月是夏天、澳洲人却认为六月是冬天，但两者之间并没有真正的冲突一样"②。美国数理逻辑学家、晚近加入"情境逻辑"研究的德福林(K. Devlin)证明：在情境 C 中，设说谎者语句 a 的断言为真，必然导致矛盾，故 a 的断言为假；但是，设 a 的断言为假，却导致了 C 不是一个恰当的情境，即其情境不再是 C。这样，在 C 情境中，由 a 的断言真必然推断出 a 的断言假，但却不能由 a 的断言假推断出 a 的断言真，故而说谎者悖论不能成立。③ 可见，一旦能够正确地处理"情境"因素，原来被认为是悖论命题的"说谎者悖论"便不再构成悖论了。

　　20 世纪初发现并引动逻辑悖论研究第三次高峰④的集合论－语形悖论，研究者可以运用汤姆逊对角线引理对其形成机制进行统一的形式刻画，策墨罗等人通过重构集合论的背景知识而创建的公理化集合论理论，则是这类悖论获得相对解决的较为可信的方案。

　　我们知道，罗素的分支类型论是较早解决集合论悖论之一的罗素悖论——"由所有不是它们自身的元素所组成的集合"的典型方案，它是通

---

① 参见张建军：《逻辑悖论研究引论》，南京，南京大学出版社，2002，第 170~171 页。

② 〔美〕德福林：《笛卡尔，拜拜：挥别传统逻辑，重新看待推理、语言与沟通》，李国伟等译，台北，天下远见出版社，2000，第 330~331 页。

③ 同上书，第 331~333 页。

④ 逻辑悖论研究的三次高峰是由南京大学张建军教授总结划分的，即古希腊、中世纪和当代的悖论研究高峰。

过给命题划分类型和层级从而禁止任何形式的自我相关或自我指称，试图用区别和限制的办法来消解此类悖论。由于这种方案带有很强的特设性①——只为消解此类悖论而特地增设某些条件，同时，这些条件还使得集合论中原有的很多有价值的东西因此而被拒之门外。为改变这种状况，策墨罗把集合论变成了一个完全抽象的公理化理论，他不再定义"集合"概念，而是从历史上存在的集合论理论出发，得出一些原理，使得集合的性质由公理系统 Z 反映出来，并凭藉这些原理以排除掉集合论中所有的矛盾，同时，又能够保留既有集合论理论中所有有价值的东西。后来，经过挪威数学家斯科伦(T. Skolem)和以色列数学家弗兰克尔，以及美籍匈牙利数学家冯·诺意曼(J. von Neumann)的完善，公理化集合论逐步成为一个严密的形式化系统，既可以起到康托尔集合论作为数学基础的作用，又能够消除原来的集合论悖论，而且，也没有再发现新的悖论。

由于情境语义学解悖方案之于逻辑语义悖论，公理化集合论方案之于逻辑语形悖论的解决，基本实现了这样的诉求："足够狭窄性"——能够排除已经出现的逻辑矛盾；"充分宽广性"——尽可能保留既有的科学成果；"非特设性"——解决方案并不仅仅是为了排除某个悖论而特设的条件②，亦如郑毓信在谈到公理化集合论等理论能否消解罗素悖论时所指出的，所给"理论的基本原则是为数学家们所几乎一致地接受的，而且，所有已知的悖论在其中都已得到了排除，同时在理论中至今也并没有发现新的悖论"③，这样的解悖方案即可视为成功的解悖方案。据此，我们断言：严格悖论之逻辑语义与逻辑语形悖论的具体解悖方案已趋于成熟。

二、基于严格悖论的方法论研究

我们知道，古希腊和中世纪的逻辑悖论研究重心是在具体悖论个案及其变体的消解方面，然而，即便是在中世纪，也已有学者论及解悖的一般路径问题，如解悖的"废弃、限定、有条件的解答"④的基本思路，

---

① 特设性(adhocness)是西方科学哲学界十分关注的一个问题。波普尔、格林鲍姆和拉卡托斯等认为，如果一个理论 T_2 只能解决它的先行理论 T_1 解决了的经验问题，以及那些对 T_1 构成的反例(refuting instance)而不能解决其他问题，则理论 T_2 就是特设的。

② 张建军：《逻辑悖论研究引论》，南京，南京大学出版社，2002，第28~37页。

③ 郑毓信：《数学哲学新论》，南京，江苏教育出版社，1990，第11页。

④ 〔英〕威廉·涅尔、玛莎·涅尔：《逻辑学的发展》，张家龙等译，北京，商务印书馆，1985，第295页。

尽管这只是涉及一般解悖方法论的零散意见。

从既有的研究资料看，罗素是自觉地进行一般解悖方法论思考的肇端者。在消解集合论－语形悖论的过程中，罗素认为："如果这个解决完全令人满意，那就必须有三个条件。其中第一个是绝对必要的，那就是，这些矛盾必须消失。第二个条件最好具备，虽然在逻辑上不是非此不可，那就是，这个解决应尽可能使数学原样不动。第三个条件不容易说得准确，那就是，这个解决仔细想来应该投合一种东西，我们姑名之为'逻辑的常识'，那就是说，它最终应该像是我们一直所期待的。"①罗素在此探讨的正是构成一种良好的解悖方案的方法论标准问题。

公理化集合论 ZF 系统的奠基人策墨罗从数学本体和形式技术角度论及了解悖的方法论问题。他认为："要使问题得到解决，我们必须一方面使得这些原则足够狭窄，能够排除掉所有矛盾；另一方面又要充分宽广，能够保留这个理论中一切有价值的东西。"②其实，策墨罗所谓的"足够狭窄"和"充分宽广"，类似于罗素解悖标准中的第一、二两个条件。

在承继前人成果的基础上，苏珊·哈克对解悖一般标准的理解是："某些矛盾的结论，通过表面上无懈可击的推导，从表面上无懈可击的前提而被推出。这表明，对一种解决方案需要提出两个要求：一方面，它应当给出一个相容的形式理论(语义学的或集合论的，视具体情况而论)，就是说，要表明哪些表面上无懈可击的前提或推理原则是必须拒斥的(形式上的解决)；另一方面，它还应当提供某些说明，以解释为什么那种前提或原则是可反对的，而不管其表面上如何(哲学上的解决)。更进一步的要求是关于一种解决之广度的。它既不应过于宽泛以致于损伤我们必须保留的推论('不能因泄愤而伤己'原则)，又应充分地宽泛到足以阻止所有相关的悖论性论证('不能跳出油锅又进火坑'原则)……努力的方向应当是，揭示出那些被摒弃的前提或原则是一种具有某些独立的——即不依赖于其导出悖论这一点而存在的——缺陷的东西。困难但重要的是，要避免那种看上去有而实际上没有说明性，而只是给出问题语句贴上'标签'的所谓'解决'。"③与罗素和策墨罗的见解相比较，苏珊·哈克的探究已具有某种程度的系统性，但仍然不够简洁和明晰。

---

① 〔英〕罗素：《我的哲学的发展》，温锡增译，北京，商务印书馆，1982，第70页。

② E. Zermelo："Investigations in the Foundations of Set Theory Ⅰ"，Translated by S. Bauer-Mengelberg, in J. van Heijenoot(ed.)：*From Frege to Godel*，Cambridge：Harvard University Press，1967：200.

③ S. Haack：*Philosophy of Logics*，London：Cambridge University Press，1978：138-139.

　　在分析悖论的方法层面，人们首先关注的是悖论的语言表达形式及其结构；其次是悖论的构成要素；最后是关于悖论的分类。

　　针对研究"说谎者悖论"的重要性问题，塔尔斯基指出："我们必须找出它的原因来，也就是说，我们必须分析出悖论所依据的前提来；然后，在这些前提中我们必须至少抛弃其中一个，而且我们还必须研究这将给我们的整个探讨带来什么样的后果。"①但塔尔斯基的"语言层次"工作仅局限于对语义悖论的分析，没有探究一般意义的分析悖论的方法论问题。

　　由探讨悖论的构成要素而体现出来的具有分析悖论方法论意义的工作，主要集中在对悖论的界说中，比如，弗兰克尔和巴－希勒尔认为："如果某一理论的公理和推理原则看上去合理，但其中却证明了两个相互矛盾的命题，或者证明了这样一个复合命题，它表现为两个相互矛盾的命题的等价式。那么，这个理论就包含了一个悖论。"②由于其"看上去合理"的认识过于含糊，对悖论分析的一般方法论意义并没有被充分地显示出来。

　　第三个方面的成就主要集中在莱姆塞对悖论所作的类型的划分上。我们知道，罗素在康托尔创立的素朴集合论理论中发现了罗素悖论，由此引发了数学发展史上的第三次基础理论"危机"。罗素倾其全力提出了一种旨在一揽子解决集合论悖论和既往提出的说谎者型悖论的方案——分支类型论。在对分支类型论方案进行批判性审视的过程中，莱姆塞认识到，集合论悖论与说谎者型悖论虽然具有类同的逻辑构造，但二者在由以导出的基本命题的可表达性上却存在重大差异：集合论的基本原则可用纯粹的逻辑语形语言表达，而说谎者型悖论所由以导出的基本原则必定在本质上涉及"真"、"假"等有关语言的意义、命名或断定，即语言与对象的关系方面的内容。据此，莱姆塞把集合论悖论称为"逻辑悖论"，而把说谎者型悖论称为"认识论悖论"③。这是逻辑悖论研究史上首次以导出悖论的基本命题为基准对悖论进行的明确分类。

　　遗憾的是，在雷歇尔《悖论：其根源、范围与解决》一书出版之前，国外的逻辑悖论研究文献虽然汗牛充栋，但是我们却未能发现有专题探究发现悖论的方法论方面的突出成果。

---

① 〔美〕A. 塔尔斯基：《语义性真理概念和语义学的基础》，见〔美〕A. P. 马蒂尼奇：《语言哲学》，牟博等译，北京，商务印书馆，2004，第91页。

② A. A. Fraenkel and Y. Bar-Hillel：*Foundations of Set Theory*，New York：North-Holland，1958：1.

③ F. P. Ramsey："The Fundations of Mathematics"，*Proceedings of the London Mathematical Society*，series 2，1925：Vol. 25.

国内逻辑悖论研究在 20 世纪中叶已取得一批有国际影响的成果。比如，1953 年，沈有鼎在美国《符号逻辑杂志》第 18 卷第 2 期上发表了"Paradox of the Class of All Grounded Classes"（《所有有根类的类的悖论》）。1954 年，莫绍揆在《符号逻辑杂志》第 19 卷上发表了"Logical paradoxes for many-valued systems"《多值系统的逻辑悖论》），等等。但是，悖论研究的高潮是在改革开放之后形成的。仅从莫绍揆、徐利治、朱梧槚、袁相碗、郑毓信、黄耀枢、张家龙、张清宇、张建军、杨熙龄、桂起权、胡作玄、沈跃春等学者在 20 世纪 80 年代初期所发表的主要论著的研究情况看，我国的逻辑悖论研究是直接建基于西方学界的最新成果之上的。

据笔者检索到的资料，早在 1978 年，杜岫石在《"悖论"摘析》中就曾有这样的洞悉："有些著名的悖论还是某种科学分支（如'集合论'与'近代数理逻辑'）发展中的重要契机（即起着关键性作用的内部动力），弄清楚这些悖论，也就提示了某些理论科学发展的内部规律性，即矛盾性。"① 1981 年，章士嵘在《辩证逻辑与科学方法论》一文中更清楚地写道："悖论的出现就破坏了科学理论体系的可证明性和思维前后一贯的逻辑严密性。科学史表明，悖论的出现和解决是推动科学发展的内在的逻辑力量。"② 此后，逻辑悖论研究的科学方法论意义一直是人们关注的重要课题。比如，刘永振认为："悖论是科学变革的内在逻辑力量。"③ 林可济和郑毓信则更为具体地指出："对于前提中包含有直接错误的第一类悖论来说，悖论的积极意义是不言而喻的。通过悖论或佯谬引出逻辑矛盾，有助于揭露推理前提中隐含的错误，检查推理过程中的漏洞。这对于增强思维的严密性，推动人们的认识不断向前发展，无疑是有益的。对于前提中并不包含错误，或看上去没有问题的第二类悖论来说，悖论对科学发展的意义就更加重大了……"④ 在分析大量佯谬史料的基础上，桂起权和张掌然甚至得出了"发现佯谬是产生新思想的源泉之一"⑤ 的重要结论。这些看法虽属零散的研究心得，但对系统地探索逻辑悖论研究的方法论

① 杜岫石：《"悖论"摘析》，《社会科学战线》，1978 年第 3 期，见杜岫石：《岫石文集》，北京，华艺出版社，2002，第 190 页。
② 章士嵘：《辩证逻辑与科学方法论》，见《哲学研究》编辑部编：《科学方法论论文集》，武汉，湖北人民出版社，1981，第 220 页。
③ 刘永振：《悖论的定义及其哲学问题》，《社会科学辑刊》1985 年第 1 期。
④ 林可济、郑毓信：《关于科学中悖论的哲学分析》，《自然辩证法研究》1987 年第 5 期。
⑤ 桂起权、张掌然：《人与自然的对话：观察与实验》，杭州，浙江科学技术出版社，1990，第 196 页。

意义具有重要的启发价值。

1990 年，张建军结构性地阐释了"悖论与经验科学方法论"的关系问题："首先，就科学发现而言，悖论作为一种特殊的反常问题，是创立新的科学理论的重要契机……其次，就科学检验而言，悖论作为一种特殊的逻辑矛盾，是一种重要的证伪手段……再次，就科学发展而言，悖论的发现和解决愈益成为一种重要的推动力量。"①之后，他又进一步阐明了悖论的一些基本性质："悖论是一种特殊的逻辑矛盾"、"悖论的出现具有相对性"和"悖论的解除具有根本性"，并着重讨论了"关于由悖论而导致的科学'危机'"、"关于悖论发现机理的把握"以及"关于正确理解哥德尔不完全性定理及其意义"②等专题，为经验科学方法论层面的逻辑悖论研究的方法论探索提供了一个完整的研究纲领。此后，学界虽然不断有人论及悖论研究的方法论价值与功用问题，但至 20 世纪与 21 世纪之交，我们没有发现有能够超越上述"纲领"水平的新认识。

第二节　严格悖论研究的拓广取向

在严格悖论家族中，逻辑语用悖论是新近才被另立出来的子类。近年来人们还发现了关于"合理选择"或"合理行为"等一系列新的悖论，这些悖论其由以导出的背景知识也是一些能为普通理性思考者所普遍认可的基本原则，与逻辑语形悖论和逻辑语义悖论相对应，学界将知道者悖论和合理选择或合理行为悖论，统称为逻辑语用悖论。该类悖论较早的变体版本之一是所谓的"绞刑疑难"，其后发现并产生了许多类似版本和变体。

学界对"语用悖论"作了诸多试解。比如，蒯因（W. V. Quine）对逻辑语用悖论就曾有这样的分析：上述囚徒的归谬推理所否定的不是法官宣告本身，而是"囚徒事先知道宣告为真"这个假设；而囚徒事先不可能真正知道宣告的真假，尤其是在他试图归谬否定宣告的情况下，假设他已知后者为真更是不合理。③ 此后，这个悖论的表达形式被肖（R. Shaw）引

① 张建军：《科学的难题：悖论》，杭州，浙江科学技术出版社，1990，第 293～294 页。
② 这是 1991 年张建军提交首届全国科学逻辑讨论会论文——《悖论的逻辑与方法论问题》中的观点。该文后以《悖论逻辑和方法论问题》为题收入由张建军和黄展骥合著的论文集《矛盾与悖论研究》，香港，黄河文化出版社，1992，第 48～77 页。
③ W. V. Quine："On a So-Called Paradox", *Mind*, Vol. 62, 1953, in *Ways of Paradox and Other Essays*, New York: Random House, 1966: 19-21.

入一种自我指涉要素，即在原宣告中加入"囚徒不能基于本宣告而知道……"①使之严格化，而蒙塔古和卡普兰（D. Kaplan）却认为，即便加入这样的自我指涉要素，此悖论的表述形式仍存漏洞，要严格地推出逻辑矛盾，还要在原宣告之前增加"除非囚徒事先不知道本宣告为假"一语，才能构成货真价实的悖论。

蒙塔古和卡普兰提出的解决方案是：为避免上述矛盾，可对知识的形式化理论施加某些限制。在这些限制中，最简单的直觉上令人满意的办法，就是像语义学中那样区分对象语言和元语言，并把前者作为后者的真部分。特别地，谓词"知道"将只出现于元语言中，而且只在应用于对象语言中的语句时才有意义。依照这种处理，像"a 知道'a 知道雪是白的'"，或"苏格拉底知道'有苏格拉底不知道的事'"，就要被看作无意义的语句。一种限制较少的方法是关于一个元语言序列的，每一元语言包含一个独特的知道谓词，它只对系列中是元语言的语句才有意义。另一种较激进的办法则是拒斥初等语法的某些部分，比如否定自我指涉语句的存在。"②而逻辑语义悖论之语境敏感方案的研究者伯奇则认为：语义悖论和认知悖论（语用悖论）"这两种绳结均可通过把握各种评价概念（语义的或命题态度的）的索引与派生的性质而解开。"③孔斯发现，使用语境敏感方案所通用的形式语用学，不仅可以较圆满地处理各种认知悖论，而且也可以较圆满地处理以盖夫曼—孔斯悖论为中心的合理行为悖论。

目前，学界普遍以孔斯那种乐观的心态去对待这类新型悖论的研究和消解工作，我们也把这类悖论以描述的形式写进了全国普通高中新课标教材《科学思维常识》之中④。当然，该类悖论令人信服的解决方案仍在探索之中。可以说，继续试解逻辑语用悖论仍是严格悖论研究未来工作的重要内容之一。同时，我们也应该看到，严格悖论的主体，即逻辑语义悖论和逻辑语形悖论的消解工作已基本完成，逻辑悖论研究的未来工作不能仅仅局限于逻辑语用悖论的消解，而应该真正解决雷歇尔所提出的研究困局，即不能再仅仅单独地、孤立地处理某种或某类具体悖论，为每个悖论提供满足自身需求样式的解决方案，如果那样的话，就难免

---

① R. Shaw："The Paradox of the Unexpected Examination"，*Mind*，1958：Vol. 67.

② R. Montague and D. Kaplan："A Paradox Regained"，in R. Thomason（ed.）：*Formal Philosophy*，New Haven：Yale University Press，1974：284.

③ T. Burge："Epistemic Paradox"，*The Journal of Philosophy*，1984：Vol. 81.

④ 由张建军、王习胜主编的全国"一本通"普通高中课程标准实验教科书《思想政治选修 4·科学思维常识》，已将逻辑语用悖论的变体之一"意外考试疑难"写入教材。参见张建军、王习胜主编：《科学思维常识》，北京，人民教育出版社，2005，第 107 页。

会陷入"文献众多但散乱，重复而又缺乏关联"①的窘境之中，而应该将严格悖论研究的既有成果向更为广泛的研究与应用领域拓展，以充分发挥逻辑悖论研究的应用功能和实践价值。

　　严格悖论的拓展研究与应用研究何以可能？其可能性在于要构筑一个合适的平台，这个合适的平台就是一般解悖方法论。惟有凭藉悖论研究的方法论平台，才能将历史悠久而成果丰富的严格悖论研究拓广到"公认度"较低，但仍然具有一定"悖论度"的泛悖论领域，进而为现实生活中诸多尖锐矛盾的消解提供方法论的支持，使得纯粹的逻辑理论研究发挥出必要的解决现实问题的功能。

---

①　A. Visser："Semantics and the Liar Paradox", in D. Gabbay and F. Guenthner(eds.)：*Handbook of Philosophical of Logic*(Vol. Ⅳ)，Dordrecht：D. Reide Pulishing Company，1989：617. 这是荷兰学者维斯塞尔为《哲学逻辑手册》第四卷第 10 章(1989 年出版)撰写"语义悖论"专题时对语义悖论研究境况所作的概括。语义悖论的研究境况尚且如此，可以推想整个逻辑悖论研究领域的境况又该是如何。

第四章　泛悖论研究的方法论平台

泛悖论同样具有严格悖论形式结构的"三要素"，即"公认正确的背景知识"、"严密无误的逻辑推导"和"可以得出矛盾等价式"。其之所以为"泛"，并不是要将"悖论"无限制地"泛化"，而是因为其由以导出矛盾等价式的"背景知识"具有相对较低的"公认度"，这种"公认"可能是基于"直觉的合理性"而成立，而不是经过严格的逻辑分析得到的"公认"，因此，在形式结构上，泛悖论不一定像严格悖论那样能够得到严格的逻辑语形学、逻辑语义学和逻辑语用学的塑述。这就表明，如若将严格悖论的成果直接推进到这样的领域，因其过于"严格"而在这样的领域中显得并不适用，严格悖论的成果在泛悖论领域里推广，主要是用其"神"，而不是用其"形"。即便是"神"的引进，也需要有过渡的平台，这个平台就是悖论研究的方法论。

第一节　悖论研究的方法论呼唤

如果说严格悖论中经典的具体悖论的消解任务行将完成，实施一般解悖方法论研究的转向，从而进一步发挥严格悖论研究应有的理论价值和应用功能，是严格悖论研究自身发展的内在发动力，那么，其他学科乃至实际工作对一般解悖方法论的需要和呼唤，则是悖论探索的方法论研究兴起的外在牵动力。正是在这样的内力和外力的共同作用下，严格悖论研究中的方法论问题逐渐被学界纳入了研究课题之中。

一、完善的科学方法论中不能没有悖论研究的方法论

科学方法论是现代西方哲学中的显学。然而，科学方法论的研究始终是"跛足"的。虽然悖论在演绎科学中的方法论地位和作用早就受到了关注，但在经验科学方法论那里却没有得到应有的重视。塔尔斯基就曾指出："悖论在现代演绎科学基础的建立中起过卓越的作用。正如集合论悖论，尤其是罗素悖论（由所有不是它们自身的元素所组成的集合）在建立逻辑和数学的相容的形式化系统的成功尝试中曾作为出发点一样，说

谎者悖论和其他语义学悖论促成了理论语义学的建立。"①可能是受"逻辑观"所限，塔尔斯基在其《逻辑与演绎科学方法论导论》一书中不仅"不涉及属于所谓经验科学的逻辑和方法论的任何问题"，而且还"倾向于怀疑，作为与一般逻辑或'演绎科学的逻辑'相对立的任何特殊的'经验科学的逻辑'究竟是否存在"②。但是，从语义学角度，在逻辑矛盾对经验科学理论所具有的可证伪性层面，塔尔斯基还是认识到了证明经验科学理论中蕴涵的语义逻辑矛盾对于经验科学的发展所具有的方法论意义。他指出"经验科学方法论的主要论题之一在于确定使经验理论或假设被认为是可接受的条件"，而"理论的可接受性依赖于其语句的真理性，这似乎是先验地合理的"，但是，"如果我们从一个理论中导出两个相互矛盾的语句，这个理论就站不住脚了"，相应地，"一旦我们成功地证明了一个经验理论包含（或蕴涵）假语句，它就不再被认为是可被接受的"，这是因为，"可以导出两个矛盾语句的理论也可以使我们导出任何一个语句；因此，这样的理论价值不大，也不会引起任何科学上的兴趣"③。他还特别认识到经验科学方法论中的"可接受性概念（the notion of acceptability）必定是相对于科学发展的某个阶段而言的（或者相对于某一部分预设知识而言的）"④，也就是说，一种经验科学理论因其内蕴逻辑矛盾而不可接受，这也就意味着另一种新的理论即将诞生。可惜的是，塔尔斯基并没有自觉而深入讨论在演绎科学领域⑤发挥巨大创新作用的"悖论"在经验自然科学中应有的方法论价值。也许这种"逻辑观"同样影响到了经验科学方法论的研究者，以至于在现代西方哲学中居于显学地位的经验科学方法论研究，始终未能将悖论研究的方法论问题纳入其视域，悖论研究所具有的重要的方法论地位和重大的创新价值始终游离于经验科学方法论研究者的视域之外。

从科学方法论的研究历史中我们不难看到，自近代科学诞生之后，有目的地研究经验科学方法论问题的诸多理论，都忽视了悖论研究的方法论之应有地位和作用。古典唯理论者笛卡尔（R. Descartes）把科学的发

① 〔美〕A. 塔尔斯基：《语义性真理概念和语义学的基础》，见〔美〕A. P. 马蒂尼奇：《语言哲学》，牟博等译，北京，商务印书馆，2004，第91页。

② 〔美〕A. 塔尔斯基：《逻辑与演绎科学方法论导论》，序言，Ⅸ页，周礼全等译，北京，商务印书馆，1963。

③ 〔美〕A. 塔尔斯基：《语义性真理概念和语义学的基础》，见〔美〕A. P. 马蒂尼奇：《语言哲学》，牟博等译，北京，商务印书馆，2004，第114～116页。

④ 同上书，第114页。

⑤ 塔尔斯基所谓的演绎科学主要是指元数学。

展看作一种严密的逻辑演绎推导，即由公理性的自明前提通过严密的逻辑推导得出准确无误的结论。由公理性前提的自明性和逻辑推导的严密性，即可保证科学理论的绝对无误性和不可怀疑性。这种科学理论的创新动力完全来自于先天的天赋观念。古典经验论者培根等人虽然否认了唯理论的自明性前提的存在，主张从感觉经验收集的材料开始，通过归纳法建构科学理论体系，但用归纳法构建的命题金字塔式的科学理论，[①]其创新的动力和源泉仅仅只在感觉经验之中，没有考虑到逻辑悖论在其中所起到的作用。

及至逻辑经验主义时期，"标准学派"借助于逻辑工具虽然构建了诸多科学理论模型，但其关注的只是科学理论的实证性或确证性。证伪学派创始人波普尔建立了科学知识增长的著名模式——"$P_1 \rightarrow TT \rightarrow EE \rightarrow P_2$"[②]，这种演绎模式虽然涉猎了矛盾证伪问题，却没有进一步深入到特殊的逻辑矛盾，即悖论领域。精致证伪主义者拉卡托斯(I. Lakatos)的科学理论发展模式主要是一种哲学说明，即将科学理论看作具有关联性的整体，即由其基本概念、基本命题等构成理论的"硬核"(hard core)，由一些辅助性假设构成"保护带"(Protective belt)，科学理论的革命就是对"硬核"的证伪[③]，但他对真正能够对"硬核"实施根本性证伪的逻辑悖论却并未提及。应该说，视域广阔并对科学知识增长机制的研究颇有建树的波普尔是熟悉悖论研究情况的，而拉卡托斯本人就是一位出色的数学家和数学哲学家，对数学发展史上的悖论及其解决更应该是耳熟能详，为什么在他们的科学方法论的著作中都无视悖论的功用呢？其原因可能有多种，但我以为，更为重要的可能是他们没有认识到悖论的语用学本质。因为，他们所阐述的科学理论都是"无人"的，是"无认知主体"的科学理论，也可以说，是与活生生的创造科学理论的"人"没有直接关联的。故而，他们只局限于从具体学科悖论及其解决的层面理解悖论，而不可能从悖论的语用性质角度实现对悖论研究的统一把握，也就难以认识到悖论在经验科学方法论中的应有地位及其价值。

随着历史主义学派的兴起，人们对科学理论的逻辑形式及其内在逻辑性的关注由"显在"逐渐转向了"潜在"。在库恩(T. Kuhn)的"范式"理论

---

① 参见桂起权、张掌然：《人与自然的对话：观察与实验》，杭州，浙江科学技术出版社，1990，第41页。

② 〔英〕卡尔·波普尔：《客观知识：一个进化论的研究》，舒炜光译，上海，上海译文出版社，1987，第255页。

③ 〔英〕伊·拉卡托斯：《科学研究纲领方法论》，兰征译，上海，上海译文出版社，1986，第67页。

和费耶阿本德(P. Feyerabend)的"反对方法"、"怎么都行"①的多元方法论理念的主导下，历史主义学派对科学理论的关注点不在于它的逻辑结构性，而在于它的生成过程性。所以，他们摒弃了对科学理论的形式化分析，而致力于描述实际科学中所运用的规范和标准，更为关注的是科学家的意识形态和生活方式，强调科学研究活动中的社会历史因素。②这种观念不经意地充当了后现代建构主义的思想渊源。后现代建构主义者有过之而无不及地强调科学知识生成过程中的社会因素。在他们看来，科学理论不是对自然的反映，而是科学共同体内部成员之间相互谈判和妥协的结果；他们主张科学知识、实在、事实等本质上是一种社会产品，甚至是一种政治产品，科学探索的过程直至其内容在根本上都是社会构造，特别地，自然在确定科学真理的问题上没有什么意义，甚至认为物理学应该服从于社会科学，或者说，是社会科学的一个分支。③这样的经验科学方法论研究，已经背离了对科学理论内在逻辑的探究，愈发不会关注到悖论研究的方法论价值。

能否建立起演绎科学与经验科学相统一的科学方法论呢？答案是肯定的。一方面，那种分析与综合截然二分的逻辑经验主义的教条，通过蒯因的批判，被证明是不能成立的，蒯因已经打通了演绎科学与经验科学之间的认识隔膜，创建了"没有教条的经验论"④的整体主义知识观。另一方面，罗素早已指出，在演绎科学与经验科学之间具有方法论的相通性，只是他的论证"至今传播不广、重视不足"⑤。正是在多方探索悖论解决方案的 1906 年，罗素深刻地体会到："逻辑斯蒂的方法，从根本上说，跟每一门别的科学的方法是一样的。一样会失误，一样有不确定性，一样交错行使归纳与演绎，在原理的印证中一样有必要求助于演算结果与观察的广为相合。目标不是要把'直觉'驱逐出境，而是要让它的应用经受考验和循序而行，要消除它的滥用所造成的错误，要发现这样的一般规律，通过演绎，从中能得到始终跟直觉不矛盾、在关键性实例上还被直觉所印证的真实结果。就所有这一切来说，逻辑斯蒂恰好同别

① 〔美〕保罗·法伊尔本德：《反对方法：无政府主义知识论纲要》，周昌忠译，上海，上海译文出版社，1992，第 6 页。
② 参见江天骥：《当代西方科学哲学》，北京，中国社会科学出版社，1984，第 16～17 页。
③ Stephen Cole：*Making Science*，Cambridge：Harvard University Press，1992：35.
④ 〔美〕威拉德·蒯因：《经验论的两个教条》，见〔美〕威拉德·蒯因：《从逻辑的观点看》，江天骥等译，上海，上海译文出版社，1987，第 40 页。
⑤ 〔美〕王浩：《哥德尔》，康宏逵译，上海，上海世纪出版集团，上海译文出版社，2002，第 401 页。

的科学处在一个水平，比方说天文学，只不过天文学里检验不靠直觉而靠感觉来实行。逻辑斯蒂取作演绎开端的'初始命题'，如果可能，应当是直觉上明显的；但这不是不可少的，无论如何，这总不是采纳它们的全部理由。这理由是归纳的，也就是说，从它们推出的结论中间（包括它们本身在内），许多由直觉显出真，无一由直觉显出假，而且，凡是由直觉显出真的，据人们目力所及，从任何与本系统不一致的不可实证命题的系统都是不能演绎出来的。"①擅长演绎方法的哥德尔（K. Gödel）曾经这样直率地回答了人们常提的问题："在数学里什么东西起着'与料'的作用呢？他的答复是'算术，即拥有无可争辩的初等证据的领域，这种证据可以最最贴切地与感性知觉相比'"②。哥德尔的回答表明，他是甚为赞同罗素的看法的。近年来，英国学者塞恩斯伯里在研究悖论时注意到："历史地看，悖论总与思想中的危机和革命性的进步相伴而生，抓住它们不仅仅是在进行一种智力博弈，更是能够把握到问题的关键。"③如果这里的"思想"可以泛指演绎科学和经验科学中的内容的话，那么，悖论研究对演绎科学和经验科学具有共同的方法论意义应该是塞恩斯伯里的题中之义。问题在于，国外的悖论研究"在逻辑学、数学和哲学的专门文献中，对各种不同类型的悖论的讨论可谓众多。但是这些多种多样的悖论都被单独地、孤立地处理，为每个悖论提供满足其自身需求样式的解决方案。迄今还没有对悖论及其解决方法这一主题作统一的全面处理的尝试"④。如果雷歇尔所感慨的这种悖论研究状况能够得到真正改变，悖论研究的方法论探索能够得到真正展开，那么，建构演绎科学与经验科学相统一的科学方法论便是顺理成章的事。

二、具体学科的发展对悖论研究方法论的迫切需求

古希腊和中世纪的悖论研究工作虽然主要集中在哲学领域，但悖论却并不仅仅出现在哲学之中。悖论发现的史实表明，严格悖论首先是在理论化程度最高的数学和逻辑学领域被发现，但随着物理学等经验科学的理论化程度的提升，一些严格悖论也逐次被发现出来，诸如"光的本性

---

① 转引自〔美〕王浩：《哥德尔》，康宏逵译，上海，上海世纪出版集团、上海译文出版社，2002，第401～402页。

② 〔美〕王浩：《哥德尔》，康宏逵译，上海，上海世纪出版集团、上海译文出版社，2002，第402页。

③ R. M. Sainsbury：*Paradoxes*，Cambridge：Cambridge University Press，1995：1.

④ N. Rescher：*Paradoxes*：*Their Roots*，*Range*，*and Resolution*，Chicago：Carus Publishing Company，2001：5.

悖论"、"光速悖论"等。近年来，一些社会科学和人文学科也相继发现了具有相当"悖论度"的悖论，比如在社会学领域发现了"投票悖论"、在经济学领域发现了"阿莱斯悖论"，在伦理学领域发现了"道德悖论"，等等。这些悖论的分析和消解，都需要严格悖论研究的方法论支援。然而，严格悖论研究领域目前能够为具体学科的解悖工作提供方法论支援的资源却极为有限，一些学科领域的学者，比如我国伦理学领域的学者，虽然借用了"悖论"概念，对一些特殊的道德矛盾冠之以"道德悖论"之名，却并没有自觉的"悖论"意识，更不知道如何以悖论研究的范式进行道德悖论的研究，仍然局限于以笼统的道德直觉和哲学洞见方式指认和说明道德悖论，这种研究范式的短板，与悖论研究的方法论理论的概括和提炼的滞后是极为相关的。所以，经济学领域的研究者在研究资本理论悖论时才发出了这样的慨叹："对资本理论分析的重点在于解释资本争论中存在的逻辑悖论。这些逻辑悖论产生的原因似乎很难在方法论的著作中找到现成的答案……"况且"经济学领域中的逻辑悖论并不是一个特例，而是所有被称之为科学理论体系中都可能存在的一般问题"①。这是具体学科向悖论研究领域发出的借鉴其方法论资源的真诚呼唤。

三、社会实践中的"悖境"消解需要悖论研究的方法论支援

社会生活中经常会出现"进退维谷"的"类悖论困境"，可简称为"悖境"。元代词人姚燧有一首《寄征衣》，"欲寄君衣君不还，不寄君衣君又寒，寄与不寄间，妾身千万难"，就描述了一种简单的社会生活悖境。②其实，在社会生活的很多领域都会存在类似的境况。比如，在医疗工作中，时常会出现这样的境况：一位医生或一家医院，遇到一位没有加入医疗保险且身无分文、家里也一贫如洗的打工仔因受伤或患病而被送到自己面前，对他该不该救治？救治到什么程度？如果救治，费用全要由自己承担，这样的事例一多，医生或医院肯定就无法承受。如果因此而谴责医方，显然是不公平的。如果拒绝救治，眼看伤病患者的情况恶化，这是不人道的。按照传统道德观念，医方应发扬风格，宏扬道德精神，牺牲自己的利益救治伤患者，毕竟与救命须及时这一点相比，医药费用问题的紧迫性并不是在同一个层次上，还可能有时间、有办法得到解决。然而，从本质上讲，这种每次总是牺牲一方的利益保全另一方利益的做

---

① 柳欣：《资本理论：价值、分配与增长理论》，西安，陕西人民出版社，1994，第545～546页。

② 参见张建军：《广义逻辑悖论研究及其社会文化功能论纲》，《哲学动态》2005年第11期。

法是不能作为普遍的道德规则得以持续的。① 其实，这种"道德悖论"现象并不鲜见。2001 年 6 月 26 日，辽宁省本溪市平山小学金妮同学在上学的路上拾得一只塑料袋，袋内装有两个身份证，一张 2.3 万元美金的存单和一张 1000 元的人民币存折，其中 5000 元美金已经到期，凭袋中一个身份证即可提取。金妮在母亲张琳的带领下，将拾物如数交到派出所，孩子希望能够从失主那里获得一面表扬她的旌旗。后来，失主安英淑来领取失物时民警转告了孩子的愿望，并希望她能够给孩子一点回报。安英淑说："旌旗我是不会送的，钱我也一分不会给，拾金不昧是中华民族的传统美德，她应该无偿地还给我，如果不还就是犯法，我可以去告她和她的母亲。"按照我国《民法通则》的相关规定，安英淑关于"如果不还就是犯法"的说法是有依据的。安英淑的自我辩解"不近人情"却有法可依，但"法律只是保护了失主的合法权益，肯定了拾主的道德义务，体现了公正、公平的法治精神，却忽视了拾主的道德权利，拾主的道德权利被道德义务所掩盖，没有体现公正、公平的道德精神，这实际上就意味着加强了法制建设却削弱了道德要求的价值，无助于拾金不昧的道德提倡"②。法律保护和道德倡导之间的这种悖理现象，无情地"颠覆"、动摇着人们对道德的信念和法制的信心。再如，我国政府正致力推进的科学发展观，所要进行的五个"统筹"，即统筹城乡发展、统筹区域发展、统筹经济社会发展、统筹人与自然和谐发展、统筹国内发展和对外开放，在很大程度上就是要解决在社会经济发展过程中出现的五大"社会悖境"，消除这些悖境中存在的"恶性循环"问题。因此，长期致力于典型悖论的研究领域，应当为社会悖境问题的解决提供必要的解悖方法论的支援。

第二节 悖论方法论研究的概况

雷歇尔认为，学界"迄今还没有对悖论及其解决方法这一主题作统一的全面处理的尝试"③，这种断言是有失公允的。在国内外学界，并不乏学者对一般解悖方法论问题的自觉研究和思考，虽然这些思考和研究还比较零散和初步。随着悖论研究的语用学转向的形成，关于悖论研究的方法论问题正日益受到学界的重视，并为严格悖论研究的拓广领域，即泛悖论的研究提供了可贵的跃迁平台。

① 参见甘绍平：《应用伦理学的特点与方法》，《哲学动态》1999 年第 12 期。
② 钱广荣：《道德要求的实现需要公平机制》，《道德与文明》2002 年第 1 期。
③ N. Rescher：*Paradoxes：Their Roots，Range，and Resolution*，Chicago：Carus Publishing Company，2001：5.

一、雷歇尔的悖论方法论思想述要与批判

令人欣慰的是，悖论研究的方法论问题正在受到国内外悖论研究者的关注，并成为悖论研究的一种新取向。比如，塞恩斯伯里就已洞察到了悖论研究的方法论意义，他看到了悖论与思想中的危机及其革命性的进步之间存在的密切关联，并认为，抓住了悖论就把握到了问题的关键①。可惜的是，塞恩斯伯里尚未充分说明他的悖论方法论思想。倒是雷歇尔首先以专著的形式说明了他的悖论方法论思想。雷歇尔在其新著《悖论：其根源、范围与解决》中开宗明义地指出："本书的目标完全是方法论的，最关心的是处理悖论的一般方法，各种特殊的悖论只是作为（一般方法）例证，而没有更多的特殊学科目标。其所讨论的目标就是提供把握悖论问题的一般方式。"②该书围绕"似真性"或"似然性"③（plausibility）和"认知优先性"两个核心概念展开，通过对一百三十多个悖论案例的解析，相对系统地探讨了解决悖论的一般机理。

（一）以"似然性"为核心理解悖论

雷歇尔认为，研究悖论，首先"必须区分悖论的逻辑意义与修辞意义，前者是一种在主张、接受或信念方面陷入的交流困境，后者是一种修辞转义，是对不协调的想法进行的异常并列……就像肖（G. B. Shaw）所说的'金规则就是没有金规则'或奥斯卡·瓦尔德所说的'除了诱惑之外，我能够抵御任何诱惑'"④，乃至在《圣经》读本中出现的"上帝没有比更远时更近"、"信仰就是相信不相信"⑤等箴言。虽然修辞层面的"悖论"可以从背反的形式角度帮助人们理解逻辑层面的"悖论"，但二者之间毕竟存在着重大差异，逻辑悖论有着自身的规定性。这种规定性"在哲学家和逻辑学家看来，悖论这个词有更多特殊的意义。当从某些似然性前提推出结论，而该结论的否定也具有似然性时，悖论就产生了。也就是说，当个别地看来均为似然的论题集$\{p_1, p_2, \cdots, p_n\}$可有效地导出结论 C，而 C 的否定非 C 本

① R. M. Sainsbury：*Paradoxes*，Cambridge：Cambridge University Press，1995：1.

② N. Rescher：*Paradoxes：Their Roots，Range，and Resolution*，Chicago：Carus Publishing Company，2001：5.

③ 2012 年 12 月 2 日，在南京大学哲学系召开的"首届两岸'逻辑与哲学'论坛"上，武汉大学桂起权教授指出，将 plausibility 译为"似真性"或"似然性"，容易与归纳逻辑中的"似然性"相混淆，而两者所指的情况可能相反，可译为"合情性"。因为"真"有客观性问题，合理性、合情性有主体间性、主观性和情境性的意味，更为确切。

④ N. Rescher：*Paradoxes：Their Roots，Range，and Resolution*，Chicago：Carus Publishing Company，2001：4.

⑤ Ibid.，5.

身也具有似然性时，我们就得到了一个悖论。这就是说，集合{p₁，p₂，…，pₙ，非 C}就其每个元素来说都具有似然性，但整个集合却是逻辑不相容的。据此，对'悖论'这个术语的另一种等价定义方式是：悖论产生于单独看来均为似然的命题而组成的集合整体却为不相容之时"①。

雷歇尔对逻辑意义的悖论的理解最为突出的特点是引入了"似真性"或"似然性"概念。据我国学者张建军考证，plausibility 一词源出于德国古典哲学，康德等人以其指谓那些认知主体主张其为真，但这种主张并没有充分的客观根据，只是由于各种因素（如权威作用、群体作用）而信以为真。② 雷歇尔认为，与西方通行的怀伯斯特词典（Webster's dictionary）对"悖论"的定义，即通过有效的演绎推理从可接受的前提得出显然自相矛盾的陈述的一个论证相比较，词典较为严密地标出了"显然"，如果是"显然"就是从可接受的合理前提导出合理的结论。他以"似然性"为核心理解悖论，与该词典的悖论定义存在如下差异：其一，"以'似然'的前提代替了'可接受'。因为'可接受'是一个'是或不是'的问题，一个主张或者是显然可接受的，或者不是。由于一个主张存在或多或少的似然性，所以，似然性是一个清楚地表示程度的问题"；其二，"现在的定义以'导出'代替'显然导出'，因为我们能够导出错误而不是真正显然导出错误，产生悖论的推导必须是令人信服的"③。据此，雷歇尔指认，悖论的根源就在于对"似然性"前提的过于认同。"一个命题是似然的但同时也可能是假的"④，因此，"似然性比真正的事实更值得我们关注，正是这种似然性让我们陷入到矛盾之中"⑤。

（二）技术规定及其 R/A 选择的解悖模式

1. 几个关键性概念的技术规定。雷歇尔对悖论成因的理解是独特的，当他"以百科全书式的系统性为悖论设计了集合论式（set-theoretic）的概念"⑥之后，就必须对其理论架构中涉及的 R/A 选择即"保留/舍弃选择"等基本概念作出特别的技术性规定。

① N. Rescher：*Paradoxes：Their Roots，Range，and Resolution*，Chicago：Carus Publishing Company，2001：6.
② 参见张建军：《逻辑悖论研究引论》，南京，南京大学出版社，2002，第 344 页。
③ N. Rescher：*Paradoxes：Their Roots，Range，and Resolution*，Chicago：Carus Publishing Company，2001：6.
④ Ibid.，16.
⑤ Ibid.，9.
⑥ 〔英〕罗伊·索伦森：《悖论简史：哲学和心灵的迷宫》，贾红雨译，北京，北京大学出版社，2007，第 307 页。

疑难簇(aporetic cluster)：个体似然但整体矛盾的一个命题集合，一个类似于{p_1, p_2, …, p_n, 非 C}的疑难簇，就构成了一个悖论。"逻辑悖论正是由疑难簇情境构成的，一个疑难簇是一组似乎可以接受的前提但它们集合起来却是不相容的。个别地看，支撑某种主张的一组命题中的每个元素都是可以接受的，但将它们集合起来，悖论就随之产生了"[①]；最大相容子集 MCS(maximal consistent subset)：任意一个疑难簇的相容子集通过增加一个其他元素而变成不相容集合；不相容 n 元组(inconsistent n—et)：一组 n 个元素构成的不相容命题的集合，如果其中任一元素被舍弃即复为相容；R/A 选择(保留/舍弃选择，retention/abandonment alternatives)：保留或舍弃某些元素，使得不相容集合复归为最大相容子集；不相容圈(cycle of inconsistency)：不相容命题集合的极小子集，即构成不相容 n 元组的子集；优先性顺序(priority ordering)：命题集中优先性等级关系。例如，不相容四元组{p, q, r, s}可能存在的优先性等级是[p, r]＞s＞q，它所指的意思是 p 和 r 具有优先资格，它们比 s 优先，而 s 又比 q 优先；R/A 选择的保留检测[retention profile (of an R/A alternative)]：在确定使用 R/A 选择之后保留下来的命题的优先性比值。比如，在集合{p, q, r, s}中必须舍弃 s 才能满足 R/A 选择要求，则保留下来的三个命题 p, q, r/s 的比值集为{1, 3, 1}，所指的是在所提供的陈述中，有两个陈述是优先等级 1，没有陈述是优先等级 2，有一个陈述是优先等级 3。不难理解，优先等级 1 是高于 2，2 是高于 3 的。

2. 模式化的解悖方法。在雷歇尔看来，"所有悖论都是生成于共同的路径，即对疑难(前提)的过于认同"[②]。就是说，如果认知主体对似然性前提过于认同，就可能对某个对象或问题形成认知疑难簇，而一个疑难簇就蕴涵着一个悖论。因此，理性地处理悖论的一般的和统一的方法应该是：首先，详细地列举导致悖论的似然性前提或主张，直到其不相容的链条被完整而且清楚地陈列出来。如果不能将不相容链条完整地陈列出来，就难以决定哪个地方是可以击破悖论的最薄弱的环节。其次，以"无意义、错误、含混、意义不明和模棱两可、非似然性、无保证的预设、真一状态的错误归因、站不住脚的假设、价值冲突"[③]等为可接受性

①　N. Rescher：*Paradoxes：Their Roots，Range，and Resolution*，Chicago：Carus Publishing Company，2001：7.

②　Ibid.，15.

③　Ibid.，71.

程度的递增标准，考量前提命题的似然性程度。之所以需要这些标准，是因为"逻辑能够告诉我们的推理方式是有效的，即由前提真必然导致结论的真，但它不会也不能告诉我们从似然性的前提、有效的论证、不能产生难以置信（或者甚至自相矛盾）的结论。因此，以逻辑对抗悖论并不保险。原因很简单：不相容性要求在前提舍弃问题上作出选择，但逻辑不能（对命题的似然性）给出评价。基于对相容性结论的兴趣，它暗示我们作出一个抉择，却不知道如何去抉择。它能够批评我们的结论却不能批评我们的前提，我们只有诉求于似然性"①；再次，依据"更为基础和基本、更多真实或更少推测、更多可能或更为可靠、有更好的证据、更为常见或更少稀奇的推想"②等一般性原则，对似然性前提命题作优先等级排序。雷歇尔说，"对悖论的处理需要一个逻辑之外或超逻辑的对策……在一个存在冲突性主张的案例中，我们保留相关的断言将放弃另外一些主张，这是需要有优先规则或行使优先权的。优先性考虑的目标是要在最薄弱的环节打破不相容链条"③。最后，对缠绕在一起而导致矛盾性结论的不相容前提命题，作 R/A 选择，从最薄弱处打破不相容前提命题的链条，复归最大相容子集的相容性。

我们不妨以"幸福悖论"和"沙堆悖论"为例，看看雷歇尔是如何运用 R/A 选择消解这些悖论的。

其一，J. S. 弥尔（J. S. Mill）的幸福悖论。

(1)自己的幸福是任何理性主体生就追求的结果。

(2)理性主体不论选择什么结果都是他的本性使然。

(3)所以，由(1)和(2)，理性主体将选择他自己的幸福作为结果。

(4)理性主体会选择那些通过自己的努力能够实现其期望的结果。

(5)因此，由(3)和(4)，为了达致幸福，理性主体通过自己的努力能够现实其期望得到的幸福。

(6)但是，生活的现实是，理性的人们通过自己的努力所实现的不是他们所期望得到的他们自己的幸福。

(7)可见，(6)和(5)是矛盾的。

① N. Rescher: *Paradoxes: Their Roots, Range, and Resolution*, Chicago: Carus Publishing Company, 2001: 26-27.

② Ibid., 50-51.

③ Ibid., 27.

这里，{(1)，(2)，(4)，(6)}构成了一个不相容疑难簇，(3)和(5)是派生的，仅仅是一种衍推。这个不相容四元组的最大相容子集是{(1)，(2)，(4)}，{(1)，(2)，(6)}，{(1)，(4)，(6)}，{(2)，(4)，(6)}。这里产生了四个程度相当的 R/A 选择：(1)，(2)，(4)/(6)；(1)，(2)，(6)/(4)；(1)，(4)，(6)/(2)和(2)，(4)，(6)/(1)。对于这些纠缠在一起的命题状况，弥尔自己将(1)和(2)作为理性的基本原则。他接受将(6)作为决定性的洞害人性的原则，这样，(4)是不再具有更高似然性的假设。这四个主张的优先性排列为：[(1)，(2)]＞(6)＞(4)。按照弥尔的看法，(4)无论怎样似然和合理，都必须无条件地被舍弃。

这个悖论是典型地按照如下一般性程序解决的：

(1)问题起始，围绕悖论的疑难簇，通过疑难命题(整体不相容)目录展现了是怎样的逻辑关系生成了矛盾。

(2)对这个不相容集合进行推论，归纳其简洁的基础。

(3)制作疑难簇中的最大相容子集的目录。

(4)为避免疑难中的前后矛盾，列举各种保留/舍弃(R/A 选择)组合。

(5)评判这个问题中哪些是较为优先性的命题。

(6)为了恢复相容性而在作为结果的 R/A 选择中，决定最适当的优先性考虑，从疑难簇中舍弃较低似然性的条目。①

其二，"沙堆悖论"。因为"堆"概念的复杂性导致了沙堆模糊悖论，对"堆"不精确的界定逐渐损害了普遍性原则，比如 $\forall i[\neg H(g_i) \rightarrow \neg H(g_{i+1})]$。这里，以 i 表示沙粒，$g_i$ 表示对 i 的收集，H(g)表示一群 g 就是一沙堆，便可得出：

(1)$\neg H(g_1)$　　　　　　　一个明显的事实

(2)$H(g_{1,000,000})$　　　　　一个明显的事实

(3)$\forall i[\neg H(g_i) \rightarrow \neg H(g_{i+1})]$　　显然清晰而且普遍的原则

(4)$\neg H(g_{1,000,000})$　　　　从(1)到(3)不断重复

(5)(4)与(2)矛盾。

① N. Rescher：*Paradoxes：Their Roots，Range，and Resolution*，Chicago：Carus Publishing Company，2001：29-31.

(1)和(3)逻辑地导出(4)。在(5)的层次上，(4)与(2)相矛盾。这里，{(1)，(2)，(3)}是一个三元组，只有该组合中某一元素必须被舍弃，才能使这一悖论得到解决。在上述公式中，(1)和(2)作为明显的事实，与我们理解"什么是一'堆'"相关。另一方面，命题(3)是一个高度抽象的原则，实际上，它仅仅是一个非常似然的理论。这个自相矛盾的三元组相应地就有如下优先性顺序：[(1)，(2)]＞(3)。

我们要在这三个元素中作保留/舍弃选择，其保留检测关系可表示为：

(1)，(2)/(3)　　　　保留检测表示为〈1，0〉

(1)，(3)/(2)　　　　保留检测表示为〈1/2，0〉

(2)，(3)/(1)　　　　保留检测表示为〈1/2，0〉

第一种选择方法可以使我们保留所有优先考虑的元素，这种最佳选择相应地就要舍弃(3)。这看起来很有道理，因为命题(3)根本不是其他两个命题的对手，它是不相容链条上最薄弱的环节。这种方案也很合理，因为(3)实际上是有疑问的，当处理此类模糊概念时，显然相对于命题(3)那样的无限制的概括，我们会以更为自信更为积极的态度来肯定命题(1)、(2)和(5)。对于这类事实问题，相对于抽象概念，我们会更坚定地强调具体的、实在的事物。①

不难看出，在雷歇尔消解悖论的方法中，R/A 选择是其关键的环节。为此，雷歇尔特别给出了 R/A 选择的基本规则：

A₁：缩减你舍弃的最高相关优先性水平的命题范围(或者，相等价的是增大你保留的最高相关优先性层面的命题范围)。当然，由于多个竞争的 R/A 选择纠缠在一起，单独使用这个方式不够充分，可以接下来运用：

A₂：(由于竞争的 R/A 选择的纠缠)当规则 A₁ 不能解决问题时，在下一个较低优先性层面上重复运用这个规则。当这样做仍不能解决问题时，继续进行下一步：

① N. Rescher：*Paradoxes*：*Their Roots*，*Range*，*and Resolution*，Chicago：Carus Publishing Company，2001：79-82.

A₃：每逢这样连续地应用优先规则而不能解决问题，就在下一个优先性层面上应用同样的程序。就优先性抉择而言，最理想的 R/A 选择就是使得处于低优先性的主张让路于较高优先性者。①

(三)简要的审视与批判

从雷歇尔解悖理论的基本概念及其技术性规定与消解悖论的具体案例中，我们不难看出，他是以"似然性"概念为核心，以前提命题优先性等级排序为路径，以"R/A 选择"为手段的解悖方法论的大致轮廓。"R/A 选择"的解悖方法能否普适于各种逻辑悖论从而上升为一般解悖方法论？我们的回答是谨慎的。

首先，雷歇尔没有区分"泛悖论"和严格悖论，严格悖论几乎在其视野之外，致使"R/A 选择"的一般解悖方法论意义并未显现。尽管雷歇尔区分了逻辑意义的悖论和修辞意义的悖论，但他并没有对逻辑意义的悖论作进一步的区分。他在书中分析的悖论案例，诸如"角的悖论"②、"打父亲悖论"③，以及"视觉幻象悖论"④，等等，因其悖论度极低，稍有逻辑常识或光学常识者就很能容易地辨析出其谬误所在，而那种矛盾性结论的"双方"能够得到前提"同等有力"的支持的严格悖论，比如罗素悖论、说谎者悖论等，在雷歇尔的著作中却没有出现。

作为新近出版的一部研究悖论方法论的专著，不作"泛悖论"与严格悖论的区分是难以谅解的缺陷。如前文所述，早在 1988 年，威廉姆·庞德斯通就在其《推理的迷宫：悖论、谜题及知识的脆弱性》中对悖论作了"谬误型悖论"、"挑战常识型悖论"和"真正的悖论"三种程度的划分⑤；1995 年，英国学者塞恩斯伯里在其《悖论》一书中更是将悖论依其程度划分为 10 个等级，并明确将"理发师悖论"——因那个"理发师给而且只给那些不给自己刮胡子的人刮胡子"的前提假设不可接受，而将该悖论位列于最低等级。⑥ 雷歇尔运用"R/A 选择"方法所分析的大多都是低度

---

① N. Rescher：*Paradoxes：Their Roots，Range，and Resolution*，Chicago：Carus Publishing Company，2001：32.

② Ibid.，12.

③ Ibid.，140.

④ Ibid.，46-47.

⑤ 〔美〕威廉姆·庞德斯通：《推理的迷宫：悖论、谜题及知识的脆弱性》，李大强译，北京，北京理工大学出版社，2005，第 22 页。

⑥ R. M. Sainsbury：*Paradoxes*，Cambridge：Cambridge University Press，1995：1-2.

悖论，撇开了高程度悖论，这种方法究竟具有何种程度的普适性，待于补证。

其次，在严格意义的逻辑悖论中，"R/A 选择"或许会失效。雷歇尔解悖方法的核心是区分悖论所由以导出之前提集的优先性序列，而在"严格悖论"的形成中，恰恰是以难找到这样的优先性序列为条件的。如上所述，如果存在明显的优先性顺序，比如两个命题 p 与 q 矛盾，而 p 明显地优先于 q，无疑就构成了对 q 的归谬论证而并不导致逻辑悖论。在雷歇尔所列举的{p，q，r，s}集合中，因为已经确定了 q 和 s 的优先性低于 p 和 r，矛盾的导出即可视为对 q 和 s 的归谬。如果 p 和 q 的优先性"相当"，即得到"同等有力"的支持，R/A 选择也许会因为无法选择而失效。一个明显的例子是关于光之本质的"波粒二象悖论"。光的微粒说和波动说都有理论和实验证据支持，在二百多年的争论中，人们先是偏向于微粒说，后又主张波动说，问题的最后解决并不是作了 R/A 选择，而是对这两个矛盾性理论的双方作了扬弃，在光量子层面上实现了二者的统一，即光的本性是波粒二象性的。

最后，"R/A 选择"模式会导致无视悖论在科学理论创新中革命性功用的后果。如果解悖只是作"R/A 选择"，那么解悖的功能和目的就仅仅局限于维护特定最大相容子集内的相容性。这样，解悖在科学理论创新中的革命性功能将被忽视。悖论研究史已经表明，如同$\sqrt{2}$悖论之于实数理论、光的本性悖论之于光量子理论、光速悖论之于相对论理论、罗素悖论之于公理化集合论理论、"资本生成悖论"之于剩余价值理论……甚至在科学发展极为迅速的 20 世纪，凡是获得重大创新的领域无不与悖论问题紧紧地联系在一起。因此，解悖绝不是娱乐性的"思维游戏"，也不是仅仅为了维护某个理论命题"集合"的相容性，恰恰是因为发现理论中存在的严重的不相容性而要进行变革和创新，使得内蕴悖论的理论在新的理论层面上达至新的相容性。显然，这种新的相容性是在实现理论创新之后所呈现的一种状态。

雷歇尔本人认为，他在该书中所做的工作可以表明，悖论的分析和解决实际上比人们通常想象的要简单得多。雷歇尔这种想法是建立在他对"悖论度"的忽视和解悖价值的误解之上的。这种误解，也使得他的解悖方法论工作显得极其初步。当然，这并不意味着雷歇尔的工作没有价值。我以为，雷歇尔工作的贡献至少有两个方面，其一，从"似然性"角度阐释悖论，为人们理解悖论的成因指明了新的方向。不同的认知主体之所以对同一个"悖论"的认知情况不同，正是出于对导致悖论的前提命题之"似然性"的认同情况不同，就是说，任何一个具体的"悖论"都是相对于特定认知主体而言的。其二，如果说在解悖方法方面雷歇尔的工作不算成功，那么在悖论的"发现"方法方面，雷歇尔的贡献却不可无视。在当代悖论研究已经澄清了其语用学性质的条件下，悖论的发现机理的探讨具有特殊的意义，它也是悖论研究之方法论探索的一项重要的基础性工作，而雷歇尔在分析悖论前提集合中所做的"揭示预设、辨析共识"的工作，恰恰为"锤炼"和"确认"严格悖论提供了普遍的方法论指南。正如张建军所指出的："雷歇尔的著作本身尽管也构成了当前悖论方法论研究初级性和薄弱性的一个表征，但他毕竟为这项研究工作提供了一个新的起点。"①

二、我国学界开展的悖论方法论研究

20世纪与21世纪之交，我国学界在悖论研究领域取得了重大进展，主要体现在：其一，在基础理论方面，悖论的语用学性质得到了明确指认，一些基本概念得到澄清，研究中的问题和问题的症结得到了充分揭示，进一步发展的脉络得到了清晰显现，研究工作被明确地区分为三个层面，即"特定领域某个或某组悖论具体解悖方案研究"、"各种悖论及解悖方案的哲学研究"和"一般意义的解悖方法论研究"②，从而使得不同层面的研究成果得到统一的把握和恰当的归置。其二，悖论研究在深度和广度两个向度上向前推进，一批以"悖论"为主题词的博士学位论文从"哲学分析"、"情境语义学"、"弗协调（亚相容）逻辑"（para-consistent logic）、"科学理论创新"以及"归纳悖论"、"道义悖论"等多维度、多层面地展开，取得了一些重要成果。其三，一些新的概念和研究思路诸如"泛悖论"、"悖论度"等先后成形，渐成学界的共识和研究的"索引"。其四，悖论研究的方法论探索工作已经启动，教育部人文社会科学研究规划基金项目之中就有专题的悖论方法论研究，一批悖论方法论专题研究成果也在逐步问世。③

---

① 张建军：《逻辑悖论研究引论》，南京，南京大学出版社，2002，第347页。

② 同上书，第37～39页。

③ 2006年，教育部将"广义逻辑悖论方法论与科学理论创新研究"列入了人文社会科学规划基金项目，2010年"泛悖论的方法论研究"被列入中国博士后科学基金资助项目。这些项目的立项资助，反映出学界对"悖论方法论"概念及其研究方向的认可。同时，一批以逻辑悖论方法论为研究对象的成果逐步问世，例如，王习胜发表的《逻辑悖论方法论研究述要与思考》（《自然辩证法研究》2007年第5期）、《悖论维度的科学理论创新机制研究》（《中国社会科学院研究生院学报》2007年第4期）、《论方法论取向的逻辑悖论研究》（《徐州大学学报》2007年第5期）、《悖论与解悖思维研究》（《科学技术与辩证法》2007年第5期），等等。

　　就一般解悖方法论研究而言，新近取得的突破性工作有：其一，整合出了解决悖论的一般性标准。1990 年，郑毓信在谈到公理化集合论等理论能否消解罗素悖论时指出，所给"理论的基本原则是为数学家们所几乎一致地接受的，而且，所有已知的悖论在其中都已得到了排除，同时在理论中至今也并没有发现新的悖论"①，即可认为这种悖论已经获得了解决。2002 年，张建军对罗素、策墨罗和苏珊·哈克关于解悖标准的理论作了有机整合，概括出更为全面的一般解悖标准——RZH（B. Russell—E. Zermelo—S. Haack）标准，并进一步明确为三项基本要求，即能够排除已经出现的逻辑矛盾，尽可能地保留既有的科学成果，而且，解决方案并不仅仅是为了排除悖论而特设的条件。② 这种明晰且全面的标准的给出，不仅使得西方解悖方法论的零散意见得到系统整合，也使得具体悖论是否得到了相对解决有了一个可供衡量的标准。其二，析出了悖论构成的要件。20 世纪 80 年代初，我国学界对悖论构成要件的认识还局限于其语言表述形式层面的"自指"、"循环"和"否定"的认识③，至 21 世纪初，学界对悖论构成要件的认识已经推进到了为悖论的语用学性质所统摄的"公认正确的背景知识"、"严密无误的逻辑推导"和"可以建立矛盾等价式"④的"三要素"阶段。悖论构成要件的明确析出，为判别"拟似悖论"、"佯悖"和"半截子悖论"提供了方法和准绳。

　　进一步，人们认识到，有关悖论的方法论研究之所以长期陷于薄弱局面，"究其原因……首先要归之于学界始终未能明确指认逻辑悖论的语用学性质"⑤，正像"预设"的语用学性质的明确指认导致预设方法论研究的根本改观一样，逻辑悖论的语用学性质的确认，不仅为统一把握和恰当归置不同层面的悖论研究成果提供了可能，还直接为悖论方法论的深入研究提供了新颖的工具。正是基于对悖论的语用学性质的认识和理解，"悖论度"与"悖态"等新概念才得以提出，并成为泛悖论研究的学理支点。

　　依据悖论的语用学性质，任何悖论都是从特定认知共同体"公认正确的背景知识"中合乎逻辑地推导出来的，其推导的过程还可以达到"严密无误"的程度，因而，之所以会出现"可以建立矛盾等价式"的悖论结论，问题就出在导致悖论结论的特定认知共同体的"背景知识"之中。由于这

① 郑毓信：《数学哲学新论》，南京，江苏教育出版社，1990，第 11 页。
② 参见张建军：《逻辑悖论研究引论》，南京，南京大学出版社，2002，第 28～37 页。
③ 参见杨熙龄：《奇异的循环：逻辑悖论探析》，沈阳，辽宁人民出版社，1986，第 111 页。
④ 张建军：《逻辑悖论研究引论》，南京，南京大学出版社，2002，第 8～13 页。
⑤ 同上书，第 39 页。

种"背景知识"只是为特定认知共同体所"公认正确"的，但其本质上是否正确是存在疑问的。我们不妨以$\sqrt{2}$悖论为例来说明这里的问题。根据数学思想史我们不难知道，$\sqrt{2}$悖论主要是相对于毕达哥拉斯学派成员而言的。对于不持"一切量皆可公度"信念的人而言，"$\sqrt{2}$是量，同时，$\sqrt{2}$不是量"在他们的思想中并不能构成同时成立的矛盾命题。换句话说，面对这对矛盾命题，其中必有一个命题是会被舍弃的。其次，$\sqrt{2}$悖论是从毕达哥拉斯学派的"万物皆数"和"一切量均可表示为整数与整数之比"的背景知识中合乎经典逻辑地推导出来的。不认同这样的背景知识，也就不会构成$\sqrt{2}$悖论，比如，$\sqrt{2}$的发现者希帕索斯肯定认为$\sqrt{2}$是一个量，否则就不会将它肯定下来并公布出来。因此，任何悖论的"悖论度"，都取决于逻辑悖论"三要素"之"公认正确的背景知识"的"公认度"①，即不同认知共同体乃至同一认知共同体对导致某个（类）悖论的"背景知识"的认同是具有程度差异的。

如果我们以0～1为某种具体背景知识之公认度的度量，那么，0和1便是公认度的两个极点，即某种具体"知识"对特定认知共同体、在特定情况下毫无公认度的为0，而全无疑义地认同的则为1。实践中，这种极点状态的公认度是鲜见的，即便是"永动机"那样的"知识"和"信念"，也仍然有人认同和坚持；而对于爱因斯坦"相对论"这样的"知识"，同样有人持有异议。在科学研究领域，特定的背景知识（观点、理论或原理）的公认度大多只能以0～1的区间去刻画。那么，从0向1趋近的实现机制是什么？只能是不断调整某种理论的辅助性假说以应对来自经验的挑战和逻辑推理的质疑，以不断清理其理论内部的逻辑矛盾使其理论达至融贯。对于理性认知主体而言，惟有在这两个方面都得到较好实现的具体理论，才有可能得到相应程度的公认。就是说，公认度往往取决于具体科学理论的严密度，而严密度则反映着某种理论中的普通的逻辑矛盾被清理的程度。一般而言，只有清理了普通的逻辑矛盾的理论，才能成为相对严密的科学理论。因此，如果在这种理论中发现了逻辑悖论，面对其导出悖论的矛盾性前提或结论，认知共同体则往往难以作出取与舍

---

① "公认正确的背景知识"因其"公认"的模糊性，可以进一步解析出悖论的三重性质：其一，相对性，任何悖论都是相对于特定认知共同体"公认"而成立；其二，根本性，因为是认知共同体所"公认"的，应该是关涉某种具体理论的"硬核"；其三，可解性，"公认"正确但不一定真的正确，"公认"具有可修正性。参见张建军：《广义逻辑悖论研究及其社会文化功能论纲》，《哲学动态》2005年第11期。

的抉择。不难看出，认知共同体的抉择难度与其对背景知识"公认"的程度是成正相关的，即越是对其背景知识深信不疑，则其取舍抉择就越是难以作出。反之，如果没有这种对背景知识较高程度的公认，那么对理性的认知共同体来说，对矛盾性论断的取舍抉择是不难作出的。所以，对特定认知共同体而言，对其某种具体背景知识的公认程度的强弱不同，其由以导出的悖论之悖论度的高低也就不同。由于悖论度的反面是"脱悖度"，或者说是脱悖后的"和谐度"，这样，由"悖论度"不仅可以帮助我们把握所发现悖论的认知悖度，还可以帮助我们衡量解悖后的效果程度。①

　　由于理性认知共同体对大部分科学理论的认同程度都是在 0～1 的区间之中，那么，这"大部分科学理论"必然是处于一种不是全假也不是全真的"悖态"之中。如何理解这种"悖论"呢？在我们看来，在"波粒二象悖论"没有获得解决之前，光学理论便是典型的悖态理论。然而，那个时代的光学成就以其确凿的事实告诉我们，即便当时的光学理论处于悖论性状态，在不同的实践领域中，粒子说和波动说仍然在发挥着各自应有的作用。用"亚相容"学派的语言来说，这种理论中的确存在着"矛盾"，但却是一种"有意义的矛盾"。亚相容学者处理悖态的方法是"圈禁"矛盾，即对于"有意义"的悖态理论，既要发挥它的价值，又不应该让其逻辑矛盾任意扩散而毁坏这个领域的整个知识系统。

　　从雷歇尔的"似然性"和"认知优先性"，到亚相容学者对矛盾"圈禁"，越来越证明，任何悖论都是相对于特定认知主体之"背景知识"的，都是语用学性质的。悖论语用学性质的重大发现，不仅为我们统一把握各种具体悖论提供了可能，也为我们进一步解决悖论指明了方向。

　　青年学者贾国恒在认真研究了巴威斯等人的情境语义学理论之后认为，"说谎者命题具有真值的实在论基础是什么呢？情境具有部分性，因此我们总是可以对其进行扩充。虽然说谎者命题 f_s 在它关于情境 s 中是不真的事实不在 s 中，但我们可以把 s 扩充为情境 s_1，使 f_s 在情境 s 中为假的事实包括在 s_1 中，即 f_s 在 s_1 中为真。可见，在奥斯汀式阐释下，扩充情境就是它的实在论基础。但是，由于扩充前后的两个情境极其接近，使得人们往往忽视其中的扩充部分而把两个不同情境视为相同。这种忽

---

① 不难看出，这里的"悖论度"还只是一个非精确的、难以进行度量刻画的模糊概念。即便如此，这个模糊概念的提出仍具有重要的学术价值和实践价值：一方面，并非悖论都是从同等程度"公认正确的背景知识"中推导出来的，同是"悖论"，其"悖"是存在程度差异的。另一方面，借助于"悖论度"概念，我们可以理解和认识科学理论的"悖态"问题。当然，如果能够进一步制定出悖论的测度标准，将是对"悖论度"的深化。

视的弊端很少露出其狰狞面孔，但是，它却在说谎者悖论那里充分地张扬出来"①，才使得人们无法阐明说谎者悖论的症结究竟在何处。然而，"说谎者悖论实际上隐藏着一个参量，即命题关于现实世界的部分：罗素式阐释遗漏了这个参量，而奥斯汀式阐释则把它显现了出来。……一旦引进我们的情境化的位置参量或我们说话时的情境参量，表面的矛盾就会立即得到化解"②。在我看来，情境语义学解悖方案之所以能够获得成功，主要是因为"情境"不仅包含着时空因素，更主要的是一个关涉语言行为主体的因素，更为主要的，在情境语义学的视野中，悖论本质上是一个语用学概念，虽然巴威斯等并没有这样明确地指认。

　　在充分把握悖论研究史料的基础上，2001年，我国悖论研究资深专家张建军教授在《论作为语用学概念的"逻辑悖论"》③一文中明确地指认了悖论的语用学性质。其实，早在1991年，张建军在提交首届全国科学逻辑讨论会的论文《悖论的逻辑与方法论问题》中④，就曾对悖论作出了这样的界定："悖论是指这样一种理论事实或状况，在某些公认正确的背景知识之下，可以合乎逻辑地建立两个矛盾命题相互推出的矛盾等价式。"基于这个界定，悖论必然含有"公认正确的背景知识"、"严密无误的逻辑推导"和"可以建立矛盾等价式"三个基本要素。悖论的语用学性质正是蕴涵在"公认正确的背景知识"这一要素之中的。

　　正如张建军所指认的，"公认"概念内蕴着丰富的悖论方法论的内容：首先，它说明悖论实际上是一种与认知共同体相关的语用现象，"悖论"是一个语用学概念。其次，它明确表明了悖论具有"相对性"、"根本性"和"可解性"等重要性质。所谓相对性，即任何悖论都是相对于特定认知共同体"公认"而成立。同一种"背景知识"，在某个（类）认知共同体那里是共知、公认的，但在另一个（类）认知共同体那里却可能不为所知、不被认同。正如《简明不列颠百科全书》"悖论"条目中所指出的："对某些人来说够得上一个矛盾或悖论的命题，对于另外一些信念不同或见解不坚

---

①　贾国恒：《情境语义学及其解悖方案研究》，南京，南京大学博士学位论文，2007，第86页。

②　同上书，第93页。

③　张建军：《论作为语用学概念的"逻辑悖论"》，《江海学刊》2001年第6期。

④　1992年，该文以《悖论逻辑和方法论问题》为题收入由张建军和黄展骥合著的论文集《矛盾与悖论研究》（香港黄河文化出版社出版）一书，1998年以《悖论与科学方法论》为题再度收入由张建军和黄展骥合著的论文集《矛盾与悖论新论》（河北教育出版社出版）一书。

定的人来说并不一定够得上是一个矛盾命题或悖论。"①这里的"信念"和"见解"本质上是"背景知识"的另一种说法。所谓根本性，是因为由以导出悖论的"背景知识"是特定认知共同体所公认"正确的"，这种被公认正确的背景知识处于导致悖论的知识体系的"核心"，往往是不容易被质疑和否定的。所谓可解性，是指由以导致悖论的背景知识只是特定认知共同体所"公认正确"的，但是不一定真的正确，换句话说，"公认正确"往往只是在特定范围或认知水平中可能是"正确"的，超越这样的范围或认知水平就可能需要修正。最后，"公认"的模糊性不但可以在分析具体悖论时得到克服，而且有其一般性的方法论意义，由它可以将"严格悖论"向"泛悖论"拓广，并且可以由"公认度"而引申出"悖论度"这一重要概念。相对于普通认知主体而言，"公认度"越低则其"悖论度"就越低。② 作为"罗素悖论"通俗版本的"理发师悖论"③并非真正的严格"悖论"，根由在于其由以导出的背景知识只是"理发师"的一个不恰当的假设，在任何意义上都不是普通认知主体"公认正确的背景知识"。因此，它只是罗素为了便于普通人理解"罗素悖论"而做的一个"思想试验"，而且，由其推出矛盾，恰恰证明该规定之不合理。因此，只要将该规定作简单修改：除该理发师之外，他给而且只给所有不给自己刮胡子的村民刮胡子，这个"悖论"就被消解了。由此看来，不是从"公认正确的背景知识"中推导出来"悖论"，就不能构成真正的悖论，即便它具备悖论的另外两个要素，也不过是悖论的一种"拟化形式"（Imitation of Paradox）④。

　　由于任何理论层面的悖论都是从特定认知共同体"公认正确的背景知识或信念"中推导出来的，而"公认正确的背景知识或信念"又总是相对于"特定认知共同体"而言的，这就为我们准确地理解悖论的成因，乃至正确地寻求消解悖论的路向提供了方法论的指向。

---

① 《简明不列颠百科全书》，第 1 卷，北京，中国大百科全书出版社，1985，第 655 页。
② 参见张建军：《广义逻辑悖论研究及其社会文化功能论纲》，《哲学动态》2005 年第 11 期。
③ "理发师悖论"是罗素为了罗素悖论的形式通俗化而于 1919 年刻意构造的。从悖论的语用学性质来看，它并不是真正的悖论，只是悖论的拟化形式。
④ 张建军：《科学的难题：悖论》，杭州，浙江科学技术出版社，1990，第 13 页。

第五章　泛悖论视域中的悖因与解悖

悖论研究历史悠久而且成果丰硕，这是不争的事实。但这种悠久与丰硕的背后，却是多种多样的分歧和争鸣。人们常说，"有一千个读者，就有一千个哈姆雷特"。同样，有多少位潜心研究悖论的学者，就可能有多少种悖论成因的见解。问题是谁的见解或理论更有说服力，更具有解题的意义和价值。在细致梳理国内外学界关于悖论成因的主要认识之后，基于严格悖论研究的新近成就即悖论的语用学性质，我们从导出悖论的"背景知识"之"知识"层面提出了探究悖论成因的新理路，遵循这样的悖因理路，我们将指出消解悖论的新路向。

第一节　悖论成因的新认识

《科学美国人》编辑部曾编辑出版过一本《从惊讶到思考》的小册子，书中说到悖论成因时有一句非常通俗而又甚为恰当的话："悖论有点像魔术中的变戏法，它使人们在看完之后，几乎没有一个不惊讶得马上就想知道：'这套戏法是怎么搞成的？'"①为了揭开悖论这种"魔术"的奥秘，悖论研究者没有少提"成因论"，试图给出"最为合适"的解答。

一、悖因诸论梳陈

仅就有无悖论来说，尚且存在着两种截然相左的看法：一是认为根本就不存在悖论。在持这种观点的学者看来，既然不存在悖论也就没有产生悖论的原因之说。二是认定悖论存在，同时也致力于悖论的解决。就那些致力于悖论解决者而言，可以说有多少种解决悖论的方法，就有多少种对悖论生成原因的指认。

（一）悖论是人为的主观虚构

在国外，自古至今不乏有人将"说谎者悖论"视之为益智的文字游戏，将芝诺关于运动悖论的论证斥之为无聊诡辩，甚至将中世纪研究悖论的

---

① 《科学美国人》编辑部编：《从惊讶到思考》，前言，李思一等译，北京，科学技术文献出版社，1986，第1页。

"不可解命题"与"针尖上能站多少天使"的无意义论争等量齐观。在国内，持上述观点的也不乏其人。比如，有学者认为："悖论是思辨的产物，是思辨学者的纯粹虚构。思辨学者通过思辨逻辑错误地认为逻辑的研究对象是思维或语言；而正确的客体逻辑则主张逻辑科学研究独立于人的认识的客观世界原本具有的客观的逻辑结构和规律。"①通过分析"说谎者悖论"，持这种看法的学者认为，悖论问题的关键是判别"命题"及其"真假"的标准：思辨逻辑认同语言标准；而客体逻辑则坚持客体标准。"说谎者悖论"的真相是："向壁虚构的构造者们不要物证、不顾时空地将几个同音同形然而不同义的语句叠合在一起，从而将根本不同值的语句的'虚'与'真、假'纯思辨地混淆杂糅。从实事求是的客体逻辑出发，任何人构造不出任何一个在事实上满足'自我悖反'的'悖论'。"②也有学者以为，说谎者悖论"我说的这句话是假的"（写作 $S = S_1 + S_2$）是把"我说的这句话"（主语部分，S_1）和"我说的这句话是假的"（全句，S）相等同，因而混淆了整体和部分的关系。并且，当 S_1 被说时，由于 S_2 尚未说出，因此由部分 S_1、S_2 共同构成的整体根本不存在，S_1 实际上无所指，整个说谎者悖论也无所指。最终，说谎者悖论只是一种主观上虚构的产物，只要不混淆整体与部分的关系就可以不产生说谎者悖论。③

有学者指认，悖论的产生原因在于那些自认为悖论是客观存在的研究者作了错误的预设。罗素悖论和语义悖论的共同之处都在于预设错误。以"强化的说谎者悖论"为例，当假设"本语句不是真的"之真或假时，实际上这已经预设了"本语句不是真的"是单义句。但用反证法可以证明，"本语句不是真的"既不是真的，又不是假的，也不是非真非假的，故它不是单义句。实质上，它是一个多义句。因为"本语句不是真的"只不过相当于"{[(……不是真的)不是真的]不是真的}"的简略说法。因此，对"本语句不是真的"的语义分析也就是对"{[(……不是真的)不是真的]不是真的}"这种无穷嵌套语句的语义分析。但对这一无穷嵌套句的分析可获得无穷多种语义，而且在每种语义下均具有确定真值，依次为非真非假以及真与假的交替出现。④ 不难理解，"就任一'语义悖论'而言，那些使之成其为'悖论'的推理只不过是在一个错误的预设——该'语义悖论'

---

① 林邦瑾：《"说谎者悖论"剖析：思辨逻辑是产生"悖论"的根源》，《贵阳师范高等专科学校学报》社会科学版 2005 年第 2 期。

② 同上。

③ 参见马佩、李振江：《论悖论的本质》，《中州学刊》1992 年第 3 期。

④ 参见张铁声：《"语义学黑洞"之消解》，《科学技术与辩证法》1999 年第 2 期。

为单义句的预设下进行的，因而整个证明不能成立，相应的结论亦不能成立"①。所以，"本语句不是真的"根本不会构成悖论。

有学者提出，最早的"说谎者"原型并不是一个典型的悖论，是研究者有意将其塑述为悖论的典型形式。而后，几乎所有严格意义上的语义悖论都是由研究者们主观构想出来的。不难发现，这些所谓悖论从来不反映一个现实存在的具体对象或这类对象间现实存在的某种关系，而总是以特定的语言形式（如含有自我指涉的语言符号）表达特定的抽象认识（如对象本身只是一个命题），是一种纯粹只存在于思维领域、同时也只作用于思维领域的所谓"难题"。悖论的根源在于，在用语言表达思维的过程中，混淆了语言的符号（形式）与语言符号的含义（内涵）或所指（外延）之间的不同层次和关系，而这种混淆在许多悖论实例中都是人为的，有时甚至是仅仅为了"研究"悖论而刻意构想的。②

在这些学者看来，之所以会有"悖论"，或是人们主观虚构的、或是由错误的预设所导致的、或是人们为研究而刻意构造的，总之，悖论并不是一种客观的存在。

（二）悖论是有其原因的客观存在着的事实

承认悖论存在的客观事实并进行研究者，对悖论生成的原因又有不同的看法，由于这里的观点过于繁杂纷呈，只能择其要者简述如下。

1. 悖因在于自指和否定、涉及总体和无限。由于能够构造出的语义悖论的语言结构都具有"自指＋（语义学的）否定"的特征，③ 有的学者认为，悖论的产生与三个因素有关，即自我指称、否定性概念以及总体和无限。因为现有的大多数悖论都是自我指称或自我相关的，只不过有直接自我指称与间接自我指称的区别而已。同时，悖论又总是与否定性概念直接相联系，涉及总体和无限。④ 不难看出，这种悖因观实际上可以分为两个方面的原因，其一是语言结构上的问题，即语言表述形式上具有自指的特征，语义上具有否定的特征；其二是思维内容上的问题，即这里的思维总会涉及对认识对象的总体和无限的把握。那么，对于悖论的生成来说，自指、否定、总体和无限是合取地存在还是析取地存在呢？它们是生成悖论的必要条件还是充分条件？这种悖因观并没有给予进一

① 张铁声：《"语义悖论"之统一解：作为多义句的"语义悖论"》，见张光鉴、张铁声：《相似论与悖论研究》，香港，香港天马图书有限公司，2003，第273页。
② 参见杜音：《近年国内悖论论争之我见》，《湘潭师范学院学报》1999年第4期。
③ 参见钱捷：《悖论与真理》，《哲学研究》2000年第5期。
④ 参见陈波：《逻辑哲学引论》，北京，中国人民大学出版社，2000，第237～242页。

步明确的回答。

2. 悖因在于复合命题谬误。学界也有人认为，长期以来，人们看到许多"自涉句"导致悖论产生的现象，就断言必须禁止自我指涉以阻止悖论的生成。实际上，自我指涉句和非自我指涉句有许多共性：两者"同有假句"，"同有真句"，"同有隐蔽的矛盾句"，"同有矛盾被证"，"同可'缺义'而未能赋值"。"为什么要单独禁止'自涉'所产生的假句而提出'语言层级论'呢？"①他认为，强化说谎者、明信片、失钻悖论的成因都不是"自涉"，而是"复合命题谬误"②。所谓复合命题谬误，就是误认复合句为简单句的谬误。比如当甲（这句话假）被完整地说出来时，"它表面上是'孤单单'的一个简单句，实质上却是'自我否定指涉'的复合句，即'甲而且非甲（乙）'"③。不难见得，由于这种悖因观只考虑了具有"自涉"语言现象的悖论，而且仅限于语义悖论，同时又仅从命题真值角度所作的思考，并不是对悖论的一般成因的探讨。

3. 悖因在于违反了逻辑规律。在有的学者看来："一切语义悖论和集合论悖论都是由于人们以某种方式违反了逻辑基本规律造成的。"④语义悖论的错误在于其"由以得出的前提表达式的逻辑结构固有地违反了逻辑规律"。以说谎者"这语句是假"为例，只有在预设了"'这语句'指称（实质上同义于）'这语句是假'"的前提下，才能得出矛盾互推式，而"规定一个表达式指称其自身的否定，这是违反逻辑规律的"。因为如果一个表达式是另一个表达式的否定，则它们在逻辑上不可能同义，而只能相互矛盾。故当人们约定 S 的主词"这语句"指称（实质上）同义于本身，即"这语句是假"时，就违反了逻辑规律，说谎者悖论的结论正是这种破坏逻辑规律的结果。⑤ 持这种观点的其他学者还以严格悖论为例作了进一步分析指认，严格悖论都是由于违反逻辑规律产生的。说谎者悖论首先是违反了同一律，犯了"偷换论题"的错误；其次是违反了充分条件假言推理的推理规则，犯了"推不出"的逻辑错误。严格悖论命题实质上是一种特殊的复合命题，如"我正在说谎"等值于"我并非正在说真话"。要消除它，就必须借助于普通逻辑中的负判断及其等值判断，把命题中否定概念的

---

① 黄展骥：《西方"自我指涉"的大误区："怪圈"之风不可长》，《中州学刊》2001 年第 3 期。
② 黄展骥：《评塔斯基的"说谎者"悖论：矛盾的"显"、"隐"与"被证"》，《佳木斯大学学报》2000 年第 5 期。
③ 黄展骥：《矛盾、语义与自我指涉》，见张建军、黄展骥：《矛盾与悖论新论》，石家庄，河北教育出版社，1998，第 341 页。
④ 王军风：《论语义悖论和集合论悖论的共同逻辑成因》，《江汉论坛》1992 年第 12 期。
⑤ 参见王军风：《辨析语义悖论》，《江汉论坛》1999 年第 10 期。

否定作用由潜在外化出来，使它在"自我涉及"的推论中不能起到"混淆概念"或"混淆论题"的作用。[①] 美国学者汤姆逊利用对角线引理刻画悖论的产生机制，他认为对角线引理是一条"逻辑真理"，逻辑真理当然是逻辑规律的体现，所以，凡是与它相悖的直觉必须抛弃，否则必然会陷入悖论而不能自拔。[②] 现在的问题是，同样违反逻辑规律，为什么有的只是一般的逻辑错误，有的却是悖论？如果说悖论就是因为违反了逻辑规律而产生的，那么为什么有的违反了逻辑规律的逻辑错误可以被轻易而且彻底地清除，悖论却不可以？可见，这种悖因观过于宽泛。

4. 悖因在于认识的路径不合理。有学者认为，逻辑－数学悖论和语义学悖论都是由不合理的认识路径造成的。由于对不可分离的对立环节实行了人为的分离，然后在片面夸大的基础上，把它们机械地重新联结起来就构成了悖论。语义悖论是语言的辩证性与方法的片面性的矛盾的集中体现。比如，说谎者悖论，一方面体现了语言的开放性——从任何一个语句 S 出发，可以无限制地作出一系列新语句，如 S；S 是假的（记为 S_1）；S_1 是假的（记为 S_2）；S_2 是假的……但由于所列举的这一命题系列中，相继命题的真值互斥，如 S 真，S_1 假，S_2 真，S_3 假……所以，如果我们把这一命题的无限序列"凝聚"成："S：S 是假的"，相继命题真值的互斥性就变成了相反的真值的等价性：S 真→S 假→S 真→S 假……即构成了悖论。[③] 换句话说："悖论实质上是客观实在的辩证性与主观思维的形而上学性及形式逻辑化方法的矛盾的集中表现。具体地说，作为客观世界的一个部分或侧面，认识或理论（数学理论、语义学理论）的研究对象在本质上往往是辩证的，也就是诸多对立环节的统一体；然而，由于主观思维方法上的形而上学性或形式逻辑化的方法的限制，客观对象的这种辩证性在认识过程中常常遭到歪曲：对立统一的环节被绝对地割裂开来，并被片面地夸大，以致达到了绝对、僵化的程度，从而辩证的统一就变成了绝对的对立；而如果再把它们机械地重新联结起来，对立统一的直接冲突就是不可避免的了，而这就是悖论。"[④]显然，这种悖因观首先是作了认识对象是辩证统一的前提预设，然后再从方法论的角度指认悖论的成因，即由于认识对象辩证统一的本性被人为地割裂了。我

① 参见孙启明：《试论狭义悖论的产生和消除》，《安徽大学学报》1989 年第 2 期。
② J. F. Thomson: "On Some Paradoxes", in R. J. Butler(ed.): *Analytical Philosophy*, series 1, 1962: 114.
③ 参见郑毓信：《悖论的实质及其认识论涵义的分析》，《社会科学战线》1986 年第 2 期。
④ 夏基松、郑毓信：《西方数学哲学》，北京，人民出版社，1986，第 174 页。

们的问题是，认识的割离性是人类认识活动中必要而且不可避免的环节和方法，为什么在有的科学理论中却不会形成悖论呢？

5. 悖因在于映象和对象的混淆。有人指出，语言包含了三个层次，并有相应的三种用法，即形式（符号）、内涵（意义）和外延（所指）。名称（符号）与所指处于不同的语言层次，不能混淆。说谎者语句"本语句是假的"，把"本语句"即看作一个语句的名称，又看作是其所指语句的一部分，混淆了语言层次。"正是由于把作为主体的思维（如"本语句是假的"中"本语句"的所指）与作为客体的思维对象即观念、语言形式（如"本语句是假的"中"本语句"这个名称）等相混淆，把思维主体的性质和能力误认为是思维对象本身的性质和能力，才形成了语义悖论。"只要我们用一定的符号把名称与其所指的语句区别开，如设 P′：P 是假的，悖论就不存在了。以上对语义悖论分析的基本思路也适用于其他悖论，因为无论什么悖论都必须通过思维和语言才能思考和表达，也只有从思维和存在的关系的角度去考察，才能找到解决悖论的途径①。这种悖因观主要着眼于思维与思维对象层次的考虑。其实，从罗素的分支类型论、塔尔斯基的语言层次论的解悖方案中追问他们的悖因观，可能也会得出与此类似的观点。固然，分清层次是认识问题乃至解决问题的必需方法，在后面的解悖理论中，我们还可以看到，这也是很多解悖者所使用的方法，但问题是，层次混淆是否一定会产生悖论？

6. 悖因在于将一般属性"恶性隔离"。从解悖实例分析中，有的学者得出这样的结论：由于集合的迭代概念和分层理论的核心就是保障"一个集合决不会属于自身"，即集合决不会是其自身的元素。因为一个集合若是自身的元素，那么会因承认自属集而导致矛盾。从哲学层面看，就意味着存在完全脱离个别的一般，而这与"一般只能在个别中存在，只能通过个别而存在"的基本原理是相冲突的。通过种种手段彻底拒斥自属集，就堵住了形成集合论悖论的基本通路，而由初始元素开始迭代造集的观念，也得到根本性的哲学辩护。因此，如果从哲学层面能够确立一般与个别的关系，就能够达成集合与其元素之关系的基本构架，那么集合的迭代观念和公理化集合论的分层理论就可以得到高度合理而又简洁明快的哲学辩护。② 这种悖因观虽然与分层观点有相似之处，但主要是基于既有集合论悖论而作的哲学辩护。这里有两个问题，其一，这种哲学辩

---

① 参见荒冰：《语义悖论解析》，《哲学动态》1997 年第 6 期。

② 参见张建军：《逻辑悖论研究引论》，南京，南京大学出版社，2002，第 293 页。

护是基于集合论悖论而作出的，能否推广到泛悖论之中，这还需再考量。其二，从哲学视角探讨悖因虽然具有最为广泛的意义，但这种过于宽泛的认识能否适用于具体悖论呢？这是有待回答的问题。

7. 悖论就是一种客观存在。澳大利亚逻辑学家普利斯特从语义角度认为，我们应该承认有的语句是或真或假的，又应该承认有的语句（悖论性语句）是既真又假的。他把真而非假的语句叫"单真的"，把假而非真的语句叫"单假的"，而把既真又假的语句叫"悖论性的"。悖论性的语句在他的亚相容逻辑系统中是与单真的语句并列的一种真语句，换言之，就是把悖论性语句当作一种合法的而且为真的语句接受下来，他将这种语句称为"真矛盾"语句，又名"辩证论题"（dialetheia）。我们知道，单真句、单假句都是客观存在的，既然悖论性语句是与它们并列存在"辩证论题"，那么，悖论便是客观存在，它不是一种逻辑矛盾，消除不了也用不着消除，甚至存在专以研究悖论的逻辑，即所谓的"悖论逻辑"（Logic of Paradox）。① 普利斯特之所以将悖论看作一种客观存在，不仅仅由于悖论问题还无人能够彻底解决，还因为悖论的存在有其哲学理由。他以哥德尔的不完全性定理和塔尔斯基的成果说明：以往的公理化、形式化的系统并没有能够完全刻画日常的素朴的证明程序。因为有的在形式系统内不可证的语句，却可以用素朴的推理加以证明。素朴证明之所以超出了形式证明，是由于它所运用的是语义上封闭的语言。因此，关于素朴证明的正确而完全的形式化理论，应该是一种语义上封闭的理论，从而必然是一种包含悖论的理论，任何对于素朴证明的适当刻画，都必须首先承认悖论是不可避免的这一事实。② 从本体论上说，世界本身就是不相容的，③ 这也决定了悖论存在的客观必然性。虽然"悖论就是一种客观存在"说法本身并不直接就是对悖论成因的指认，但从这种认识中我们不难推断其相应的悖因观。就是说，在这类学者看来，悖论既然不能彻底消除，悖论就是必然地存在，这便是悖论之所以生成的先验根源。

在科学理论的形成和发展中，悖论的存在是毋庸置疑的。因此，就科学理论而言，否认悖论的存在，或者说悖论仅仅是一种主观的虚构，这样的论点缺乏说服力。撇开否认悖论存在这一面而纵览既有的悖因指认，我们可以将其归约为四个方面：其一，仅从表述悖论的语言现象进行的指认，诸如语言方面的自指、否定、层次及其所指的总体或无限，

---

① G. Priest："Logic of Paradox"，*Journal of Philosophical Logic*，1979：Vol. 8.
② 参见张建军：《逻辑悖论研究引论》，南京，南京大学出版社，2002，第326～327页。
③ 参见郑毓信、林曾：《数学、逻辑与哲学》，武汉，湖北人民出版社，1987，第58页。

以及是简单还是复合的命题形式，等等；其二，就悖论语言现象后面的逻辑问题进行的指认，诸如悖论语句的真值如何确立，悖论语言是否违背逻辑规律，等等；其三，从人类的认知方法论视角进行的指认，诸如，自然界本身是辩证的，人类认知的形而上学性（或曰对整体和动态的认知对象进行恶性割离的认知）导致了悖论的产生。其四，通过具体解悖方案合理性的哲学辩护进行指认，认为集合论悖论的生成就是将相对于个别而存在的一般"属性"进行独立化所致的。这四个方面的指认和研究，对于进一步探讨一般意义的悖因是必要而且有益的，但又都存在着这样或那样的局限。比如，仅就悖论的语言现象进行研究，难以揭示悖论产生的真正原因，因为语言只是表达思维的工具，悖论毕竟是在思维内容层面出现的，即便是逻辑语形悖论，也不能完全脱离语义的解释；从悖论语言背后的逻辑机理方面研究悖论的产生根源，有循环论证之嫌。因为悖论的结论之所以不可接受，就是因为它违反了逻辑。这种违反并不是由一般的逻辑错误所致，而是"合逻辑"地严密推导出来的，也就是说，推出的过程并不违反逻辑。我们知道，逻辑主要是研究推理的学科，其核心——演绎逻辑具有保真性，即能够将前提的真实性传递到结论，既然推导出悖论的过程并没有违反逻辑，却又用"逻辑"去揭示悖论的逻辑原因，这本身就有似悖性；至于第三方面指认，即人类认知的形而上学性是产生悖论的根源。这里有两个问题，第一，这种观点本身先作了形而上学的预设，即预设了认知对象尤其是自然界的对象是辩证的，"自然界是辩证的"本身就是一个有待确证的命题，以它为前提预设而推出的结论，必然是待证的。第二，我们知道，方法上的形而上学性是人类认知的本性之一，就是说，人类认知不可避免地具有形而上学性，那么为什么人类的认知结果有的会产生悖论，有的却不会产生悖论？这就存在着论证不全的问题；就第四方面指认来说，以点带面的哲学辩护及其哲学层面的悖因指认有其普遍性的指导价值，但并不能具体地说明具体悖论的悖因，而悖论又总是具体的。

如何指认悖因才相对合适？我们以为，由于悖论有类型之分，既有严格悖论之语形、语义和语用悖论之别，更有严格悖论与泛悖论之分，因而，对于悖因也应该进行分层指认。比如，关于具体悖论的学科知识性悖因，具体悖论的一般知识论悖因，所有悖论的一般认识论或方法论的悖因，乃至于从哲学范畴论层面指认所有悖论的普遍性悖因，等等。虽然不同层次的悖因探讨的确有益于弄清悖论的本质，但是，在特定领域的悖论研究中，不同层面的悖因指认混杂在一起显然不是合适之举。

由于我们认同这样的看法，即悖论的矛盾等价式的结论是不可以接受的，而且，推导出悖论结论的逻辑是遵守不矛盾律的，因此，悖论的成因就只能从由以导出悖论的"公认正确的背景知识"中去探究。我们知道，由于具体科学理论悖论总是相对于特定的理论系统而言，比如"追光悖论"，其由以推导的公认前提——牛顿(S. I. Newton)力学中的伽利略相对性原理和麦克斯韦(J. C. Maxwell)电磁方程，这不仅对 16 岁的爱因斯坦来说，就是对当时整个科学界而言，其正确性都为人们所"公认"，并且也都得到了同等程度的证据支持，然而，它们却是矛盾的。谁对谁错，无以取舍，所以，才构成了"追光悖论"。既然任何悖论总是语用学概念，总是从特定认知主体的背景知识中导出的，那么，在探究悖论在科学理论创新中的动力和机制时，从何种层面确认其悖因才比较合适呢？如果是从科学理论自身进行探究，则难免会因"身在此山中"而不能认清此类悖论的真正因由；如果从哲学范畴论或一般方法论层次去指认此类悖论的悖因，可能又会由于过于抽象和宽泛而不适用。既然科学理论本身就是一种知识体系，而认知主体的"背景知识"也总是相对于一定理论系统而言的，那么，从知识论层面去追问科学理论悖论的悖因也许是明智之举。

二、悖因的知识论解读

"知识论"在当代是一门显学，同时也是学界分歧颇多的领域。学界的分歧首先体现在其基础概念"知识"的理解和阐释之上。

（一）"知识"的界说①

从柏拉图的《美诺篇》和《泰阿泰德篇》开始，包括康德在内的西方传统知识论对"知识"的界定是：知识是有理由的(justified，又译"可证成的"、"可辩护的"等)真信念(belief)。就是说，任何命题知识都包含三个要素：(1)P 是真的；(2)S 相信 P；(3)S 的信念 P 是合理的(justified)。在传统的知识论看来，当且仅当，上述三个条件都得到满足，我们才能说"S 知道(know)P"。这就是所谓的命题知识的"三元标准"定义。

---

① 关于"知识"的定义主要有三种。其一，S 知道 P，如果(1)P 是真的；(2)S 相信 P；(3)S相信 P 得到证实。其二，S 知道 P，如果(1)S 接受 P；(2)S 有充分的证据接受 P；(3)P 是真的。其三，S 知道 P，如果(1)P 是真的；(2)S 确信 P 是真的；(3)S 有权利相信 P 是真的。"知识"定义的第一种表述者是柏拉图，出现在柏拉图的《泰阿泰德篇》的 201 以及《美诺篇》的 98 中。第二种定义取自齐硕姆的《察见：哲学研究》(1957)中。第三种定义是英国哲学家艾耶尔在《知识问题》(1956)中提出的。后两种定义是在柏拉图的基础上的改进方案。参见胡军：《知识论引论》，哈尔滨，黑龙江教育出版社，1997，第 32 页。

齐硕姆(R. M. Chisholm)和艾耶尔(A. J. Ayer)等人认为，上述的知识"三要素"既是知识的必要条件也是其充分条件。但是，盖梯尔(E. L. Gettier)却提出了反例。[①] 1963 年，盖梯尔在《分析》杂志上发表了题为《有理由的真信念就是知识吗?》的短文。[②] 文中提出了如下两个反例，用以证明有理由的真信念只是"知识"的必要条件而非充分条件。

例一，史密斯和琼斯都在申请某一份工作。假设史密斯有理由相信下列命题：(a)琼斯将得到这份工作并且琼斯的衣服口袋里有 10 个硬币。史密斯相信命题(a)的理由可能是：公司经理已经告诉他公司将要雇佣琼斯了，而他在 10 分钟前出于某种原因而亲手数过琼斯衣服口袋里的硬币。假定史密斯由于命题(a)而正确地推出了命题(b)：(b)将得到这份工作的人的衣服口袋里有 10 个硬币。设想，后来真正得到这份工作的人其实是史密斯本人而不是琼斯，而且史密斯自己口袋里恰好也有 10 个硬币，那么，尽管命题(a)是假的，但史密斯由以推出的命题(b)却是真的。于是，对史密斯来说，(1)(b)为真；(2)史密斯相信(b)；(3)史密斯有理由相信(b)。但是，史密斯知道(b)吗？他显然不知道。

例二，假设史密斯有理由相信下列命题：(c)琼斯有一辆福特牌轿车。史密斯相信命题(c)的理由可能是，在史密斯的记忆中，琼斯一直开一辆福特牌轿车，并且琼斯还让史密斯用过这辆福特牌轿车。假定史密斯还有另一个朋友叫布朗，史密斯已多年不知道他的下落。再假定史密斯任意选择了三个地方作为布朗下落的猜测，并因此而由命题(c)推出了下列命题：(d)或者琼斯有一辆福特牌轿车或者布朗在波士顿。(e)或者琼斯有一辆福特牌轿车或者布朗在巴塞罗那。(f)或者琼斯有一辆福特牌轿车或者布朗在布加勒斯特。

---

① S. 哈克认为："盖梯尔型的'悖论'之所以产生，是因为知识概念和证成概念之间的错误匹配，前者尽管模糊和飘忽，但仍然是断言性的；而后者却存在程度之分。如果情况是这样的话，那么，就不可能有任何直觉上令人满意的对于知识的分析；在主体确实知道的情形和主体确实不知道的情形之间，也划不出鲜明的界限；也没有任何理想的平衡点，它排除了我们凭运气具有知识，而没有完全排除我们具有知识。"参见〔英〕苏珊·哈克：《证据与探究：走向认识论的重构》，陈波等译，北京，中国人民大学出版社，2004，第 7 页。

② cf. E. L. Gettier："Is Justified True Belief Knowledge?"，*Analysis*，1963：Vol. 23.

　　由于命题(d)、(e)、(f)都是从命题(c)推出来的，所以，史密斯有理由相信其中的任意一个。设想，另外两个偶然的事实成立：第一，琼斯并没有一辆福特牌轿车。他开的那辆福特牌轿车实际上是租来的。第二，命题(e)所提到的地方(巴塞罗那)碰巧是布朗所在的地方。在这种情况下，尽管史密斯对命题(e)拥有有理由的真信念，即：(1)(e)为真；(2)史密斯相信(e)；(3)史密斯有理由相信(e)。但是史密斯还是不知道(e)。

　　盖梯尔的反例发表以后，引起了学界的极大关注，反驳和辩护的观点层出不穷。可以说，在20世纪70年代，"知识论的几乎所有进展，都以这样或那样的方式对它们作出反应"①。这种反应可分为两大类型：一类是在确证的条件上进行努力，通过寻求加强确证条件的途径来解决盖梯尔提出的问题；另一类则是在知识的条件上做文章，或者是寻求增加知识的条件，或者是完全替换知识的条件以确保达到"真知"的目的。②比如，有人因为"盖梯尔类型的反例全都依赖于这样一个原则：某人能够有理由依据P接受某个命题h，即使P是假的"③，而假的理由又并不能阻止人们相信一个命题。所以，他们建议将"知识"重新定义为：知识就是能用理由证实的真信念。④

　　其实，上述知识的新定义仍然存在很多不能满足的追问，比如，"能用理由证实"即是一种确证，那么，这样的确证是如何得来的？是来自信念之间的支持关系，还是来自某种可信赖的认知机制？假如是来自前者，这里便是信念之间的基础与非基础的关系，抑或是信念之间的相互一致的、彼此支持的关系，等等。就基础主义而言，它面临着自身难以解决的困难，即是否存在本身能够自我确证的、无误的、从而能够支持其他信念的基础信念。而对于一致主义来说，如果"一致"仅仅是信念系统之间的一致，那么，这种一致性的要求就隔绝了外部世界新材料的输入，阻隔了外部世界的影响，这显然是荒谬的。再者，如果每个信念之间是

① J. Duran：*Knowledge in Context*：*Naturalized Epistemology and Sociolinguistics*，Lamham：Rowman and Littlefield Publishers，1994：93.
② 参见陈嘉明：《当代知识论：概念、背景与现状》，《哲学研究》2003年第5期。
③ R. G. Meyers and K. Stern："Knowledge without Paradox"，*The Journal of Philosophy*，1973：Vol. 70.
④ 参见柴生秦：《什么是知识：盖梯尔反例评析》，《西北大学学报》哲学社会科学版1995年第4期。

相互支持的，那么，如何解决循环论证的问题呢？① 当然，这些追问都是预设了基础信念必须是确定的、不可错的，但从知识形成的实际情况看，基础信念虽然具有相对稳定性，不会轻易而频繁地变更，但并不是绝对不可错和不可修正的，只不过基础信念的变更会引发知识系统革命性的变革而已。仅就这一点而言，它与科学理论演进中的革命性创新具有一定的对应性。那么，基础信念为什么会在知识系统中具有如此重要的地位呢？这得追溯到知识的形成问题上。

（二）知识的形成

知识论中的"知识"与"知识的形成"是两个相互关联但又含义不同的概念。在现代哲学中，认识论通常就被定义为"关于知识的理论"，但这里的定义并不是对西方知识论的规定，因为 epistemology 是关于认知活动的理论，而知识论则是关于知识如何可能的理论。知识的形成研究的是认识的发生、发展以及知识获得的过程，而知识论之知识是对认知结果的一种形式的考察，即知识何以能够成为知识，它所追问的是关于知识的本质性规定。关于知识的界说是对认知结果的研究，这种研究可以没有经验上的偶然性，只有形式上的必然性；没有认识内容上的意识活动，只有认识形式上的逻辑规定。这种研究如果深入一步就需要对产生它的认知活动的过程进行考察。这便是知识的形成问题。

传统的知识形成观强调"反映性"、"客观性"和"普遍性"，认为知识是客观事物在人脑中的反映，是外在客观的事物反映到大脑中形成的。这种知识形成观意蕴着：（1）知识是客观事物的反映；（2）知识具有绝对的客观性；（3）知识是普适的，是外在于个人的存在物。现代知识论认为，认识的过程并不是简单的反映过程，而是人与环境相互作用的过程，其中当然有反映的成分，但更含有主体建构的成分；认识的结果——知识——并不是纯粹客观的，而是依存于认识的主体，它包含着认识主体的经历、经验、信念甚至信仰等诸多主观因素在内；知识不是纯粹社会历史性的，它还包含着表征个体特征的特殊性和情境性。它是社会历史认识和个人经验的统合。

以这种知识形成观看知识，知识至少有三个特点：其一，知识的内涵是复杂的，既有可编码、可记录的内容，也有隐含的、难以记录的内容。可编码、可记录的内容主要是那些客观性较强的内容，而隐含的、难以记录的内容主要是一些带有个体特征的内容。其二，知识既有其内

① 参见陈嘉明：《当代知识论：概念、背景与现状》，《哲学研究》2003 年第 5 期。

在的、稳定的结构，也有其动态的、可变的方面。而这种结构和内容的变化正是通过学习来实现的。知识的内在的、稳定的结构是由认知客体的客观性所决定的，知识的动态的、可变的方面是由于认识过程中主观因素的加入而引起的。其三，知识既有其通用性、普遍性的一面，也有其特殊的、存在于某一情境的另一面。认识的发展与人的身心素质和亲身经历密切相关。每个人的身心素质、经历和当时所处的具体情境是不同的，即使是感知了同样的信息，每个人对所感知的信息所赋予的"意义"有可能是不同的，即每个人所获得的"知识"可能是"独特"的。① 撇开每个感知主体在感知生理上的自然性差异，那么这种独特性的核心所在就是对知识的形成具有重要组织作用的基础信念。

（三）信念之于知识

1. 信念的经典学说。在西方传统哲学中，"信念"（belief）一词常常为人们所使用。较早探究信念问题的是柏拉图，在讨论认识的性质中，柏拉图论及了知识与信念问题。他认为，认识可以分为不同的等级，比如，知识、谬误、信念、意见、怀疑和假设等。在这个认识的等级中，最重要的是知识和信念，由此，柏拉图对信念的性质、对象及其与知识的关系等问题进行了初步的研究。

休谟是又一个对信念问题进行初步研究的哲学家。他将信念归属于心理活动的范畴，并以之作为知识论的中心概念。在休谟时代，自然科学成果主要体现在力学和物理学领域，而这两门学科所涉及的知识内容又主要是对外界对象之间的因果联系或关系的把握。与同时代的科学家和哲学家一样，休谟把只配称为"信念"的自然科学知识看成是关于因果性方面的知识。因而，在休谟的知识论中，其信念问题也主要是对因果联系所具有的信念问题。他认为，这样"一个意见或信念只是由一个关联的印象得来的一个强烈而生动的观念"，因此，关于信念就"可以精确地下定义为：和现前一个印象关联着的或联结着的一个生动的观念"。信念作为一个观念或认识，是人们通过运用"想象力"从"先前印象"中"得来"的。信念的产生离不开人的想象力的运用，所以"信念是一种生动的想象"②。可见，休谟虽然把信念的内容仅仅框定在因果关系方面，而且对信念本质的指认也有些混乱，但难能可贵的是，他认识到了信念有程度的差别："在我们关于事实的推理中，存在着一切可以想象的各种程度的

---

① 参见赵卿敏：《知识形成观的变革及其影响》，《科技导报》2003 年第 7 期。

② 〔英〕休谟：《人性论》，吴文运译，北京，商务印书馆，1997，第 125、114、212 页。

确信，包括从最高度的确实性到最低的或然性的证据。""一个聪明人总是使他的信念与证据成比例。在那些基于确实无误的经验之上的结论中，他以最高度的确信，来预期将来的事件，并把他过去的经验认之为将来存在的事件的充分验证。而在另外的场合，他则比较谨慎：他权衡相反的经验；他考察哪一方是为较多的经验所支持的，他以怀疑和犹豫来对待他所倾向的那一方；当他在最后确实其判断的时候，其证据也不超过我们恰当地称之为'或然性'的东西。"①

康德对知识中的信念问题分析得较为明晰。他认为，知识是指在主观和客观上都能充分地承认其为真的判断，而信念则是指只在主观上有充足的依据，而客观方面依据不足的判断。他称主观上的充分性为确信、客观上的充分性为确实，知识不但是确信它为真，而且它也是确实为真的事物。

由于传统哲学只是从认识论视角探究信念问题，所以，在对心理现象的三分法（知、情、意）中并没有涉及信念问题。信念问题成为心理学领域探究的一个重要话题，是在现代心理学兴起之后，而且是从常识心理学②发端的。常识心理学十分关注信念问题，将其作为重要的解释和预言行为的原则，一种介于无根据的意见和可靠知识之间的一种心理态度，是对理论的真理性和实践行为的正确性的内在确信。进一步，有学者将信念界定为一种特殊的命题态度，③ 指的是某种心灵活动的状态，包括相信、欲求、希望、害怕等。对这种状态的断定表达了认知主体与命题之间的关系。比如说，"相信雪是白色的"，实际上就是一种对"雪是白色的"这一命题的特殊态度。罗素在其《人类的知识》一书中考察了信念的意义。他认为，信念是身体上或心理上或者两方面兼有的一种状态。④

2. 信念的形成研究。实验心理学家柏里（W. G. Perry）通过研究发现，大学生的学习信念是在发生变化的，一年级的大学生总认为无所不知的权威人士给他们传授了简单的、不可改变的事实。到了二年级，许多学生的观念有所变化，认为复杂的、经验性的概念是经过思考得来的，

① 〔英〕休谟：《人类理智研究》，吕大吉译，北京，商务印书馆，1999，第101～102页。
② 所谓常识心理学，不是指心理学的一个部门和分支，而是指存在或积淀于普通民众心理活动中的一种网络系统，该系统是由关于心理和行为的解释和预言原则所构成的一些不言而喻、能为人们自由运用和理解的心理活动原则和规范。因此，常识心理学的原则往往局限于常识层面上的东西，其方法是借助信念来解释人的纷繁复杂的行为。
③ "命题态度"（Propositional attitude）一语是罗素引入的，并在当代西方心灵哲学与语言哲学中得到流行。
④ 参见戴振宇：《本体论视域中的信念问题》，《襄樊学院学报》2001年第4期。

并不完全由权威人士给予。① 以斯克穆尔(M. Schommer)等为代表的研究者考察了在学习过程中起决定作用的核心信念，即在没有明确指导或暗示的情况下，能自动引发学生的典型反应的信念，② 发现了这样的普遍现象：若学生相信"知识是相互联系的概念群"，他们将运用以前学过的知识，在课文中寻找概念间的联系；若学生认为"知识是独立的、互不相关的各个部分"，他们则倾向于采取死记硬背的方式来记忆眼前的知识。研究还发现，学生所具有的某些信念是非常稳定的，即使老师给予指导，学生有时也会产生抵触情绪，不采纳教师的意见，而坚持自己的信念和相应的行为。

在经验案例的基础上，学界概括出信念形成的三种方式，即直接经验，如自信就是来自成功的经验；间接经验，来自第二手资料；推论，以直接经验和间接经验为基础所作出的种种推论。③ 我们知道，观念的形成是一种领悟，是一种"内化"，是一种内心体验，同时也是一种价值判断。同样，信念的形成也是一个"感－思－悟－信"的内化过程，是在认识过程中，通过对认识的结果进行体验和评价的基础上形成的。由此，笔者认为，所谓信念就是认知主体相信所信的"是"或"真"。信念既含有认知主体对所"信"对象情况的态度倾向，也含有认知主体对所信事件情况的推知内容。

3. 信念的性质与功能。关于信念的性质，在当代西方学界主要有三种代表性观点：其一是把信念作为一种以命题方式表示同意的态度。比如，塞尔(K. M. Sayer)在其专著《信念与知识》中认为，所谓"命题方式的态度"就是一种与命题对象相关的认识态度。其二是把信念作为一种倾向、意向。弱功能主义信念理论就认为，信念是一种行为倾向，是一种决定人的行为的功能状态。④ 心理学家阿姆斯特朗(D. M. Armstrong)认为，信念首先是一种与某些事情"相关"的状态。正是这种"相关性"体现了信念的"意向"性质，或者说，体现了信念所具有的意义。在《知觉与物

---

① cf. W. G. Perry：(a)*Patterns of development in thought and values of students in a liberal arts college：A validation of a scheme*，Cambridge，MA：Harvard University，1986.——(b)*Forms of intellectual and ethical development in the college years：A scheme*，New York：Holt，Rinehar and Winston，1970.

② M. Schommer："Effects of beliefs about the nature of knowledge and learning among post-secondary students"，*Journal of Eductional Psychology*，1990：Vol. 80.

③ 参见荆其诚：《简明心理学百科全书》，长沙，湖南教育出版社，1991，第576页。

④ cf. P. Smith and O. Jones：*The Philosophy of Mind*，London：Cambridge University Press，1986.

体世界》一书中，阿姆斯特朗写道："假如 A 在时间 T 相信 P，这并不蕴涵着在时间 T 里，A 发生了任何的事情。它所蕴涵的只是在某种情况下，A 将以某种方式行动或讲话，或思考某种想法。"①其三是把信念作为实践利益考虑的产物。这种观点主要是从行为的合理性方面来考虑问题的，它把着眼点放在认识的合理性与实践的合理性两者之间的关系上，尤其是考虑当认识的要求与实践的需要之间发生冲突时，信念的合理性何在？美国学者海勒（J. Heil）在《相信应当相信的》一文中分析了这样一个案例：

> 莎丽与贝尔特已有 15 年美满的夫妻生活。但有一天，莎丽突然发现丈夫的大衣里有一绺金色的长头发，后来又发现了类似的迹象，这些显然表明丈夫已有了外遇。莎丽由此陷入了矛盾的心理之中，一方面，她不能不面对事实，但另一方面，她又珍惜现有的婚姻。在这种冲突的情况下，为了保持婚姻状态，她宁可相信丈夫没有外遇。这意味着实际的利益超过了理智的要求。这一例子说明，合理的信念，如同合理的行为一样，很自然地应当看作是出自主体实践方面理由的结果。这种实践方面的理由不仅具有认识方面的因素，而且还有主体的非认识方面的利益。如果单纯从认识方面考虑来接受信念，当这种接受对实践的利益有利时，这时基于认识考虑所产生的信念对于该主体而言就是合理的；反之，如果主体的实际利益超出了认识方面的要求，这时基于认识考虑的信念对于主体来说就不再是合理的。②

由于信念是知、情、意的高度统一体，因此，在具体的认知过程中，信念具有如下功能：一种信念形成之后，会作为认知活动中的一种内部参照系，成为主体在认识活动之前的先入之见，以意向的方式融合在主体的认知图式中，强烈地影响着认识过程。

首先，信念具有很强的选择功能。比如，普里斯特列（J. Priestley）信奉燃素说而不选择拉瓦锡（L. A. Lavoisier）所提出的"氧化论"；相信亚里士多德宇宙观的人则看不到天体的非圆轨道运动，也不相信人体内的

---

① David. M. Armstrong：*Perception and the Physical World*，London：Routledge and Kegan Paul，1961：121.

② cf. John Heil："Believing What one ought"，in *Journal of Philosophy*，1983：Vol. 80.

血液会作循环运动；持机械论宇宙观的人能够将人体这个小宇宙同大宇宙进行类比，认为人体内物质也能够作循环运动，并能将心脏比作水泵，从而进一步解决了血液循环运动的动力问题，等等。

其次，信念还具有认知整合功能。认知主体会按其确立的信念去整合和重组认知信息。比如，宇宙和谐论之于哥白尼（N. Copernicus）、开普勒（J. Kepler），上帝按照数学和谐的原则创造世界的信念之于伽利略、笛卡尔、牛顿、莱布尼兹，世界统一性原理之于爱因斯坦、温伯格（S. Weinberg），或然决定论的宇宙观之于玻尔（M. Born）、海森堡（W. Heisenberg），等等，正是那些不同的基础信念，导致了迥然不同的理论学说。

最后，信念具有"坚信不移"的固化功能。确立后的信念，只有在实践反复证实其是错误的情况下才有可能改变。信念的认识定势远远超过了欲望、动机、情感、兴趣等其他主体因素所形成的定势，具有很强的稳定性和持久性。[①] 信念的这种固化功能在爱因斯坦的《自述》中表述得非常清晰："在我们之外有一个巨大的世界，它离开我们人类而独立存在，它在我们面前就像一个伟大而永恒的谜，然而至少部分地是我们的观察和思维所能及的。"他说，这个信念"就像得到解放一样吸引着我们"，"总是作为一个最高目标而有意或无意地浮现在我的心目中"[②]。苏联心理学家克鲁捷茨基（B. A. Крутецкий）指出："行为的重要动机是信念，信念与理想有密切的联系。信念是关于自然界和社会的某些原理、见解、意见、知识，人们不怀疑它们的真理性，认为它们有无可争辩的确凿性，力图在生活中以它们为指针。"[③]窃以为，此乃是信念功能的一种恰当概括。

4. 信念与知识。信念中总是含有同人们持有的"应当"态度和采取的"应当"行动有关的因素，从知识论视角看信念，知识中的信念总是具有一定的心理的和背景知识的成分。在心理方面，人们有一种追求确定性的倾向，对客观世界的探讨要求以确定无疑的方式得到解答，从而使心中的疑虑得以消除；在背景知识方面，科学真理、权威观点、社会舆论等都是产生或影响信念的因素。信念之所以会被看作是知识的一个要素，是因为：首先，信念决定着我们对相关的、有差别的命题的取舍。在对

---

①　参见高岸起：《论信念在认识中的作用》，《南京政治学院学报》2002 年第 3 期。

②　《爱因斯坦文集》，第 1 卷，许良英等译，北京，商务印书馆，1976，第 2 页。

③　〔苏联〕B. A. 克鲁捷茨基：《心理学》，赵璧如译，北京，人民教育出版社，1984，第71～72 页。

某一情况进行分析研究时，常常会关涉到事物的不同方面，并相应地产生不同的判断。那么，相信或不相信某个（些）命题，就成为决定取舍的关键因素。其次，不相信不可谓知识。一命题之所以称得上是知识，除了它是真实的，在证据、理由方面得到确证（而不是任意猜测的）之外，还需要认识者相信它，或者说持有相关的信念。最后，认知主体的信念不同，对相同事实状况的认定也不同。在一个信念集中，关于"事实（是）"的知识与"价值（应当）"的偏好总是具有内在关联的。

当然，信念与知识也有差异。首先，仅仅相信本身不足以成为知识。一方面，假如将信念作为一种宗教意义上的信仰[1]来看待，则它属于对某种人生意义、精神境界的认同，而不属于科学认识的范畴，既无真、假可言，也不受科学知识分析的限制。另一方面，假如某些信念是属于科学认识意义的范畴，由于错误的信念而谈不上是知识，[2] 加之并非信念都是真的，因此，信念所提供的不只是知识，也包含有谬误。其次，二者的证据支持不同。信念只有具有确实的证据，才可以从仅仅具有的主观证据过渡到具有客观的证据，从潜在转变为显在的知识。这也是知识论之所以要讨论确证的实质性问题的原因。

（四）悖因：知识源头的不确定性

知识的存在形式有两种方式，一是作为单独的命题形式存在的知识；二是作为系统形式存在的知识。作为单一命题形式存在的知识其自身不存在相容性的问题，如果存在这个问题，也只是以单独命题的外在形式表述着一个复合命题而已。虽然作为单一命题存在的知识形式会存在着外部一致性的问题，但就悖论总是在一个系统内部出现的这一点而言，以孤立的命题形式存在的知识，是不会出现悖论问题的。作为系统存在的知识，既会存在自身相容性的问题，也会存在与其他命题之间是否具有一致性的问题。所以，悖论总是在系统性知识中出现。

系统性知识之所以会存在内在相容性和外部一致性两个方面的问题，是与人们对知识的普遍性诉求相关联的。康德曾经给这种诉求以初步的表述，即一切能够称得上知识的判断都必须具有客观有效性或者普遍必然性。客观有效性是指知识能够被普遍地证实，普遍必然性是指知识应

---

[1]　在笔者以为，信念与信仰之间的关系可以简单归约：二者均具有情感倾向、价值偏好的成分，并在外延上有重叠关系，即凡信仰都是信念，但不能说信念都是信仰。但信仰比信念更具稳定性。信仰则是一元的，信念可以是多元的，有时可能是相互冲突的（亚相容状态）；信念需要确证，信仰无法确证也不作确证等。

[2]　陈嘉明：《信念与知识》，《厦门大学学报》2002 年第 6 期。

该具有普适性并能够被普遍接纳。普适性的前提，就是无矛盾性，亦即逻辑相容性。按照这样的诉求，知识系统便只能按照逻辑演绎关系去建构，因为，只有符合逻辑演绎关系的系统才能由正确的前提推导出无误的结论，并且可以排除其中的逻辑矛盾。在前提确定的情况下，内在一致的系统可以利用逻辑手段得以实现。比如，一阶逻辑系统。然而，就涉及经验内容的一般知识系统而言，其前提往往是不确定的。

　　涉及经验知识的系统其前提之所以不确定，除了感知因素之外，最主要的原因是由于信念的参与，而且，信念还会作为一个要素存在于这样的知识系统之中。通过对信念研究的梳理，我们不难发现，信念既有认知主体心理的成分，也有各种背景知识的成分，是一个成分复杂的混合体。用苏珊·哈克的话说，"一个人相信某事，不仅取决于他相信的是什么，而且取决于他为什么相信"①。因此，信念既有"状态含义"也有"内容含义"，就一个信念能否为真而言，它不仅可能存在信念集不一致的情况，还有一个证成的过程，"信念和证成都有程度之分"，而且"证成程度和信念程度逆相关——也就是说，假设 A 的证据保持恒定，A 相信P 的程度越低，他的这个（弱）信念就越被证成"②。所以，有的学者这样指认："从知识论的维度来看，我们把'信念'看作是信念状态和信念内容的统一体：我们对具有对 P 的信念的涵义就是我们相信 P，也即'认为和接受 P 为真'……通常情况下，我们并不能完全彻底地相信 P，或者说，在多数情况下，我们并不能证明 P 为真……因此，我们谈论关于 P 的信念的较为完整的言说方式应该是：根据一定的证据、根据或理由，处于一定认知状态或情境的认知主体在某种程度上相信或接受 P 为真。"③同时，不同的认知主体对同一认知对象，同一认知主体在不同认知情境中对同一认知对象可以具有不同的认知信念。信念不仅是多元性的，即便具有相同的信念，还会存在信念度的差异，等等。信念本质上具有不确定性，而信念在知识系统的形成过程中又具有自组织之"奇异点"的地位，这就使得由此形成的各类知识库不仅是概率型的，即主体只能根据证据命题对假设命题的可靠程度给出一个相信度，而且，任何知识库都是特定认知主体的不确定的信念集，这样，不同的知识库之间，同一知识库内的不同知识系统之间，尽管人们力求达至系统内的相容性和系统之间

---

① 〔英〕苏珊·哈克：《证据与探究：走向认识论的重构》，陈波等译，北京，中国人民大学出版社，2004，第 74 页。

② 同上书，第 3、88 页。

③ 顿新国：《归纳悖论研究》，南京，南京大学逻辑学专业博士学位论文，2005，第 133 页。

的相容性，然而，相互间的冲突和矛盾仍然是不可避免的。

这样，对确定性结果的诉求和以不确定的信念为核心构成的概率型知识库之间，就构成了意愿诉求与客观现实之间的差异。尽管人们可以依据基础信念不断排除其中的矛盾，但是，这样的修正和排除始终是以基础信念为核心，一旦矛盾排除递进到基础信念时，这个知识系统就可能会暴露出逻辑悖论。

总之，在知识形成的源头上，人们只能有确定性的诉求却不能有确定性前提的保证。信念的不确定性已经内含着矛盾的冲突，埋藏着悖论的种子。这就是知识论层面的悖论生成的原因之所在，而作为一种知识系统存在的科学理论也不可能例外。

第二节　消解悖论的新思路

自从说谎者悖论产生之后，不论把悖论当作"文字游戏"还是看作"科学难题"，解悖已成为很多哲学家和科学家的重要工作。然而，"在逻辑学、数学和哲学的专门文献中，对各种不同类型的悖论的讨论可谓众多。但是这些多种多样的悖论都被单独地、孤立地处理，为每个悖论提供满足其自身需求样式的解决方案。迄今还没有对悖论及其解决方法这一主题作统一的全面处理的尝试"[1]。正如美国哲学家和逻辑学家雷歇尔所关切的，面对不同的悖论，众多的解决方案，如何评判它们的存在价值，给出评判的合理性准则，应该有一个统一的全面处理的方法，而这项工作的首要问题就是要确立解悖的一般标准。

一、解悖的一般标准

随着悖论研究的深入，解悖的具体方法和方案不断涌现，自中世纪开始，就已有学者自觉地对解悖的一般路径问题进行了探讨，并且概括出了"废弃、限定、有条件的解答"[2]的三条基本路径。当罗素悖论出现之后，具有现代学术规范性质的解悖工作逐渐展开，人们开始将解悖的一般方法锁定在形式技术和哲学说明两个层面，而且已经充分认识到：

---

[1]　N. Rescher：*Paradoxes：Their Roots，Range，and Resolution*，Chicago：Carus Publishing Company，2001：5.

[2]　〔英〕威廉·涅尔、玛莎·涅尔：《逻辑学的发展》，张家龙等译，北京，商务印书馆，1985，第295页。

如果仅有哲学性说明，显然不能实现具体解悖的目标。罗素讲到他的类型论解悖方案时就曾这样说道："我看得十分清楚，类型说的某种形式是极关紧要的……我仍全然深信，没有这个学说的某种形式，这些悖论（即类罗素悖论——引者注）就无法解决。"①但是，如果只对悖论进行形式技术方面的解决，即便可以达到应急性"铲除"某个具体悖论的目的，也难免会步蒯因的后尘："奎尹（蒯因）教授曾制作出一些体系来。我很佩服这些体系的巧妙，但是我无法认为这些体系能够令人满意，因为这些体系好像专是为此创造出来的……"②不难见得，形式技术和哲学说明这两个层面，实际上是解悖工作的"一体两面"，既相互依存，又相互促进。因为"各种解决悖论的技术性方案事实上都建立在一定的哲学分析之上；反之，技术性研究的成果又为对于悖论的哲学性分析提供了新的动力和材料"③。这就是说，一个合适的解悖一般标准，必须将解悖的形式技术方案与其哲学说明紧密地联系在一起进行统一的考量。

如前所述，通过追寻解悖的历史线索，梳理不同类型悖论的解悖思路，张建军整合出解悖的一般标准——RZH（罗素－策墨罗－哈克）标准，并进一步明确为"足够狭窄性"、"充分宽广性"与"非特设性"三项基本要求。他认为，RZH 标准中只有"足够狭窄性"是一个精确标准，即通过对悖论第一要素——"公认正确的背景知识"的修正，旧的悖论得以消除，而且未发现新的悖论。"充分宽广性"原本只阐释为尽可能取代被修正理论原先所具有的正面功能。张建军认为，还应该增加一个重要方面，即修正措施最好具有更为宽广的解题功能，特别是能够解决更多的具体悖论。这一点类似于经验科学方法论中假说合理性的评估标准。这两条标准实际上都是"逻辑保守主义"④标准，是对"最小代价最大收益"原则的精致化。

"非特设性"标准通俗地说就是"非应急性"标准，即要求为解悖方案提供独立于排除悖论之诉求的充足理由。这项标准争议较多，其原因在于它本身就是一条哲学标准，实际上属于悖论研究的"各种悖论及解悖方案的哲学研究"之层面。但悖论研究发展史已充分表明，它对"特定领域某个或某组悖论具体解悖方案研究"层面的研究具有重要的反作用。比

---

① 〔英〕罗素：《我的哲学的发展》，温锡增译，北京，商务印书馆，1982，第 70 页。
② 同上书，第 70 页。
③ 郑毓信：《悖论的实质及其认识论涵义的分析》，《社会科学战线》1986 年第 2 期。
④ 这里的逻辑保守主义是指，仍然接受经典逻辑中的不矛盾律，即承认其是逻辑思维的基本法则。

如，20 世纪下半叶之后，关于公理化集合论解悖方案的长期争论，大多是在这个层面上的争论，并由此催生了许多新的解悖方案。① 关于语义悖论及其解悖方案，比如，对塔尔斯基的语言层次论的讨论也是如此。

综上所述，一般解悖的良好标准应该是：既能通过形式技术手段消解具体悖论，又能对这种技术手段作出充分的哲学辩护，进而达到科学理论系统内部的相容性和外部的一致性。

二、逻辑解悖的主要方案

在那些无视悖论存在的客观事实、将悖论视为无意义的"臆造"的学者那里，是无所谓"解悖"之说的。古今中外不乏这样的学者。克吕希波认为："谁要是说出了'说谎者悖论'的那一句话，那就完全丧失了语言的意义，说那句话的人只是发出了一些声音罢了，什么也没有表示。"② 威尼斯的保罗（Paul of Venice）曾经列举了十五种解悖的方法，其中第五种是：当苏格拉底说他自己说谎时，他就并没有说什么。这种以简单地否定的方式去排除悖论会将人类知识领域中的许多成果也随之摒弃掉，显然是在"倒洗澡水时将孩子也泼了出去"。所以，塔尔斯基在谈到人们对说谎者悖论的认识态度时指出："在我看来，低估这一悖论和其他悖论的重要性，把它们当作诡辩或者笑料，从科学进步的角度看来，是十分错误和危险的。事实是，我们在这里处于一种荒谬的境地中，我们被迫断言一个假句子……如果我们认真对待我们的工作，我们就不能容忍这个事实。我们必须找出它的原因来，也就是说，我们必须分析出悖论所依据的前提来；然后，在这些前提中我们必须至少抛弃其中一个，而且我们还必须研究这将给我们的整个探讨带来什么样的后果。"③ 出于与塔尔斯基同样的认识，无数贤哲为分析悖论之症结、给出解悖之"药方"，倾注了大量精力，踏踏实实地做了大量工作，并由此而诞生出具有一定解题功能的、多姿多彩的解悖方案。

（一）罗素的类型论方案

为解除罗素悖论的威胁，维护数学大厦的根基，罗素倾注了大量心血解决集合论悖论和以往的说谎者型悖论。通过深入研究，他提出了分支类型论和简单类型论方案，试图用区别和限制的办法来消解此类悖论。

---

① 参见张建军：《逻辑悖论研究引论》，南京，南京大学出版社，2002，第 28～37 页。

② 杨熙龄：《奇异的循环：逻辑悖论探析》，沈阳，辽宁人民出版社，1986，第 45 页。

③ 〔美〕A. 塔尔斯基：《语义性真理概念和语义学的基础》，见〔美〕A. P. 马蒂尼奇：《语言哲学》，牟博等译，北京，商务印书馆，2004，第 91 页。

从说谎者型悖论的形式结构中，罗素发现，所有悖论的生成都源自同一种错误——恶性循环。因此，要避免悖论就必须禁止任何形式的恶性循环，也就是要禁止任何形式的自我相关或自我指称。就集合论悖论而言，对任一造集的"性质"，都需要按照它所属的对象类型加以分类：原始客体或个体（即给定的不作逻辑分析的对象）属于类型 0，个体的性质属于类型 1，个体的性质的性质属于类型 2，……依此类推。同时，在类型 0 以上的类型，还要就性质的定义方式，给同一类型中的不同性质作出"级"（或阶）的划分：那些在下定义时没有提到任何总体性质的性质便属于 0 级，用到某级性质的总体而定义的性质便属于更高一级，即在定义中涉及第 n 级的"所有性质"的性质是第 n+1 级的。任一性质都归属于一定的类型和级。由于级是在类型之内划分的，这种类与级的区分方法因而被称为"分支类型论"。有了这样的划分，再根据禁止恶性循环的精神，即"凡包含一个汇集的总体的事物，必不是这个汇集的分子"[1]。罗素认为，每一类型中的对象都不能以该类型的整体及更高类型中的对象定义或确定，每一类型的性质只有当其使用低于它的那个类型的对象时才有意义；同样，每一级的性质不能以该级性质的总体或更高的级中的性质定义或确定，凡是只能借助于第 n 级的"所有性质"来定义的便属于 n+1 级的性质，决不能包含在第 n 级性质的自身之中。如果不能具体指明所考虑的级，则涉及"所有性质"的表达式就是无意义的。这样就可以在整个系统内消除恶性循环，从而消解悖论。

既然性质是分级的，命题也就自然是分级的。既没有命题可以表述关于其自身的性质，也没有命题可以表述关于与之同级或更高级的性质或命题的性质。"真"和"假"作为命题的一种性质，也就要被指派到各个级之中，在 n 级上的命题只能在 n+1 级是真（或假）的。对说谎者悖论而言，"当一个人说'我正说谎'时，我们必须将他的话解释为：'有一个我肯定的 n 阶的命题，且这个命题是假的'。这是一个 n+1 阶的命题；因而，这个人不是在肯定 n 阶的任何命题，他的陈述就是假的，然而这一陈述的假并不蕴涵'我正说谎'这个陈述的假似乎蕴涵的意思，即他正作出一个真陈述。这就解决了说谎者悖论"[2]。

分支类型论虽然可以排除一些悖论，但同时也排除了许多合理的东西，尤其是使某些重要的数学定理不能被证明，某些无害的数学概念的

---

① 〔英〕S. 哈克：《悖论研究述评》，见张建军、黄展骥：《矛盾与悖论研究》，香港，黄河文化出版社，1992，第 191 页。

② 〔英〕罗素：《逻辑与知识》，苑莉均译，北京，商务印书馆，1996，第 95 页。

定义被宣布为非法。比如，如果严格遵守级的划分规则，一个非空的有界实数集合的上界(其本身也是一个实数)，便具有比该集合中的实数更高的级。这样，就必须区分实数的不同级。如此一来，就只能断言具有确定的级的实数怎样，而不能说所有实数怎样，使得"如果一个实数集合有上界，那么它就有最小上界"这样重要的定理无法得到表达。这种结果显然有违罗素自己对解悖所作的"尽可能使数学原样不动"的要求。为此，罗素引入可化归公理，即对任何一个不属于 0 级的性质(集合)，均可化归为同一类型中的一个属于 0 级的性质(集合)。这条"公理"除了为保留以往数学中的某些成果外，并没有其他的理由，而且，接受了这条公理，也就间接地放弃了级的划分，减弱了禁止恶性循环原则的理论力量。

分支类型论的困境在莱姆塞的悖论分类思想诞生后，得到了某种程度的缓解。莱姆塞指出，对于集合论－语形悖论而言，只需借助于类型的划分便可得到解决，可以不考虑其级的划分。这样，由级的划分而造成的实数理论等方面的困扰就可以得到排除。莱姆塞严密论证了这个简化的类型论理论，并称之为"简单类型论"。在哲学说明方面，这意味着把"恶性循环原则"弱化为"类型混淆原则"，即只禁止类型的混淆。虽然禁止类型混淆并不与人们的常识和直觉相悖，但由此出发在类型论中却产生了一些令人奇怪的方法和结论，比如，"x 属于 x"的意义在直观上非常清楚，问题在于其代入特例是否一定为假。但类型论并不讨论其真假，而是径直地宣布该式无意义等。① 正如哲学家艾耶尔所批评的，"类型论虽然达到了它的目的，但却是以一种多少有些武断的方式达到的，而且或许付出了过多的代价。……一般说来，我们绝不能以相同的方式有意义地谈论各种不同类型的对象这一点绝不是很明显。例如，我们可以在不同层次上计算对象，然而我们并不认为，数的表达式如果被运用于与其成员不同类型的类时，就会具有不同的意义。……事实上倘若不是因为有了类型论，我们完全不会设想在上述情况中存在着任何歧义"②。类型论方案所存在的缺陷，为人们更多地青睐策墨罗等开辟的公理化集合论方案提供了广阔的接受空间。

(二)公理化集合论方案

1908 年，罗素悖论的另一发现者策墨罗发表了《集合论基础研究Ⅰ》一文，首次提出了以构造公理化集合论系统解决集合论悖论的完整方案。

---

① 参见张建军:《逻辑悖论研究引论》，南京，南京大学出版社，2002，第 60～63 页。
② 〔英〕艾耶尔:《二十世纪哲学》，李步楼等译，上海，上海译文出版社，1987，第 38 页。

后来，这个方案又得到斯科伦和弗兰克尔的进一步补充和完善，由 Z 系统发展到 ZF 或 ZFC 系统。与此同时，还产生了 BG 或 NBG 系统。学界认为，策墨罗方案从形式技术和哲学辩护方面，都已较好地解决了集合论－语形悖论：一方面，这些理论的基本原则是为数学家们所几乎一致地接受的；另一方面，策墨罗方案已经解除了集合论中所有已知的悖论，同时，该领域中至今没有再发现新的悖论。可以说，公理化集合论方案在解决集合论－语形悖论方面已经获得了相对的成功。当然，如我们在后文所论，这里也还存在着另外一些重大的悬而未决的问题。①

在充分研究公理化集合论等解悖方案的基础上，张建军为集合论－语形悖论的解悖方案提出了基本构架论的哲学辩护。在张建军看来，由于任一集合都可以用某种特征性质来把握，因而一个集合可以通过其元素所共有且又仅为其元素所具有的性质来把握。对于以描述法定义的集合，便直接是以特征性质给集合下定义的，而对于以列举法定义的集合，则很容易为其元素找到一种共有且特有的性质。按康托尔的说法，原则上，任何一种汇集都可以看作一个集合。尽管"一特征性质定义一集合"的概括原则，由于集合论悖论的出现而变得可疑，但"任一集合都可以用一特征性质来定义"却是确凿无疑的。既然任一集合都可以用一个其元素所共有且特有的特征性质来把握，那么，探讨集合与元素的关系，首先需要明确这种特征性质与集合的元素的关系。显而易见，后者正是一对古老的哲学范畴所指谓的关系，即"一般"和"个别"、"共相"和"个体"之间的关系，而一般与个别之间的应当关系是：在个别之外没有独立的一般，一般存在于个别之中，而且，任何个别都为某些一般所统摄。这既是辩证哲学所阐释的一般与个别的实在关系，也是在集合论中用来把握集合的特征性质与其元素的关系。既然一个集合除了由其特征性质定义之外，并不涉及其元素的其他性质和关系，换言之，一集合除了作为特征性质所统摄的对象的汇集而外，没有任何别的含义，它只不过是该特征性质的一种"外延表现"，那么，对于集合与其元素的关系，就可以从一般与个别的关系上去把握。

这里所说的是一个集合的特征属性与其元素之间是一般与个别的关系，不是说集合与元素之间直接就是一般与个别的关系。但是，既然任一集合都能由其特征属性来把握，或者说都是其特征属性的"外延表现"，

---

①　为解决罗素悖论而诞生的公理化集合论的 ZF 系统和 BG 系统，以及其中所存在的问题，参见本书下篇的述介和分析。

那么，一般与个别的关系就构成了集合与元素之关系的基本构架。在确立一般与个别的关系是集合与其元素之关系的基本构架的基础上，张建军为迭代观念和公理化集合论的分层理论进行了哲学辩护。因为这种迭代概念和分层理论的核心就是要保证"一个集合决不会属于自身"，即集合决不会是其自身的元素。而一集合若是其自身的元素，就意味着有完全脱离个别的一般，这与"一般只能在个别中存在，只能通过个别而存在"的基本原理是相冲突的。因而，若承认这个原理，同时又承认自属集，那么，如此而导致矛盾就是理所当然的。通过种种手段彻底拒斥自属集，如 ZFC 系统和 NBG 系统，就是为了堵住形成集合论悖论的基本通路，而由初始元素开始迭代造集的观念，① 不仅具备了非特设性的品质，也可以得到合理的哲学说明。

（三）塔尔斯基的语言层次方案

塔尔斯基沿着罗素的思想前行，进一步提出了语言分层理论。他认为自然语言语义封闭，既包括涉及自身的表达，又包括真假等语义概念，容易产生悖论。他认为，要避免悖论的生成，"我们决定不使用任何在给定意义下语义学上封闭的语言"②，也就是要诉诸一种语义开放的语言。他把这种语言分为对象语言 O（不包含语义概念的命题），元语言 M（既包括涉及 O 的表达，又包括谓词在 O 上真或假），以及元元语言 M′（既包括涉及 M 的表达，又包括谓词在 M 上真或假），如此类推，形成一个语言层系。经过语言分层之后，在说谎者语句"我正在说的这句话是谎话"中，"我说的这句话"便是对象语言，其真假只能在元语言中谓述。按塔尔斯基的观点，"说谎者语句只能以无害形式'这个语句在 O 上假的'而出现，而由于它本身又是 M 的一个语句，因此不能在 O 上真"③。

塔尔斯基的语言分层理论面临着许多困难。正如美国学者道格拉斯·霍夫斯塔特（D. R. Hofstadter）所说："如果说把集合进行分级的理论还是貌似有理的，那么把语言进行分级就是十分荒唐的。"④因为人们在使用自然语言时并不去刻意分层，"日常生活中的语言，被以这种方式'合理化'之后，是否仍能保留它的自然性，它是否将相反呈现出形式化

---

① 参见张建军：《逻辑悖论研究引论》，南京，南京大学出版社，2002，第 289～293 页。

② 〔美〕A. 塔尔斯基：《语义性真理概念和语义学的基础》，见〔美〕A. P. 马蒂尼奇：《语言哲学》，牟博等译，北京，商务印书馆，2004，第 92 页。

③ 〔英〕S. 哈克：《悖论研究述评》，见张建军、黄展骥：《矛盾与悖论研究》，香港，黄河文化出版社，1992，第 193 页。

④ 〔美〕道格拉斯·霍夫斯塔特：《GEB：一条永恒的金带》，乐秀成译，成都，四川人民出版社，1984，第 11 页。

语言的典型特征"①。此外，还有更为困难的问题，比如，类似于迪安说"尼克松关于水门事件的话都是假的"，尼克松说"迪安关于水门事件的话都是真的"，这种悖论中的语句的真值，是"无法指派到确定的层面"，因为二者相互判断，无法确定哪一个层次更高或更低，"不可能存在这样的语形或语义'筛子'，去筛除'坏'情形而保留'好'情形"②。

正是看到塔尔斯基在二值语义学的范围内消解悖论所面临的重重困难和问题，解悖的多值方案便应运而生。

（四）鲍契瓦尔的三值方案

在经典二值逻辑中，命题非真即假，即由假设悖论性命题的真，依据特定的背景知识即可推出其假，反之，由其假便可推出其真，从而导出矛盾等价式的悖论性结论。如果超越二值逻辑，把悖论放到更广阔的背景中去审视，原先的悖论可能不再成为悖论。正是从这种视角看悖论，1939 年前，苏联学者鲍契瓦尔提出用三值逻辑来处理说谎者悖论的方案。他给命题赋予真、假、悖论性三个值。这样，对说谎者这样的语句不应再赋予真或假值，而应赋予真、假值之外的第三值——"悖谬"值，从而使得矛盾等价式不能得到构建，以达到消解悖论的目的。

由于鲍契瓦尔的方案既要改变二值逻辑的基本演算规则，还要面临强化的说谎者的挑战：本语句或是假的或是悖论性的。若假设它为真，则可推出它是假或悖论性的；若假设它是假或悖论性的，又可推出它为真。这种结果正是苏珊·哈克所喻的"跳出油锅又进火坑"，难以令人满意。

（五）克里普克的真值间隙方案

在系统总结既往语义悖论研究成果的基础上，1975 年，克里普克发表了《真理论论纲》一文，③ 在论证塔尔斯基型"经典方案"不能解决自然语言中的语义悖论问题的同时，提出了一种以"有根基性"概念为核心的新方案。所谓"根基（groundedness）性"，是克里普克使用的一个新术语，是对"真"进行严格形式化的一种描述。"无根基性"相当于"无根据言其真假"的意思。④ 一个命题如果是"有根基的"，可以通过如下两种方式使其获得真值：一是下溯的方式。这种方式是针对包含真值谓词的语句而言

① Keith Simmons：*Universality and the Liar*，Cambridge：Cambridge University Press，1993：99.

② S. Kripke："Outline of a Theory of Truth"，*The Journal of Philosophy*，1975：Vol. 72.

③ Ibid.，72.

④ 参见王雨田：《现代逻辑科学导引》，北京，中国人民大学出版社，1987，第 681～682 页。

的。如果一些语句自身包含真值谓词，那么对其真值的说明必须借助于不包含真值谓词的语句来进行。如"'雪是白的'是真的是真的"（A 命题）。由于这一语句自身包含两个真值谓词，要说明其真值必须借助于"雪是白的"这一不包含真值谓词的语句来进行。所以，要断定 A 命题，须首先断定 B 命题："雪是白的"是真的。而要断定 B 命题，又必须首先断定 C 命题："雪是白的"。如果经过这种下溯程序，最终能将一个语句归结为自身不包含真值谓词而又能为认知主体（通常依赖于经验事实）所断定的语句的真值，那么这个语句就是有根基的。否则，就是无根基的。二是上溯的方式。这种方式与下溯的方式是相逆的。它针对不包含真值谓词的语句，比如，"雪是白的"。从这些语句出发，我们可依次上溯断定"'雪是白的'是真的"，"'雪是白的'是真的是真的"。也就是说，从一些非语义事实出发，断定包含真值谓词和这些非语义事实语句的真值。虽然并非所有包含真值谓词的语句都可以用此种方式加以判明，但"有根基"语句可以刻画为能够在这一过程中获得真值的语句。

无论使用下溯还是上溯的方式，"无根基"语句最终都无法获得真值。克里普克认为，他的这一理论不是说无根基语句具有第三值，而是说这种语句根本就没有真值。它们既不真又不假，是处于一种真和假的间隙状态。无根基语句也决非没有意义，而是虽有意义但无真值。这便是所谓的真值间隙论。在克里普克看来，这种真值间隙正是在自然语言中的本真存在，而所有的悖论性命题都是这种无根基的命题。

克里普克的方案虽然可以独立于是否导致悖论的问题而使有根基性得到直觉说明，但同样不能消解强化的说谎者悖论：本命题或是假的或是无真值的。如果假设它是真，则可推出它为假或无真值；如果假设它是假或是无真值，则可推出它为真。对此，美国加利福尼亚大学哲学家伯奇评论道："各种真值间隙论无论有什么功用，它们本身都不能减弱悖论的力量。""不能消解强化的说谎者悖论，并不是一种枝节性的困难，也不只是对一种解决方案的反驳，而是在基本现象解说上的一种失败。不管什么压制说谎者推理的方案，如果被一套装置或术语压下去的问题又能用另一套装置或术语重新冒出来，则显然说明它不足以把握语义悖论变化多端的现象。"[①]由于克里普克本人关于真值谓词单义性的主张，这实际上已经构成了一种自我否定。更为重要的是，克里普克并没有为本真态的自然语言与哲学家所使用的作为元语言的自然语言提供明晰的界

---

① T. Burge："Semantical Paradox"，*The Journal of Philosophy*，1979：Vol. 76.

分标准。许多哲学家认为，找到这样的界限是根本不可能的。

正是建立在对克里普克的方案批判和改造的基础上，"改良性方向"和"革命性方向"的两种解悖路径取得了重要进展。

（六）赫兹伯格的素朴语义学方案

加拿大学者赫兹伯格的"素朴语义学"方案是对克里普克的方案进行的改良性发展。赫兹伯格赞同克里普克关于在自然语言的本真态上研究语义悖论的主张，但他认为，这种本真态并不一定含有真值间隙。既然承认真值间隙必会遭到强化的说谎者悖论的挑战，那么还是回到素朴的二值化日常语言之中去考察语义悖论的"所作所为"。赫兹伯格主张，不要千方百计地压制悖论的产生，相反，"我们应积极地鼓励悖论的产生，看看它们是如何自发地产生出来的……这意味着我们往后站一站，让悖论自己透露自己的内在原理"①。通过运用克里普克型赋值程序，赫兹伯格认真研究了类似于迪安说"尼克松关于水门事件的话都是假的"，尼克松说"迪安关于水门事件的话都是真的"的悖论案例，他发现，悖论性语句不管是否由经验事实所致，虽然如克里普克所言是无根基的，但在整个赋值过程中，其真值的改变并不是无规则的，一个悖论性语句总是表现为在某个阶段被赋值为真，而在后一个阶段又被赋值为假，如此循环往复，表现出一种周期性。尽管在赋值开始时可能表现出许多不稳定因素，但最终会被纳入一种周期性秩序之中，体现出一种"语义稳定性"。因此，从二值化自然语言可导出悖论这一事实，并不能否定自然语言总体上的相容性和有序性。悖论产生的原因不在于自然语言的不相容性，而在于其不完备性，即日常语言的各种要素并不足以固定每个语句的真值，而使某些语句的真值处于一种有规律的流动状态。赫兹伯格以一种半归纳构造方法给出了上述思想的严格形式刻画。几乎与赫兹伯格同时，美国学者古普塔（A. Gupta）也独立地提出了类似方案。但他拒绝采用克里普克型归纳结构，而代之以一种真值谓词的"修正规程"②。

（七）伯奇的索引化真值谓词方案

在改造克里普克方案的"革命性方向"上的进展，表现为一系列"语境敏感"方案的提出。所谓"语境敏感"方案，就是通过引入语境因素探索消解语义悖论的方案。虽然在悖论研究中考虑语境因素的思想早已有人提

---

① H. G. Herzberger："Naive Semantics and Liar Paradox"，*The Journal of Philosophy*，1982：Vol. 79.

② cf. A. Gupta and N. Belnap：*The Revision Theory of Truth*，Cambridge：MIT Press，1993.

出，但伯奇在这个领域的贡献当推为首。

伯奇对回归自然语言研究悖论的路径表现出了强烈的认同。他认为，强化的说谎者的存在，使得任何在真值谓词既是单义的又具有固定外延的情况下给出语义悖论的合理解说的梦想都将破灭。而像塔尔斯基那样使真值谓词多义化，又显然与自然语言实际不符，因而，唯一的出路在于改变真值谓词具有固定外延的观念，这就需要诉诸语用学的基本概念——"语境"。[①] 伯奇是通过把真值谓词视为一种单义的索引词而引进语境因素的。他把真值谓词视为具有单一意义而非固定外延，即外延为其使用语境之函项的索引词。他认为，一旦作了这样处理，说谎者问题便可以迎刃而解。面对"本语句不是真的"这样的语句，我们起先因为由它引至矛盾而断定它不是真的，然后，又因它言其所是而断定它是真的，前后两个断定的相互否定只是表面上的，实际上，这里的谓词"真的"和整个语句的使用语境已发生了微妙的变化，即前后两个"真"已具有不同的外延。若把这种变化表征出来，可以刻画为：说谎者语句不是真$_{['n]}$的，却是真$_{['n+1]}$的（其中下标数字代表隐含的索引元素）。这样，自然语言中的说谎者悖论就无从建立了。即便认为自然语言中确有真值间隙，该方案也仍然可以消解强化的说谎者悖论。比如说，现有伯奇型命题 A：A 不是真$_{['0]}$的。若视语句 A 为既不是真$_{['0]}$的也不是假$_{['0]}$的，则它居于真$_{['0]}$值间隙，而正因为 A 居于这样的间隙，说 A 不是真$_{['0]}$的就是真的。从而我们必能断定 B：语句 A 是真$_{['1]}$的。这样我们先后断定 A 和 B，即意味着 A 不是真$_{['0]}$的而是真$_{['1]}$的，这并不会导致任何矛盾。

强化的说谎者悖论曾被喻为"语义学黑洞"，能把各种解悖方案吸入"空无"。伯奇的方案却可以免受其害，引起了人们的广泛关注和研讨。讨论中，有不少人对真值谓词的"索引性"提出质疑，认为伯奇将之诉诸自然语言中体现的素朴直觉，缺乏足够的说服力。有鉴于此，巴威斯及其合作者艾切曼迪（J. Etchemendy）所创立的情境语义学，便成为人们极为关注的新的语境敏感性真值谓词外延变化理论。

（八）巴威斯的情境语义学方案

1987 年，巴威斯和艾切曼迪首次把情境语义学用于说谎者悖论的研究，创立了情境语义学解悖方案。情境语义学是基于几个重要的语用学观念提出的。其一是"语言效应论"，即认为具有相同语言意义的表达式

---

① 参见张建军：《回归自然语言的语义学悖论：当代西方逻辑悖论研究主潮探析》，《哲学研究》1997 年第 5 期。

在不同的对象、空间、时间和方式中，会有不同的解释。其二是通过所谓"奥斯汀型命题"①——由于语言效应中的语境敏感要素必然内化于语句的意义中，在奥斯汀看来，情境因素对判定陈述的真或假至关重要。他在解释真理符合论时认为，言词和世界两个方面都为我们作出适当的陈述提供了必要条件，表现为两组约定：描述的约定和指示的约定。描述的约定使言词（＝语句）与世界中发现的事况、事情、事件等类型相关联。指示的约定使言词（＝陈述）与世界中发现的历史的事况等相关联。惟有言语者在（具体的、现时的）情境中才能将这两个约定并合在一起，即指示约定的历史事况属于描述约定的类型。情境语义学解悖方案所依据的就是奥斯汀的两个"约定"，即奥斯汀型命题。

一个奥斯汀型命题 P 可表示为：$\{S; [\delta]\}$。其中，S 是表示 P 所处的情境，δ 表示 P 所描述的事态，而 $[\delta]$ 则表示取决于 δ 的情境类型。P 为真，当且仅当，事态 δ 属于情境 S。② 一个语句所表达的命题 P 由该命题所处世界的部分模型 S(situation) 及表达该命题的自然语言的语句普型 T(type) 两部分组成，即 $P＝\{S, T\}$。命题 P 只有在 T 所描述的事态 S 属于 S 的情况下才是真的。即，若 P 是真的，则 $S \vDash S$。也就是说，语句表达的所谓奥斯汀型命题由三个要素构成：一个自然语言的语句普型，一个对该普型的索引的和指示的元素的外延指派和一个该命题所处世界（一种"情境"）的部分模型。真值谓词本身不是索引的，但"真的"在一个命题中的一次出现是依据有关情境中该谓词的部分外延赋值的。情境语义学方案的如上命题观，由于准确地刻画了与一个语句相关的情境的变化所带来的语义变化，而使得同一语句普型在不同的情境中可以表达不同的命题，并获得不同的真值。即便说谎句"P：P 不是真的"也不例外。假设关于世界的模型为 W，与说谎句"P：P 不是真的"相关的情境为 S：$(S \in W)$，则 P 在 S 中表达的命题应为：$fs＝\{S; [Tr, fs; 0]\}$。巴威斯等证明 fs 在 S 中只能为假。

　　(1)假设 fs 真，则 fs 所描述的事态应属于 S，因此，$<Tr, fs; 0>S$；

　　(2)根据模型的有关特征可知：$<Tr, P; 1>S$，当且仅当，P 是真的。这样，如果 fs 是真的，则有 $<Tr, fs; 1>S$；

---

① 这类命题是以英国语言哲学家奥斯汀的名字命名的。

② 参见张建军：《逻辑悖论研究引论》，南京，南京大学出版社，2002，第170～171页。

因为 S 是模型 W 中的一个实际情境，且一个模型不能既包括一个事态又包括这个事态的否定，所以 S 不能既包括一个事态又包括这个事态的否定。而(1)和(2)却表明两个相互矛盾的事态同时出现在模型 W 中的一个实际情境 S 中，这是不可能的。因此，fs 必然假。说谎句也可以为真，但使其为真的情境不可能是 S。而一旦相关情境发生了变化，说谎句所表达的命题必然发生变化。因此，只要我们能够正确地处理情境，原来被认为是悖论的命题便不再构成悖论。

以色列逻辑学家盖夫曼是致力于语境敏感方案研究的另一代表人物，他不仅通过区分自我指涉殊型和非自我指涉殊型提出了一种独特的方案，而且还为一个语句殊型网络赋值构造了一种算法。这种算法被伯奇的学生孔斯加以扩充而构成各种语境敏感方案所通用的形式语用学，从而使这个方向上的工作在形式理论层面更趋于完善。

虽然不同的研究者在真值谓词外延变化理论的构造方面有所不同，比如，巴威斯、艾切曼迪、盖夫曼的方案都求助于一些或其他形式的层系，而西蒙斯(K. Simmons)的方案却是强烈地反层系的，[①] 但就把"真"看作一个语境敏感谓词，其外延随语境的变化而变化这一点而言，他们的观点是共同的。在一定意义上说，语境敏感方案的实质就是把"真"概念由"固定范畴"转变为"流动范畴"。在不同的语境中，悖论性命题所得到的真值不同。这里，我们不妨评鉴语境敏感方案的后继人西蒙斯所给的一个实例分析：

　　(1)给定(L)：写在 101 室黑板上的句子不是真的。
　　假定(L)假，那么(L)说的是事实，所以(L)真；
　　假定(L)真，那么据(L)的语义，(L)不是真的。
　　可见，(L)在自身的语境中既不真又不假，(L)是有语病的。
　　(2)根据(L)是有语病的，我们推断：
　　(P)：(L)不是真的。
　　(3)给定(P)和(L)所说的，可进一步推断：
　　(R)：(L)是真的。[②]

---

① cf. Keith Simmons：*Universality and the Liar*，Cambridge：Cambridge University Press，1993：106.

② Ibid.，102.

西蒙斯说，(P)和(R)是两个特殊类型的评价例子。当我们产生评价(P)和(R)时，我们明显地反思了(L)有语病的实质，且相应的评价了(L)。(P)和(R)都是明显的反思，但(P)是对(L)的部分明显的反思，(R)是对(L)的完全明显反思[因为(P)只考虑了(L)的有语病的实质，而未考虑(L)的语义]。(P)和(R)中"真"的使用不同于(L)中"真"的使用，因为当说(L)时，说者并不基于(L)的语病评价(L)，所以，这里是用非反思的方式来使用"真"的。而当说(P)和(R)时，我们以明显反思的方式，用"真"来评价一个有语病的句子。(L)、(P)、(R)的语境，包括时间、地点、在整个论证中的位置、相关的信息及说话者的意图等都不同。在自身话语的语境中，(L)既不真又不假，但在(P)语境中，(L)不是真的，在最终的反思语境(R)中，(L)是真的。

如果说在克里普克等人的方案中只是初步引入语用学因素研究悖论问题，那么，在语境敏感方案中，语形、语义、语用三方面因素已成鼎立互补之势。

在对悖论问题的解决中，以普利斯特为代表的亚相容逻辑学派选择了另外一条路径——亚相容方案，并构成当代西方语义悖论研究的另一大趋势。关于亚相容解悖方案的主要精神前文已有论及，至于亚相容逻辑的详细情况，后文将作述介，这里暂且略过。

三、从逻辑保守主义的观点看解悖方案

（一）解悖的逻辑激进主义思想的萌生

不可否认，在普利斯特创立"悖论逻辑"之前，既往的每一种具体的解悖方案的确存在这样或那样的缺陷，而且，每一种对某个或某类悖论的解决方案也只具有相对有效性，即便是发现得最早且看似极为简单的说谎者悖论，至今也仍存有诸多争议，还没有哪一种方案真正能够成为"公认正确"的解答，更不用说创造一种对所有悖论都适用的一劳永逸的解决方案了。解悖的困难性和解决方案的相对性，促动了一些研究者转换视角，以另一种眼光看悖论，并由之而兴起了一种逻辑激进主义思潮。

逻辑激进主义者的思想主要表现在：一是超二值原则。在一些学者看来，康德之所以觉得其"二律背反"是逻辑矛盾，是囿于其"非此即彼"的知性思维方式。而"光的波粒二象性"之所以在当时被当作悖论，也是由于光的"波动说"和光的"微粒说"各执一端。这就说明，"非此即彼"的二值原则不能很好说明事物"可此可彼"的模糊状态和"亦此亦彼"的矛盾同存状态。那么，超二值原则似乎是解决悖论的必然出路。从逻辑解悖

角度看，从鲍契瓦尔的三值逻辑到克里普克的真值间隙论，其实质都是试图超越二值的。然而，这种努力的结果却如赫兹伯格所指出的："几乎在任何一种多值逻辑或甚至'无穷多值'语言中，采用对角线方法，都可以产生类似的语义悖论。""这不是药到病除，而是药比病更坏。"[①]二是否定不矛盾律的普适性。基于解悖出现的种种困境，亚相容逻辑学者和部分辩证学者认为，世界并非是协调的、无矛盾的，悖论实际上是以客观对象的内在矛盾为存在前提的，悖论所表现的矛盾是一种"无害的矛盾"、"有意义的矛盾"，是一种"真矛盾"。由此出发，他们把悖论纳入"黑格尔真矛盾论题"的范畴之中，试图将悖论作为一种合理合法，即合科学之理、合逻辑之法的事实来接受，并据此而认为，不矛盾律不是普遍有效的。这不仅意味着要否定不矛盾律的普遍有效性，同时也意味着要对经典逻辑的根本法则进行重新论定。

其实，在解悖的路径上，除了那种否认悖论存在的"不解之解"之外，应该还有三种进路，其一是质疑前提的正确性；其二是质疑推理过程的合理性；其三是考虑矛盾的结论可否容忍和接受。逻辑激进主义的观点占据了这三种进路中的两种，既否认按照经典逻辑规则进行逻辑推导的合理性，同时又容忍和接纳了结论的矛盾性。而两种路径在逻辑保守主义者那里却是不可改变和接受的。

长期不能产生一致公认的、一劳永逸的解悖方案是逻辑激进主义思想产生的直接诱因。我们发现，逻辑激进主义在这里存在着严重的错解和误识。第一，他们把具体的解悖方案理解为唯一而绝对的方案。我们知道，由于悖论是一种语用学性质的概念，是相对于特定的认知主体而产生和成立的，因而，解悖的具体方案不可能具有普适性和绝对性，而总是具体的和相对的，除非是对形式技术方案作高度抽象的哲学说明。但是，罗素和苏珊·哈克早已指出，仅有哲学说明，并不能实现对具体悖论的消解，还会流于对问题"贴标签"式的解决，对具体悖论不会有实质性的解决。第二，他们忽视了解悖工作的新近进展和成果，比如，语境敏感方案，情境语义学方案，等等。这些新近产生的解悖方案，不仅可以避免强化说谎者"语义黑洞"的销蚀，还具有令人折服的解悖功能。第三，他们对"矛盾"存在误解，以至于把悖论、逻辑矛盾和辩证矛盾[②]混为一谈。基于上述，我们以为，逻辑激进主义的观点是值得商榷的。

---

① 杨熙龄：《赫茨贝格谈悖论研究：安大略湖畔寄语》，《国外社会科学》1983 年第 1 期。

② 关于悖论的性质、逻辑矛盾和辩证矛盾的辨析等专题，可参见张建军、黄展骥：《矛盾与悖论新论》，石家庄，河北教育出版社，1998，第 56～103、1～55 页。

（二）解悖的逻辑保守主义观念的辩护

对于"二值原则"的拓展，是否意味着不矛盾律乃至强化的不矛盾律已经被"突破"？不矛盾律不再具有普适性？通过研究"强化的说谎者悖论"而引申出"强化的排中律"，张建军给出了否定的回答。

张建军指出，强化的说谎者悖论不只反驳了消解悖论的三值逻辑方案，而且对于四值、五值……方案来说，依照类似的程序，恒可找到再强化、再再强化……的说谎者悖论。实际上，它构成了对一般多值逻辑方案的反驳。尽管后来的研究者并没有因此而彻底放弃多值逻辑方向上的努力，但强化的说谎者却始终如影随形，难以摆脱。由于"强化的说谎者悖论"始终以"反驳者"的面目出现，使得人们以往只注意到它对于解决悖论的多值逻辑方案及真值间隙论方案的否定性价值，千方百计地去寻找消解它的新的方法和途径。但是，运用逆向思维便可发现，既然由多值语义学同样可以产生与二值语义学类似的严格语义悖论，那么，它也能为正确把握多值逻辑与二值逻辑的关系提供某种正面的启示。不妨比较如下命题：

本语句是假的（A 命题）。
本语句不是真的（B 命题）。

A 命题即说谎者语句，B 命题在二值语义规定下与 A 命题等价。塔尔斯基对说谎者悖论的精确塑述中使用的是 B 命题而不是 A 命题，但他规定"凡不真的闭语句即为假语句"，表明了 B 命题和 A 命题的等价性。然而，从多值逻辑语义学角度看，B 命题并不等价于 A 命题。比如，在鲍契瓦尔的三值系统中，B 命题等价于语句"本语句或是假的或是悖谬的"；对 n 值逻辑来说，B 命题等于断言该语句具有"真"以外的其他真值之一；对于只承认真、假二值为真值的真值间隙论者来说，B 命题等价于语句"本语句或是假的或无真值"；对既承认真、假之外的真值又承认真值间隙的人来说，也很容易为之构造与 B 命题等价的强化的说谎者语句。因此，在超越二值逻辑视野之后，B 命题实际上是强化的说谎者语句最简单同时又是最一般的表达，就是说，可以由它为任意多值乃至无穷多值逻辑以及各种真值间隙理论建构严格的类说谎者悖论。由此表明，多值逻辑的确立所否定的只是二值排中律即二值法则①的普适性，而二值法则只是强化的排中律在二值逻辑界内的一种表现形式。由于强化排中律居于比二值法则更为基本的层次，当它面向多值逻辑时，仍可保持其普适性，从而仍不失为多值化正确思维的必要条件。

与二值法则一样，强化的排中律也是就"每一个"陈述而言的，而不是如卢卡西维茨（L. Lukasiwiez）所说的，仅就"两个"相互矛盾或否定的陈述而言的。因此，它并不以对"矛盾"或"否定"的规定为前提，而是从人类科学研究和实践活动中的"求真"思维直接抽象出来的。它的普适性深植于人类求真思维的永恒性之中。

学界常常把经典逻辑演算的一条内定理 P∨¬P 等同于排中律，并由此导出两个推论：其一，在符号逻辑中，排中律已不再具有基本规律的地位，仅是经典逻辑演算中一条普通的定理，经语义解释后只是一个普通的重言式。其二，因为 P∨¬P 在许多多值逻辑系统中并不是定理，所以，排中律在这些系统中已经失效。其实，在三值逻辑中，P∨¬P 并不总是重言式。强化的排中律的提出，可使这种误解背后隐藏着的层次混淆得以澄清。

与排中律一样，不矛盾律也有其相应的（对于多值逻辑普适的）强化形式：任一陈述不能既是真的又不是真的（C 命题）。与排中律不同的是，

① 如何正确区分排中律（law of excluded middle）与二值法则（law of bivalence）的问题，在亚里士多德时代即已提出（参见〔英〕威廉·涅尔、玛莎·涅尔：《逻辑学的发展》，张家龙等译，北京，商务印书馆，1985，第 61～63 页），但迄今并无统一的明确答案。卢卡西维茨的说法是，二值法则"把每一个命题看作是或真或假的"，而排中律则是说"两个矛盾命题中的一个必定是真的"（〔波兰〕卢卡西维茨：《亚里士多德的三段论》，李先焜译，北京，商务印书馆，1981，第 103 页）。因此，他的三值逻辑不只是对二值法则的否定，也是对排中律的否定（对于第三值，矛盾命题可以都不是真的）。另一种流行的说法是，把逻辑演算内定理 P∨¬P 叫作排中律，而把每一合式公式在语义解释下都真或假的元规则叫作二值法则（S. Haack：*Philosophy of Logics*，Cambridge：Cambridge University Press，1978：243，245）。还有一种说法是用语义表述和语形表述来区分二值法则与排中律，如此等等。这些说法都有一定价值，但因都局限在二值逻辑范围内讨论问题，难以表明二者的根本差异。由于雷歇尔能够超越二值逻辑视界，比较这些说明的异同，才能通过在多值逻辑中的适用程度角度说明二值法则与所有其他说法的差别。虽然他由此得出了"当我们采取从二值进到多值的步骤时，排中律的放弃远不是一个自动的结果"（cf. N. Rescher：*Topicsvin Philosophical Logic*，Dordrecht：D. Reidel Publishing Company，1968：114）的结论，但由于他的列举恰恰遗漏了对于多值逻辑具有普适性的强化的排中律，仍然没有找到排中律与二值法则最根本的分界。强化的排中律是排中律最基本的或曰"本真"的形式。它和二值法则的基本差异就在于，它容许将"假"与"不真"的其他种类区别开来，因而也能够适用于多值化思维及具有真值间隙的思维。这是它和二值法则的根本分水岭。

不矛盾律与二值原则相呼应的经典形式：任一陈述不能既是真的又是假的(D命题)，在多值逻辑中并不失效。这是因为，"假"是"不真"的一个特例，从而D命题是C命题的当然推论。

通过以上论证，张建军认为，强化的不矛盾律与强化的排中律一样，在人类思维中居于比经典不矛盾律和排中律更深的层次，相对于多值逻辑(以及直觉主义逻辑、量子逻辑等)而言，仍然具有普适性。[①]

逻辑保守主义者有一个坚定的信条，或如冯·赖特(G. H. von Wright)所表达的："不矛盾律和排中律是思维的基本规律和最高准则"，"假如从某个悖论性语句或命题能够推出矛盾，这就是该语句或命题不能成立的理由"[②]。北京大学陈波对这一信念作了另外一种表述："同一律、不矛盾律和排中律是我们的合理思维或正确思维的基础假定和前提条件，它们确保我们的思维具有确定性、一致性和明确性，是不同的人之间的思维具有可交流性、可理解性、可批判性的前提。""任何理论体系中都不可能一切命题都成立，于是，根据否定后件式推理，逻辑矛盾不能成立。既然不矛盾律不可动摇，于是，悖论在思维和理论中不能容忍，必须予以排除。"[③]张建军对不矛盾律和排中律普适性所作的逻辑保守主义辩护，不仅是在为解悖方案的合理性确立一个一般性根基，而且对抵制科学理论创新领域中泛滥的相对主义和虚无主义思潮，乃至于从悖论维度认识科学理论创新的动力和机制等，都具有立标的作用和意义。

四、悖论消解的新路向

我们知道，任何一个完整的悖论，都可以解析为三个部分，即由以导出悖论的前提、导出悖论的逻辑推理形式、表现为逻辑矛盾的结论。英国学者塞恩斯伯里曾经指出："悖论就是显然可接受的推理从显然可接受的前提推出一个显然不能接受的结论。表象必然带有欺骗性，因为从可接受前提通过可接受的推理步骤是不能推出不可接受的结论的。所以，一般而言，我们有一个选择：要么结论并非真的不可接受，要么出发点或推理带有非明显的缺陷。"[④]塞恩斯伯里所给的选择包含三个选项，其一是接受矛盾性的结论；其二是导出悖论的推理存在明显的缺陷；其三是导出悖论的前提存在明显的缺陷。就其第一个选项而言，如果我们遵

① 参见张建军：《"强化的排中律"与多值逻辑》，《江苏社会科学》1997年第6期。
② 转引自陈波：《逻辑哲学》，北京，北京大学出版社，2005，第98页。
③ 陈波：《逻辑哲学引论》，北京，中国人民大学出版社，2000，第256～257页。
④ R. M. Sainsbury：*Paradoxes*，Cambridge：Cambridge University Press，1995：1.

守经典逻辑的不矛盾律，就不可能接受显然矛盾的结论。因为逻辑矛盾是任何正确的思维都必须排斥的。就其第二个选项而言，如果悖论的推理存在明显的缺陷，这样的悖论便不再成立，换句话说，这样的悖论便会"自动"退出悖论行列，也就不再存在消解"这种"悖论的问题，因为"一个名副其实的悖论必须是一个令人信服的推理"①。这样，问题的症结便聚集在导出悖论的前提上。倘若真的如塞恩斯伯里所说的那样，前提存在明显的缺陷②，那是不会出现芬兰哲学家冯·赖特所说的局面："纵观整个思想史，悖论一直是哲学家头痛的问题——自集合论出现之后，它也成了令数学家头痛的问题。"③因为，由以导致真正的悖论的前提，往往是特定认知共同体"公认正确"的，其缺陷恰恰是不容易辨识，否则只需要"舍弃"或"修正"那种前提，悖论便可容易地获得消解。正是因为由以导出悖论的前提之缺陷不容易被辨识，悖论才成为让无数贤哲"头痛的问题"。所以，逻辑悖论的消解，其切入点应该是在由以导致悖论的特定认识共同体"公认正确"的背景知识或信念的前提之中。

---

① N. Rescher：*Paradoxes：Their Roots，Range，and Resolution*，Chicago：Carus Publishing Company，2001：6.

② 前提存在明显缺陷的"悖论"，并不是真正的悖论，只不过悖论的拟化形式。比如，罗素悖论的"通俗版"理发师悖论，说的是塞维利亚村的一名理发师制定了一条奇怪的店规：本理发师给并且只给村子里那些不给自己刮胡子的人刮胡子。问：他是否应该给自己刮胡子？很明显，如果他不给自己刮胡子，按照店规，他就应该给自己刮胡子；可是，如果他给自己刮胡子，按照店规，他又不应该给自己刮胡子。学界认为，这个矛盾性结论实际上表明这样的"店规"是不合理的。参见张建军：《对角线方法、对角线引理与悖论研究》，张建军、黄展骥：《矛盾与悖论新论》，石家庄，河北教育出版社，1998，第153页。

③ 〔芬兰〕冯·赖特：《知识之树》，陈波等译，北京，生活·读书·新知三联书店，2003，第165页。

下　编　泛悖论维度的科学理论创新机制

实践是理论的源泉。从终究的意义说，科学理论创新的根本动力只能来自于社会实践，是实践的需要促动着理论的诞生和发展。但是，理论自身也有其内在的发生和发展的规律，发自于理论自身的内在矛盾是推动理论发展的另一重要动力。

从知识产生的角度说，任何知识体系都是特定认知主体或认知共同体的信念集。信念的多元性和不确定性内蕴着知识系统的冲突和矛盾，植下了悖论的种子。科学理论虽然是人类知识体系中逻辑性最为严密的部分，尽管其中有些领域还没有发现悖论，但却不可以决然断言，这样的领域中一定不存在悖论。科学理论的发生、发展过程，是解决问题、构建新理论的过程，是不断清理逻辑矛盾使理论本身日趋严密化的过程，从一定程度上也可以说是植下悖论、发现悖论、分析悖论和解决悖论的过程。在科学理论自身演绎的这条发展路径中，科学理论自身的悖论的发现、分析和解决是其演化发展的内在矛盾和内在逻辑。从这个角度言，悖论正是一种理论向另一种新理论实现质变性跃迁的"杠杆"。

社会在发展，认识在深化，理论矛盾和社会矛盾都将层出不穷，不会终结，悖论研究亦不会被穷竭。这个结论虽然可能会引发人们的"悲观"情绪，因为没有了"终极"或"绝对"的无矛盾的"确定性"，就只能向矛盾投降，与"矛盾"好好相处了。但是，更多的人们可能会看到这种悖论观中所内蕴的积极意义。人们之所以努力试解各种悖论，说明人们意欲消除矛盾，而消除矛盾的行为本身就已经说明，人们有着强烈的达至"不矛盾"的诉求，这是对"不矛盾律"的遵守和捍卫，也是知识系统可以具有相对确定性的可能性之所在。在悖论没有获得完满的消解之前，通过良性隔离方式而"圈禁"矛盾，使之处于亚相容状态，只是一种过渡性的认知策略。而每一次在高于原有理论层次上获得的相对成功的解悖成果，都是一次质变性的理论创新或社会管理创新的硕果。从这个角度说，正是因为有了矛盾乃至悖论，科学理论创新才不会终止，人类社会才会不断发展，人类的认识才会不断向无限深入……

第六章　研究科学理论创新的不同维度

科学理论是以知识体系形式陈述着科学研究的成果。科学研究活动是产生科学理论的现实基础。就科学理论的元理论层面的研究而言，关于科学理论的发生、发展的过程及其规律的研究可以有不同的维度。比如，是对形成中的科学理论进行研究还是对成形的科学理论进行研究；是对科学理论的发生、发展过程作动态的整合研究还是作静态的解剖研究，抑或进行动静结合的研究；是从知识论角度研究科学理论的可证立性，还是从文化价值角度研究科学理论的可接受性；在对科学理论进行研究时，有无"合理性"的前提预设，等等。可见，科学理论的创新研究必定存在着诸多层面、不同维度。本章主旨不在于全面梳理不同维度的科学理论创新研究，而是从知识论角度阐释科学理论的应当内涵，进而指认悖论研究在我们所理解的科学理论的发展中将会起到范式转换性的革命作用。

第一节　不同维度的科学理论创新学说

西方学界素有考察和反思"知识"的传统。科学理论是对科学知识系统化的产物，是"知识域"中的核心部分。"科学方法论作为对科学方法的反思，它与科学知识是同步发展的。"①17 世纪以来，随着近代科学的兴起，科学在人们的生活中发挥着愈来愈重要的作用；随着认识论和方法论渐次成为哲学研究的中心问题，科学理论理所当然地成为"知识"考察和反思中的重点。从知识论视角考察科学理论问题的重心是"什么是科学理论，科学理论创新发展的机制是什么"。不同学派在对科学理论给出各具特色的界说的同时，也相应地对科学理论的创新问题作出了自己的回答。

---

① 张巨青、吴寅华：《逻辑与历史：现代科学方法论的嬗变》，杭州，浙江科学技术出版社，1990，第 1 页。

一、科学理论创新的经典学说

（一）古典理性论和经验论的科学理论创新学说

古典理性论和经验论者都认为科学知识是可证明的知识。证明的逻辑过程就是把科学知识的真理性由前提传递到结论。这样的科学知识体系要实现创新，需要依赖两个方面的因素，其一是新颖的前提；其二是创新的推论方法。如果这里的推论方法仅仅是演绎逻辑的方法，那么前提的新颖程度将决定着结论的创新程度。由于前提的真理性不能由逻辑推理过程直接地导出，因而前提的新颖度，将决定着科学理论的创新度。正是在前提问题上，古典理性论和经验论之间有着截然不同的观点。

古典理性论认为，人的天赋观念、直觉原理或对事物本质的先天知识是推导科学知识的逻辑前提。科学理论的创新在于对天赋观念的新的澄清及其推导出新的结论。以天赋观念等为导出知识的前提，其真理性受到人们的强烈质疑，因为所谓的理性权威极易步传统的信仰权威的后尘，实难担当起作为不断创新的科学理论基石的重任。

经过不断修正，古典经验论的观点得到了较长时期的弘扬。培根把科学知识的结构看作命题的金字塔。金字塔的底层是记录确凿无疑的客观事实的观察命题，理论原理寄生在客观事实之上。理论原理依赖于观察事实，而观察事实则独立于理论，不受理论的制约。科学研究就是运用归纳法从观察事实中发现理论原理。科学理论是从观察命题中逻辑地推导出来的。观察事实的可靠性和归纳法的正确性保证了科学理论的真理性。在培根看来，如果说科学理论证明的逻辑过程不过是把前提的真理性传递到结论上去，那么，其前提的真理性和新颖性则完全依赖于观察者的感官。感官感知新事物，是科学知识得以不断创新的源泉。

洛克（J. Locke）秉承培根的观察理论，将人的心灵比作"白板"或"白纸"，认为人类的全部知识都"从经验中得来"，凡是存在于理智中的，无不是先存在于感觉之中。通过观察获得的关于经验知识（观察事实）的"简单观念"，是原始的、可靠的，只要观察者的相应感官是健全的，就不会对它们的意义产生疑问；简单观念是获得复杂观念或理论知识的基础。理论知识不过是通过抽象、并列或组合简单观念而得到的。[①]

在古典经验主义者看来，科学理论只能是从由感官得来的表述"确凿

① 参见桂起权、张掌然：《人与自然的对话：观察与实验》，杭州，浙江科学技术出版社，1990，第41～45页。

事实"的经验命题的前提逻辑地推导得出，科学理论创新的唯一源泉和动力只能来自于观察，来自于感觉对外在新信息的获取。这种科学理论的立场和原则，在现代逻辑经验主义那里得到了进一步的发展。

（二）逻辑主义的科学理论创新学说

逻辑主义曾经提出两个不同的研究科学理论的原则：一是证实原则，即一种科学理论是否可信，甚至是否具有创新性主要取决于经验事实对理论命题的确证度，如果其经验证实越多，其理论就越可靠，创新程度也就越高。二是证伪原则，即认为科学只是一种试错性的探究活动，通过"P_1→TT→EE→P_2"（由问题 P_1 开始，通过试探性的理论，排除其中的谬误而产生新的问题 P_2）的图式不断排除谬误①，从而实现科学理论的不断创新。以这两种原则为标准，从科学理论创新的视角论，逻辑主义可以被界分为逻辑经验主义和逻辑证伪主义两大派别。逻辑经验主义以"标准学派"为代表，逻辑证伪主义学派常常又被简称为证伪学派。

1."标准学派"的科学理论创新观。从学说脉络论，逻辑经验主义的科学理论创新观是直接承传古典经验主义研究纲领的。但是，在逻辑经验主义之前，不论是古典理性论还是古典经验论，他们在谈论"科学理论"时，往往是把科学理论简单地看作一个全称陈述（或几个全称陈述的合取），并没有从更深的层次界定科学理论，剖析科学理论的结构。首先明确提出"科学理论"问题的是物理学家坎贝尔（N. R. Campbell）。

1919 年，坎贝尔出版了题为 *Physics：The Elements* 的物理学教科书（再出版时更名为 *Foundations of Science*）。在书中，坎贝尔不但讨论了物理学的一些基本原理，也讨论了物理学的理论结构，以及物理学理论的检验等问题。正是因为坎贝尔对科学理论（准确地说是物理学理论）的结构作了首次分析，使得原本作为物理学教科书出版的 *Physics：The Elements*，成为科学理论研究方面的一本经典性著作。1921 年，坎贝尔又出版了另一本颇有影响的专著——*What is Science*。坎贝尔的这些工作，为逻辑经验主义"标准学派"的确立奠定了基础。②

坎贝尔在 *Physics：The Elements* 一书中，试图给科学理论作出确切的规定，以便把他所指谓的科学理论与日常语言中对理论一词的各种用法区分开来。在他看来：一个理论就是命题的一个连通集（a connected set of Propositions）。这种"连通集"，一方面包括两组命题：一组由这个

① 〔英〕卡尔·波普尔：《客观知识：一个进化论的研究》，舒炜光译，上海，上海译文出版社，1987，第 255 页。

② 参见林定夷：《科学理论的结构》，《哲学研究》1999 年第 6 期。

理论所特有的一类观念的陈述组成，即后来哲学家所谓的"理论陈述"；另一组是与这些观念和性质不同的其他观念之间的关系的陈述组成，也就是后来者赖兴巴赫（H. Reichenbach）所谓的"对应定义"或卡尔纳普（R. Carnap）所谓的"符合规则"。坎贝尔把前一组陈述总称为假说，把后一组陈述称为"词典"。前者离开了"词典"便好像是任意的假定，而正是"词典"给假说中的观念提供了"公设定义"（a definition by postulate）；另一方面，经由词典和假说中的观念相联系的那些观念则是不依赖于理论而为人所知的。这两类不同的观念类似于后人所说的理论名词和观察名词。坎贝尔把后一类观念叫作"概念"。他强调指出："假说中的观念实际上决不是概念；它们仅仅借助了词典才和概念相联系。"①这句话道出了半个世纪以来占据着科学哲学讨论中心的理论名词的问题来由。

坎贝尔对理论结构的看法，为以卡尔纳普、莱欣巴哈、亨佩尔（C. G. Hempel）等为代表的逻辑经验主义者所接受并加以改进和发展，从而成为关于科学理论结构的一种公认观点或标准看法。② 所谓"公认观点"是指理论表达中除逻辑常项外，还应区分出观察术语和理论术语。观察术语描述的是可以直接观察的物理客体或这些客体的属性，理论术语组成理论公设（如预设前提、公理、假说等），观察术语通过对应规则将经验意义赋予理论术语，从而使理论产生经验意义。

"标准学派"的工作主要集中在如下方面：其一，探讨了科学知识的基础问题。比如，检验科学假说的最终论据是什么？它们是否是一类无需辩护的非推出陈述？如果此类陈述的总和即为科学知识的基础，那么，这类陈述的性质是怎样的？每门科学是否都有这样的基础？各门科学之间有没有共同基础？其二，分析了科学理论的结构问题。科学理论是概念和陈述的集合，概念和陈述之间有系统的联系即为科学理论的结构。科学理论甚至是这样一种模型：一门科学的公理化的构造，就是按照某种秩序来排列它的概念和陈述，导出的概念或陈述是可以还原为初始概念或陈述的。由于公理系统中的初始概念是不被明确地定义的，一个形式公理系统可能有多种不同的解释。只要一个系统的解释所得出的断定都是真的，它就是一个满足这种系统的模型。理论的重要作用是能够说明一定范围内的现象和事实。其三，讨论了科学理论的确认度问题。"标

---

① N. R. Campbell："The Structure of Theories"，*Readings in the Philosophy of Science*，Herbert Feigle and May Brodbech（eds.），Appleton-Century-Croffts：1921：291.

② 参见江天骥：《什么是科学理论：关于理论结构问题的三种观点》，《自然辩证法通讯》1987 年第 6 期。

准学派"研究了构成基础的陈述即证据和被检验的假说之间的逻辑关系，以及证据在多大程度上给假说以支持，假说从证据中得到多大程度的确认等。比如，卡尔纳普后期所着意建立的量化的归纳逻辑，目的就是为了解决对假说进行评价，并决定其可否接受的问题。

以观察术语和理论术语为质料，通过对应规则，"标准学派"建立起一个静态的科学理论的公理体系的大厦。亨佩尔将这座公理体系大厦形象地描绘为："科学理论可以比作一张错综复杂的空中之网，网结代表了它的术语，而连结网结的网绳，一部分相当于定义，一部分相当于包括在理论中的基本的以及派生的假说。整个系统好像是飘浮在观察平面上，并且由解释规则固定在观察平面上。可以把这些解释规则看成一些细线，它们不是网的一部分，但是，把网上的某些点和观察平面的特定位置连接起来，借助这种解释性的连接，网结就能作为一种科学理论起作用：从某些观察材料开始，我们可以通过解释性的网绳上升到理论之网的某些点，而通过定义和假说达到其他一些点，其他的解释性网绳使得可以从这些点下降到观察平面。"①

在"公认观点"中，对应规则具有特别重要的意义。一方面它确定着理论术语，并保障着理论术语的认识意义；另一方面它还规定着把理论应用于现象的可接受的实验程序。然而，正是这个对应规则使逻辑经验主义者遇到了重重困难。

首先，对应规则不能准确地处理素质性理论术语的问题。比如，根据观察而精确确定的"脆的"这个术语的表达式为：

$$Fx \equiv (\forall t)(Sxt \rightarrow Bxt)$$

其中 F 是理论术语"脆的"，"S"是观察术语在某时被撞击，"B"是观察术语"在某时碎了"。[Fx 的真值情况是：除 Sxt 真且 Bxt 假外，Fx 皆真。则此定义包含了当 Sxt 假时（没有撞击），不管 Bxt 是真是假（是否碎了），Fx 都真（即不管脆不脆，都是"脆"性的了）]。容易看出，对于任何一个物体，只要没有被撞击，都满足此式，而不管该物体是否是脆性物体。②

其次，以操作定义取代精确定义时，除了会遇到同样的困难外，还

---

①　转引自舒炜光、邱仁宗：《当代西方科学哲学述评》，北京，人民出版社，1987，第 78 页。

②　这其实也是所谓的实质蕴涵"怪论"问题。

将遇到另外的问题。比如,有多少实验程序就需要有多少操作定义。同一理论性质的不同测度程序使得理论性质与一次实验过程或一组不同的实验过程的等同变得不合理。[1]

"公认观点"提出以后,在20世纪五六十年代受到许多批评。它的支持者不断补充和修整这座公理体系的大厦。比如,卡尔纳普构造了关于科学知识结构的"演绎的两种语言模型",将科学语言分为性质完全不同的两个层次:"其一是被人们假定为可以完全理解的观察语言;其二是这个网络体的理论语言。"[2]亨佩尔发现,"公认观点"依靠了错误的预设,即如果理论术语有确定的意义,就一定能由可详细说明的逻辑过程来解释这些引入的术语,并借助先前理解的术语来指认它们的意义。这样,新的意义重大的术语便不能被引入,并且除了使用新术语与以前理解的术语相关联的语言学工具以外,新的术语也无法被理解。为此,亨佩尔建议,把理论看成由"内在原理"和"连接原理"两种陈述构成:内在原理刻画理论的背景或理论方案,即详细说明理论所设定的基本实体与过程,说明假定支配这种实体和过程的理论定律;连接原理则指出这种方案与理论所要解释的先前所考察的现象之间的联系方式。这种结构分析从理论的功能上看,要求理论不仅可以在经验上加以检验,而且还应给经验现象提供系统的简单说明,应把各种现象统归为相同的基本过程,并且用基本原理来刻画这些过程。这就要求理论提供比一般经验定律更加深刻的对自然界本质的理解。理论既要可以对过去和现在的经验现象作出统一的解释,又要能够对新的现象和规律作出预测。

由于标准学派并不关心人类知识的起源和获得知识的实际过程,只注重对人类知识的产品进行语言—逻辑的分析,他们对科学理论的"合理重建"(rational reconstruction),即解释科学知识与感觉经验的逻辑关系,表明科学概念是由感觉经验的事实构造出来的,科学理论是由某种基本的经验真理构造出来的,只是一种形式上的"逻辑的重建",不是历史的重建,所以,逻辑实证主义者尽管不断地修补和改进其理论,但他们的宗旨是要把科学理论的形式方面从经验内容中抽离出来,试图证明这样的形式结构对于每门学科都是不可缺少的,并且可以从科学定律、原理、假说和观察的特有逻辑作用中认清它们的本质,一旦做到这一点,

---

[1] 参见程星:《科学理论的结构:它的概念、内容及意义》,《自然辩证法通讯》1988年第2期。

[2] 〔美〕鲁道夫·卡尔纳普:《卡尔纳普思想自述》,陈晓山等译,上海,上海译文出版社,1985,第127页。

就可以得出判定科学理论论据的可靠性、概率、确证度，以及其他有关证据的所有严格形式定义。逻辑实证主义的科学理论观的局限性是十分显然的，如图尔敏(S. E. Tourmin)所指出："迄今为止，只有用于表现为模仿数理逻辑低函数演算的理想形式符号系统的论证，这个纲领才会有实际效果。反之，以实际科学的实用技术所进行的论证，则难以说明怎样才能用得上这种形式程序。这一推广(指把形式模式由数学向科学的推广)所引起的实际困难和模糊性至今未得到解决，也不可能得以解决。"①因而，在科学理论创新动力与机制方面，"公认观点"的解题能力是非常有限的。

2. 素朴证伪学派的科学理论创新观。在证伪学派的创始人波普尔看来，"认识论的中心问题历来是而且现在仍然是知识的增长问题。而研究知识增长的最好途径是研究科学知识的增长"②。研究科学知识增长问题，不能局限于分析一些科学理论的元概念。由于不存在截然的观察术语和理论术语之分，科学知识的增长不能仅仅归结为人工语言或逻辑算子的公式化。

波普尔主张把发现范围与检验范围进行严格区分。他把科学发现的范围划给心理学、社会学去研究，认为科学方法论主要研究的是证伪问题。这种证伪的方法就是演绎证伪法。在波普尔看来，"运用演绎证伪法，科学知识的发展就不再像逻辑实证主义所主张的那样，只是一种真命题的累积和递加，而是旧的科学理论被它所不能解释的反例(否定的证据)所证伪，从而用一个新的理论来代替它，如此不断地循环往复，就形成了科学理论的动态发展过程"③。由于波普尔持有这样的信念：经验科学和形而上学之间存在着质的区别，即前者是可检验、可证伪的，而后者不是。因此一切方法论规则都应当保证经验科学的可证伪性。所以，他反对自然主义的方法论，即把方法论本身看作一门经验科学，看作是科学家的实际行为或"科学"的实际方法。而他的方法论则既不是经验科学也不是纯逻辑。按照波普尔的设想，"经验方法的特征是，它使待检验的系统以一切可设想的方式面临证伪的态度，它的目的不是去拯救那些站不住脚的系统的生命，而是相反，使这些系统面临最剧烈的生存竞争，

① 转引自金吾伦：《自然观和科学观》，北京，知识出版社，1985，第443～444页。
② 〔英〕K. R. 波珀：《科学发现的逻辑》，序言，X页，渣汝强等译，北京，科学出版社，1986。
③ 张巨青、吴寅华：《逻辑与历史：现代科学方法论的嬗变》，杭州，浙江科学技术出版社，1990，第11页。

通过比较来选择其中最适应者"。就成形的科学理论而言，他的方法论体现为"全称陈述不能从单称陈述中推导出来，但是能够和单称陈述相矛盾。因此，通过纯粹的演绎推理（借助古典逻辑的否定后件的假言推理），从单称陈述之真论证全称陈述之伪是可能的"①。

由于科学的探究活动"不是从观察开始，而总是从问题开始，它们或者是实际问题，或者是已经陷于困境的理论。一旦我们碰到问题，我们就可能开始研究它"②。波普尔所谓的研究是"按照两种尝试来做：按照第一种尝试，我们可以猜想或推测问题的解答；然后我们就可以试图去批判通常有点模糊的猜想。有时，一个猜想或推测可以暂时经受住我们的批判和实验检验。但一般说来，我们不久会发现，我们的推测能被驳倒，或者它们并不解决我们的问题，或者它们只是部分地解决问题；并且我们还会发现，就连最好的解答——它们能够经受住最精彩、最巧妙的意见的最严格批判——不久就会引起新的困难，引起新的问题。因此，我们可以说，知识的成长是借助于猜想与反驳，从老问题到新问题的发展"③。以波普尔为代表的素朴证伪学派所得出的结论是：科学理论的创新过程不过是一个不断被证伪的过程，其动力则在于互动的猜想与反驳，推动着老问题不断向新问题演进。

（三）历史主义的科学理论创新学说

逻辑实证主义者刻画的公理化的科学理论模型遭到了多方的反驳或质疑。其归纳主义方法论遭到波普尔的批判，而其基础主义认识论和逻辑主义的"合理性理论"（theory of rationality）也同样受到了人们的质疑。那些反对静态地描写科学理论的结构，力陈科学理论的动态演进过程，主张把科学理论的结构问题纳入意义更广的"科学事业"中考察的学者，被统规到历史主义学派之中。历史主义学派具有强烈的反基础主义、反归纳主义和非逻辑主义的倾向，它们的科学理论创新观带有浓厚的社会、历史及科学家心理的色彩。

1. 历史主义的科学理论创新观。以库恩和费耶阿本德为代表的历史主义学派认为，不存在证伪学派所说的那种严格检验的证伪方法。他们反对那种试图为科学理论的获取行为定下不变的、不可违反的规范方法论，提出了较为切合科学历史实际的科学理论发展模型。

---

① 〔英〕K. R. 波珀：《科学发现的逻辑》，渣汝强等译，沈阳，沈阳出版社，1999，第21页。
② 〔英〕卡尔·波普尔：《客观知识：一个进化论的研究》，舒炜光译，上海，上海译文出版社，1987，第270页。
③ 同上书，第270页。

　　库恩认为，科学发展并不单单是理论同经验一致的问题，其中既包括重要的认识论问题，也包括社会学和心理学问题。在科学的常规发展时期，存在着某种科学传统，"这些传统就是历史学家们在'托勒密天文学(或哥白尼天文学)'、'亚里士多德动力学(或牛顿动力学)'、'微粒光学(或波动光学)'等等标题下所描述的传统"①。以这些范例为代表的科学传统构成的范式，成为科学研究工作的样板，为新的科学假说提供原则标准，并指明可能的出路。

　　与抽象的原则不同，范式通过具体事例为科学研究工作提供关于世界整体的模型即世界观。科学的演变是通过范式转换来实现的，而范式的转换是科学家信仰的转变，② 会在"科学共同体"即接受该范式的科学家整体中造成一种认知上的"格式塔"转换。在库恩那里，范式不仅是一个形而上学的信念系统，而且也影响着科学理论的评价。按照库恩的看法，"常规科学"中的理论是在范式之内评价的，并且多少是按照逻辑主义的模型进行评价的。但是，在"科学革命"中，一个范式取代另一个范式，在不同范式中工作的科学家必然研究不同的问题，应用关于判断问题的解答是否恰当的不同标准，并且对于特殊的观察和实验结果同他们的说明性理论和主张是否相关有不同意见。简言之，属于不同范式的理论即使它们是相互竞争的，也是"不可比较的"。因此，凡是没有共同范式的地方，对于证据是什么，怎样分析证据，或者对于证据和不可比较的理论之间是否存在直接的关系，是不可能有一致意见的。科学发展的两种形式——常规科学和反常规科学没有普遍适用的方法论原则。方法论规则是随范式的差异而不同，不存在规范的方法论。那种同社会学和心理学完全脱节的"科学的逻辑"只是哲学家的虚构。

　　费耶阿本德既反对维也纳学派的"科学的逻辑"和波普尔的"知识的逻辑"，也反对一切"老式理性论"者包括笛卡尔、康德、波普尔、拉卡托斯所主张的合理性是普遍的、不受境遇所影响的、它还产生了同样普遍的规则等观点。他反复强调没有所谓正确的方法，一切方法，甚至最明显的方法都有它们的局限性。"只有一条原理，它在一切境况下和人类发展的一切阶段上都可以加以维护。这条原理就是：怎么都行。"③他的立场

① 〔美〕托马斯·库恩：《科学革命的结构》，范岱年等译，北京，北京大学出版社，2003，第9页。
② 参见张巨青、吴寅华：《逻辑与历史：现代科学方法论的嬗变》，杭州，浙江科学技术出版社，1990，第17页。
③ 〔美〕保罗·法伊尔本德：《反对方法：无政府主义知识论纲要》，周昌忠译，上海，上海译文出版社，1992，第6页。

不是要取消任何规则、标准或方法论，而是把它们都留在方法论的工具箱内，也欢迎别人把更多的工具添加进来。但是，若要应用这种规则、标准、方法论和合理性的理论，则必须进行某种具体研究，离开具体研究谈方法论是不切实际的空谈。因此理想主义者的精细的逻辑练习是毫无用处的。^①"一个科学家不仅是理论的发明者，而且是事实、标准、合理性形式的发明者，是整个生活方式的发明者。"^②一切制定规则的方法论和一切理论评价的标准等至多应当看作是经验法则。

历史主义学派深信科学不仅同科学命题系统或科学语言系统有关，而且同科学家所坚持的意识形态和生活方式有关。除此之外，他们还充分认可形而上学在科学理论建构中的地位，新的历史主义者萨普（F. Suppe）将其称之为"世界观分析"，其主要论点是：（1）观察渗透理论。世界观决定或影响人们对世界的看法、描述和论述；因此不同理论的追随者观察同一个现象时，会得出不同的结论（看到不同的东西）。（2）意义取决于理论。科学中的描述性术语（观察的与理论的），当具体到一个理论或用于理论联系时，经历着意义上的转换。这样，理论的原理就帮助确定发生在其中的术语的意义，所以，这样的术语在不同的理论中也就有不同的意义。因而理论的改变会导致意义的转变。（3）事实渗透理论。把什么认作事实取决于和理论联系在一起的世界观。在接受相对合理的两个相竞争的理论时，并没有中性的事实集，甚至理论的有效性必须由与其联系的世界观根据的标准集来接受。^③

形而上学观念或世界观甚至被历史主义者当作科学理论的重要组成部分之一。例如，图尔敏认为，理论由自然秩序理想、定律和假说组成，它们经由意义关系非演绎地分层。在图尔敏看来，理论中总是包含某种自然秩序理想的。这种理想给人们提供特定的看待和解释现象的模式。它在科学理论的观念系统中处于核心地位。自然秩序理想规范它所指定的范围内的科学活动，启发科学家进行科学理论的建构。当它们发生改变时，科学便随之发展。

不是离开科学家而单纯地考虑书本上的科学，不是离开科学发现过程去单纯考虑科学的已经完成的成果，这种将科学理论创新置于具体的科学研究过程之中的观点是值得肯定的，但历史主义学派的科学理论创

---

① 参见江天骥：《当代西方科学哲学》，北京，中国社会科学出版社，1984，第 16 页。

② 同上书，第 16～17 页。

③ 参见程星：《科学理论的结构：它的概念、内容及意义》，《自然辩证法通讯》1988 年第 2 期。

新观也存在很大的片面性：他们只描写不同时期的科学发展情况、科学方法的变化、科学理论合理性标准的变化，并不研究为什么某一类型的科学取代了另一类型的科学，为什么科学方法发生变化，为什么新的合理性标准取代了旧的标准。他们甚至认为，由于没有高一级的评价标准可以依据，关于哪个类型的科学较好、哪种科学方法和合理标准更为正确都是无法评价的。由于不同类型的科学、不同的科学方法和合理性标准都是不可比较的，在某种意义上，这种相对主义的科学理论观实际上是否认了科学理论的创新。

2. 精致的证伪主义的科学理论创新观。按照波普尔的素朴证伪主义，一个理论一旦付诸检验，就被判决了：或被接受或被判死刑。"一旦一门理论被证伪了，不论所要冒何等的风险，它都必定被淘汰。"①这就会使某些新的科学理论还未得到充分发展就遭夭折。拉卡托斯给出的补救办法不是费耶阿本德无政府主义，而是修正"批评标准"。坚持理论连续性的信念，吸取库恩的范式说的精华，拉卡托斯用理论的系列即所谓"研究纲领"来代替波普尔的"证伪理论"。他认为，科学的进步并不是聚焦在孤立的理论上，而是体现在相互联系着的理论系列的发展上，即科学理论是由不可动摇的基本原理即"硬核"和辅助性假设即"保护带"共同构成的。"一切科学纲领都在其'硬核'上有明显区别。纲领的反面启发法（negative heuristic）禁止我们将否定后件式对准这一'硬核'，相反，我们必须运用我们的独创性来阐明、甚至发明'辅助假说'，这些辅助假说围绕该核形成了一个保护带，而我们必须把否定后件式转向这些辅助假说。正是这一辅助假说的保护带，必须在检验中首当其冲，调整、再调整，甚至全部被替换，以保卫因而硬化了的内核。"②拉卡托斯说，"如果这一切导致一个进步的问题转换，这个研究纲领就是成功的；如果这一切导致一个退步的问题转换，这个纲领就是不成功的"③。如果说科学研究纲领的反面启发法的意义是告诉人们应当避免哪些研究途径，那么正面启发法（positive heuristic）则是告诉人们应当遵循哪些研究途径。比如"在牛顿的纲领里，反面助发现法禁止我们把矛头指向牛顿动力学三定律及其引力定律。根据它的拥护者的方法论判定，这个'核心'是'不可反驳

---

①　〔英〕伊·拉卡托斯、艾兰·马斯格雷夫：《批判与知识的增长》，周寄中译，北京，华夏出版社，1991，第140页。

②　〔英〕伊·拉卡托斯：《科学研究纲领方法论》，兰征译，上海，上海译文出版社，1986，第67页。

③　〔英〕伊·拉卡托斯、艾兰·马斯格雷夫：《批判与知识的增长》，周寄中译，北京，华夏出版社，1991，第172～173页。

的'：反常必定只在由辅助的、'观测的'假设和初始条件组成的保护带里导致变化"①。在常规科学研究中，不容许"反常"威胁到"硬核"的核心地位。

这里的启发法可以视为一种形而上学原则，它建议或提示人们如何修饰和精确理论的"保护带"。在拉卡托斯的科学理论结构中，作为每个纲领的基本假定的"硬核"是不可放弃和不容改变的，它是这个纲领今后发展的基础。纲领的异同由"硬核"的异同来决定。由于"硬核"的周围有各种辅助性假说组成的"保护带"，某个纲领一旦遇到否认，被抛弃的首先并不是硬核，而只是一部分辅助性假说，使得这种科学理论模型具有一种应用的弹性。拉卡托斯给一个纲领以充分的时间，让它发展并显出它的潜在力量，只是在最后才给它以存亡与否的判决。对素朴的证伪主义来说，只要是能被解释为实验上可证伪的，就是"可接受的"或"科学的"，对精致的证伪主义者来说，一个理论只有当它确证其经验内容已超过其前者(或竞争者)时，即只有当它导致新事实的发现时，才是"可接受的"或"科学的"。另外，对素朴的证伪主义者来说，一门理论是被一条同它冲突的"观察陈述"证伪的。精致的证伪主义者把一门科学理论 T 作为被证伪的，当且仅当，另一门理论 T′具有如下一些特征时：(1)T′的经验内容超过 T，即它预言了新事实。这就是说，这些新事实要按 T 的观点来看是不可能的，甚至是要被禁止的。(2)T′解释了 T 的先前的成功之处，即 T 的所有未被反驳的内容都包含(在观察误差的允许范围内)在 T′的内容里。(3)某些 T′的超量内容是被确证的。②

拉卡托斯吸取了库恩范式说的精华，克服了其中的缺失。因为在库恩看来，由于没有超范式的标准可据以衡量不同范式之优劣，因而实现科学理论重大创新的新范式对旧范式取代的机制，只能由社会心理学去说明，不能用科学合理性的理论去说明，这是非理性主义的。拉卡托斯对库恩极端的历史主义加以节制，承认不同的科学研究纲领之间有其共同的合理性标准，这就是科学进步标准。承认不同的研究纲领之间也有共同的方法，这就避免了库恩范式论的相对主义和费耶阿本德方法论上的无政府主义。由于拉卡托斯肯定观察和实验在理论评价中的决定性作用，因而限制了库恩的范式对非理性因素的过度张扬。他的研究纲领为科学假说的提出和选择提供了基本的理性原则。

---

① 〔英〕伊·拉卡托斯、艾兰·马斯格雷夫：《批判与知识的增长》，周寄中译，北京，华夏出版社，1991，第 173 页。

② 同上书，第 151 页。

　　蒯因的科学理论整体主义观与拉卡托斯的科学研究纲领方法论颇为相似。蒯因认为："具有经验意义的单位是整个科学。""我们所谓的知识或信念的整体，从地理和历史的最偶然事件到原子物理学甚至纯数学和逻辑的最深刻的规律，是一个人工的制造物。它只是沿着边缘同经验紧密接触。或者换一个比喻说，整个科学是一个力场，它的边界条件就是经验。在场的周围同经验的冲突引起内部的再调整。"①从科学理论创新的角度看，拉卡托斯和蒯因皆承认经验证伪对科学理论创新的重要意义，但也充分关注到了证伪的频率以及证伪的质量对科学理论创新的革命性作用。非常遗憾的是，他们都至此止步了，没有再深入到特殊的逻辑矛盾——悖论——对科学理论的逻辑证伪所带来的革命性创新作更为深入的考察。

　　3. 新历史主义的科学理论创新观。20世纪60年代末期，在美国伊里诺大学召开的关于科学理论结构的讨论会上，逻辑经验主义者亨佩尔放弃了自己以前的观点。以库恩和费耶阿本德为代表的历史主义学派又受到各方面的批判，出现了以夏皮尔（D. Shapere）和萨普为代表的新的历史主义学派。他们既反对逻辑经验主义，也反对库恩和费耶阿本德的科学理论观。

　　以夏皮尔为例，为了纠正库恩和费耶阿本德的极端历史主义和极端多元主义，他提出了关联主义的科学理论模型。夏皮尔认为，不存在截然的辩护范围和发现范围的区分，在科学中，从实质性的信念到方法、标准和目标都是有待发现的，其发现和接受都是有理由的，亦即经过辩护的。整个科学事业既是一个发现过程也是一个辩护过程。辩护过程采用的评价标准或合理性标准是由科学信念的内容所塑造的，这样的"标准"并不独立于科学之外或之上，它们是科学活动的一部分，是发现和达到理解的过程的一部分，并不亚于实质性信念本身。在许多方面它们和后者是不可辨别的。所以，他既反对"外在主义"，也反对描述主义，而坚持认为科学是理性的事业，进而提出科学"域"（domains，又称信息域）概念，并把"域"定义为一组信息，以此取代传统的"观察—理论"的区分而成为阐述科学性质的基本概念工具。由各种信息条目组成的信息体具有这样的特性：信息条目由其间的关系而联系在一起；相关的信息体存在某种问题；这个问题是重要的；科学已经做好解决这个问题的准备。

---

① 〔美〕威拉德·蒯因：《经验论的两个教条》，见〔美〕威拉德·蒯因：《从逻辑的观点看》，江天骥等译，上海，上海译文出版社，1987，第40页。

　　夏皮尔认为，对域中问题的回答就形成了科学理论。科学理论就是对问题的解决，问题由联系在一起的信息条目的相互关系产生，但这些信息条目形成域的过程是在特定的"背景信息"和"背景信念"条件下进行的。因此，特定的背景信息和背景信念必然通过由观察获得的信息条目而进入理论。然而，夏皮尔并不由此走向库恩和费耶阿本德的相对主义。他将其"背景信念"作了这样的限制，即要求它们应该符合三个条件："(1)它必须是已经成功的；(2)不受任何特殊的和令人信服的怀疑；(3)与它们将在其中使用的题材或问题即'域'明确相关的。"①在科学域的不断进化中，背景信念的合理性程度被不断提高，科学理论可以获得合乎理性的创新和发展。

　　夏皮尔认为，在前科学时期，人们关于这个世界的思想似乎来源于经验；到了科学时期，则已有的知识，既包括事实也包括理论的知识，便是推动科学向前发展的内在原因和理由。由成功的和在当时条件下无可置疑的信念和方法等构成的背景知识，在研究领域的形成和领域项目的描述中，在一个给定时期的科学所产生的问题和那个时期所设想的可能解决的范围中起了决定性作用。夏皮尔既不认为观察语言，特别是固定观察语言是构成科学知识的基础，也不认为理论，特别是范式或高层背景理论是构成科学知识的基础。在他看来，只有包括观察陈述和理论的背景知识才是科学发展的"基础"，尽管这个基础本身也在发生变化。②虽然夏皮尔也否认科学有普遍有效的合理性标准，但他承认在不同的合理性标准之间有"合理演变"的过程，因而它们是可以比较的。他否认科学有永恒不变的方法，认为历史上有许多不同的科学方法。人们根据信念去排除、阐明、修改和系统化他们的方法，然后又应用那些方法来获得新的信念，再根据信念改进他们的方法，如此循环往复。这样，他既回避了科学方法不变的预设主义立场，又纠正了多种方法并行不悖、各行其是的相对主义误识。

　　萨普进一步指出，面向历史的科学理论要探讨两个中心问题，其一，要探究科学是怎样对它的题材进行推理、怎样评估它的假说；其二，通过对推理型式的评价，揭示出实际的科学实践导致或能够导致关于世界的知识。③

①　张巨青、吴寅华：《逻辑与历史：现代科学方法论的嬗变》，杭州，浙江科学技术出版社，1990，第204页。

②　参见江天骥：《当代西方科学哲学》，北京，中国社会科学出版社，1984，第277页。

③　参见程星：《科学理论的结构：它的概念、内容及意义》，《自然辩证法通讯》1988年第2期。

随着对理性主义、逻辑主义的反思，以及对科学理论形成过程中的社会因素、价值判断、科学家的心理因素等问题的考虑，科学哲学界对科学理论创新的研究逐渐转向了社会学领域和语言修辞学领域。

二、科学理论创新研究的当代趋向

(一)社会建构论

"建构"（construction）一词并不生僻，它有很多近义词，诸如"建造"、"制作"、"构造"、"创作"、"生产"、"构成"、"型塑"，等等。"社会建构"一词通常是隐喻社会行动的人工性质，或者这种行动本身的过程或结果。它所内蕴的是这样一种信念，即自然事物的结构本身是能够加以改变并被重新安排的。

作为一种学术性的思想，建构论源出于知识论领域，它是指谓这样一种致思路向，即人类不是发现了这个世界，而是通过引入一个结构在某种意义上"制造"（make）了它。作为一种方法论，"建构主义"源出于一些自由主义批评家笔下，如哈耶克（F. A. Hayek）把那种将自然科学的方法误用到社会科学的做法称之为"科学主义"（scientism），而将那种把科学主义视作控制社会的正当理由的做法称之为"建构主义"（constructivism）。他认为，"所谓建构主义乃是指，既然是人自身创造了社会和文明的制度，那么他也就必定能够随意改变它们以满足他的欲求或愿望"[①]。哈耶克批评这种与"科学主义"相伴随的"建构主义"，主要是针对一种滥用理性的意识形态，这也是他的自由主义政治经济理论的一部分。

将建构主义发展成为现代知识论基础的主要是结构主义心理学和知识社会学。前者发展的是一种个体主义的建构论，后者则是群体主义建构论或社会建构论。前一条路线，以皮亚杰（J. Piaget）为代表。皮亚杰最先研究了认识通过环境与主体的互动而发展的过程，突出了主体建构在认识论中的地位。皮亚杰的"发生认识论"（genetic epistemology）强调了心理发生与历史的重要联系。通过对认识的心理发生的经验研究，得出了这样的结论："认知的结构既不是在客体中预先形成了的，因为这些客体总是被同化到那些超越于客体之上的逻辑数学框架中去；也不是在必须不断地进行重新组织的主体中预先形成了的。因此，认识的获得必须用一个将结构主义和建构主义紧密地连接起来的理论来说明，也就是说，每一个结构都是心理发生的结果，而心理发生就是从一个较初级的结构

---

① 转引自邓正来：《自由与秩序》，南昌，江西教育出版社，1998，第173页。

过渡到一个不那么初级的(或较复杂的)结构。"①至于后一条路线，一些
科学知识社会学家倾向将源头追溯到波兰微生物学家路德维克·弗莱克
(L. Fleck)的先驱性工作。弗莱克在 1935 年出版的《科学事实的创生和发
展》一书中，以梅毒研究为案例，在科学共同体和更大的文化背景下考察
了有关认识的变化及其原因，追溯了该病是怎样通过检验魏斯曼反应的
越来越成功的结果而加以界定的。他认为，科学家的观察及其对"事实"
的界定受到了他们作为成员的"思想集体"(thought collectives)或认识共
同体，以及这些思想集体共享的"思想风格"(thought styles)或假设的建
构。他的这些观点不仅对库恩提出"科学共同体"和"范式"的理论产生了
重要影响，而且对 20 世纪 70 年代早期建构主义科学研究的兴起也产生
了一定的奠基作用。正是弗莱克首次通过经验案例研究对科学事实的客
观性提出了不同的看法，使得科学理论的绝对客观性和合理性的信念受
到了挑战。从某种意义上说，社会建构论进路的研究，特别是各种通过
考察科学实际发生过程而显现其多样性、局域性和权宜性的努力，都是
在承接弗莱克的工作。②

　　把社会建构论理念直接引入对自然科学知识的社会学分析领域，是
欧洲特别是英国科学知识社会学学派的主要成就。起源于 20 世纪 70 年
代英国爱丁堡大学并在当代科学理论研究领域产生巨大影响的"科学勘元
小组"(Science Studies Unit)就持有这样的基本理念：(1)社会的价值不
能与科学研究相分离。(2)科学知识不是对自然的反映，而是科学共同体
内部的成员相互间谈判和妥协的结果。(3)主张科学知识、事实、实在本
质上必须作为一种社会产品，特别是一种政治产品，科学探索过程直至
其内容在根本上都是社会构造，自然在确定科学真理的问题上没有什么
意义。(4)科学研究应该更加民主化。(5)物理学应该服从于社会科学，
或者说，是社会科学的一个分支。(6)采用经验主义的方法。建构论者追
问的主要问题是"是什么吸引科研人员安装记录仪、写一些论文、构思一
些创意并占据不同的职位？什么理由使一个科研人员改换科研课题或实
验室？什么使他采用这种方法、这一部分资料、这种文体形式以及这种
类比手法？"③等等。他们以人类学家参观实验室的方式，对科学进行人
类文化学志的研究，通过对"实验方法"起源的考察，得出这样的结论：

①　〔瑞士〕皮亚杰：《发生认识论原理》，王宪钿译，北京，商务印书馆，1981，第 15 页。
②　参见赵万里：《科学的社会建构》，天津，天津人民出版社，2002，第 32 页。
③　〔法〕布鲁诺·拉图尔、〔英〕史蒂夫·伍尔加：《实验室生活：科学事实的建构过程》，张伯霖等译，北京，东方出版社，2004，第 176 页。

"人们当前所认识的科学的一般形象是经由自然哲学家和科学家为了特定的目的而精心伪造的,这种形象更进一步的扩展和完善经历了距今为止两个多世纪的历程。"①一些实验室研究者甚至使用"文学铭写"(literary inscription)的概念,将实验室隐喻成一个专门生产论文的文学装置,暗示科学工作主要是一种文学的和解释的劝服活动。科学事实则完全是在一个人工环境中,通过对陈述的操作(operation on statements)而被建构、传播和评价的。由此,他们认为,"所有知识都不过是人们认为是知识的东西,是人们满怀信心地坚持并作为生活支柱的那些信念"②。科学知识也不例外。先前被认为是纯粹的、客观的、合理的科学知识实际上是社会建构的产物,科学更多是建构性的而不是描述性的,而且他们更为关注的不是"建构"而是"社会"。

强的或激进的建构论者主张,说明就是实在,或者说"语词就是世界"(the word is the world),因为正是科学家建构了"思想和表述的对象"。他们几乎完全否认外在世界的独立存在,把实在归结为或看成是"陈述操作"的结果,"自然世界的性质是社会地建构出来的"③;弱的或温和的建构论者虽然强调科学知识的社会性质,但并不完全否认其认识特征。④ 虽然建构论者的观点并不一致,但其典型主张可以作这样的概括:其一,所有建构论者都反对把科学仅仅看成是理性活动这一传统的科学观。其二,几乎所有的建构论者都采取了相对主义的立场,强调科学问题的解决方案是不完全决定的,削弱甚至完全否定经验世界在限定科学知识发展方面的重要性。其三,所有建构论者都认为,自然科学的实际认识内容只能被看作是社会发展过程的结果,被看成是受社会因素影响的。⑤ 这样一种科学理论社会发生学的研究,通过一批建构主义者的理论阐释和经验研究,不仅把知识社会学的基本信条贯彻到了对科学的说明中,展示了科学知识的世俗化形象,而且在一定程度上也导致了元科学和社会理论的表述危机。

(二)科学修辞学

随着科学哲学研究从"语用学转向"、"解释学转向"的发展,"科学修

① 〔法〕布鲁诺·拉图尔、〔英〕史蒂夫·伍尔加:《实验室生活:科学事实的建构过程》,张伯霖等译,北京,东方出版社,2004,第4页。

② David Bloor: *Knowledge and Social Imagery*, London and Chicago, IL: The University of Chicago Press, 1991: 5.

③ Michael Mulkay: *Science and Sociology of knowledge*, London: George Allen and Unwin, 1979: 95.

④ 参见赵万里:《科学的社会建构》,天津,天津人民出版社,2002,第43～44页。

⑤ Stephen Cole: *Making Science*, Cambridge: Harvard University Press, 1992: 35.

辞学"(rhetoric of science)被推进到前台。在古希腊，"修辞学"是一门颇受人们重视的"劝说艺术"(art of persuasion)。亚里士多德说过，"修辞学的技术研究涉及的是劝说的模式，而劝说是一种论证，因为当一个事物被证明时，我们就会完全被说服"①。通过修辞艺术的研究和实践，可以提高普通民众在处理公共事务中的能力和职责。由于修辞的特殊功能，或如洛克所说的："倘若我们要像事物自身那样去谈论事物的话，除了次序和清晰之外，必须允许所有修辞学的艺术。"②故而，在近代以来，修辞学在经历了一系列的"转向"后，不断地向人类理智的所有领域进行渗透和扩张。

当代部分学者认为，在科学研究过程中不可避免地具有修辞学的性质，即运用隐喻(metaphor)的方式提出或发现新思想，而在科学论述过程中更是离不开修辞方法。这是因为科学论证是具有说服性的论辩，科学结论是一种有"好理由"的论述，是一种语境性的发明的论述。作为一种科学交流的工具和消除交流障碍的手段，修辞学被引入科学理论研究中。与描述科学研究模式的其他流派不同，作为一种新的科学理论研究模式，科学修辞学特别注重批判或辩论在科学理论形成中的作用，强调"运用说明论证的艺术，以改变或强化在科学交流中具有认识价值的观念。科学修辞学就是科学家们为了得到他们的结论而使用的口头说服、论证技术的集合，而不是表征模型"③。

科学修辞学的研究者认为，科学研究活动向理论状态升华的过程就是一种修辞学的发明，并且可以通过修辞学的直觉被理解。科学理论总与特定的时间、空间和修辞语境相关。也就是说，科学的理论化就是在修辞语境的基础上通过修辞发明和修辞直觉来实现的。④ 例如，马赫(E.Mach)通过"水桶理论"的分析而对牛顿经典力学的批判，就是在修辞分析的意义上给出了物理学进一步发展的可能趋向，或者说奠基了爱因斯坦创立狭义相对论的修辞学背景。⑤

不可否认，科学修辞学在克服科学论述和科学范式之间的不可比较

① Marcello Pera and William R. Shea: *Peruading Science: the Art of Scientific Rhetoric*, Science History Publications, U.S.A., 1991: 56.
② Herbert W. Simons, *The Rhetoric Turn*, Chicago: The University of Chicago Press, 1990: 2.
③ Marcello Pera and William R. Shea: *Persuading Science: the Art of Scientific Rhetoric*, Science History Publication, U.S.A., 1991: 35.
④ 参见郭贵春：《科学修辞学的本质特征》，《哲学研究》2000年第7期。
⑤ 参见郭贵春："科学修辞学转向"及其意义》，《自然辩证法研究》1994年第12期。

性或不可通约性的相对主义方面，在解决理性的"理由"和修辞学的"有理由"之间的对立方面具有一定的作用，但是，由此而认为科学修辞学特别将其中的"科学隐喻"提升到"'超逻辑形式'的科学凝集"①的高度是过于夸大它在科学理论建构中的地位和作为，这是因为，仅仅利用科学修辞学手段既不能充分说明科学理论的本质，也不能真正揭示出科学理论创新的动力和机制。虽然修辞方法和手段在科学研究和科学理论的构造中有一定的影响作用，但毕竟不是决定性的作用，把科学研究和科学理论的构造完全规约为修辞方法和手段，就从根本上抹杀了科学活动是对客观规律的揭示和反映的本质，也就抹杀了科学理论在认识世界和改造世界中的巨大价值。

三、科学理论创新与逻辑研究

(一)理论及其特质

"理论"首先是作为与"实践"相对立的概念被提出的。随着近代科学的发展，理论形式渐趋成熟，"理论"一词用于专指具有一定结构的陈述系统。狭义地说，理论应该是一种陈述的演绎等级系统。

理论是在实践的基础上产生的，但是实践活动本身并不是理论，理论是实践活动之后的成果或结晶。人们在实践活动中获得的认识成果常常凝结为知识点，并以命题的方式予以陈述。科学理论是知识点的汇集，是表征为系统的命题或语句，而不只是一个命题的集合。因为系统中的命题并非是杂陈堆砌的，每个命题都应有它相对的逻辑地位，命题之间存在着蕴涵关系的逻辑链条，彼此构成相应的前提与推导的关系。所以，理论不是一般的认知成果，而是体现为一系列具有内在联系的概念和原理，是经过系统化的知识体系。

人们可以从不同视角分析科学理论的结构，宏观地看，科学理论的结构应当包括三个层面，即观念层、原理层和现象层。观念层是核心，原理层围绕观念层而形成，现象层为观念层提供证据，为原理层提供材料。科学理论从解释现象开始，通过寻找观念世界和现象世界的联系，建立起符合于客观实在的理论。② 科学理论既有辩护的功能，也有预测

① 参见贺天平、郭贵春：《科学隐喻："超逻辑形式"的科学凝集——论科学隐喻的基本原则和表现形态》，见郭贵春、贺天平：《现代西方语用哲学研究》，北京，科学出版社，2006，第113～123页。

② 参见〔瑞士〕爱因斯坦、〔波兰〕英费尔德：《物理学的进化》，原序，周肇威译，上海，上海科学技术出版社，1962，第1页。

的功能。科学理论的预测功能主要源于其中的原理层。科学原理不仅隐含一定的形而上学观念，而且通过一定的逻辑关系延伸到现象世界中。它能够逻辑地推导出内蕴于其下的经验现象，包括一些在现象世界中尚未被观测到的现象。如果说科学解释是一个形成理论的过程，过程的起点是现象世界中的已知事件，那么，科学预测就是一个验证理论的过程，过程的起点则是科学理论中所隐含的某种观念。

科学理论离不开经验，但充当理论的命题通常只是用来报告我们的感觉经验。只是感觉经验内容报告的命题，彼此之间或许存有时空因果等关联，但却没有逻辑上的关系，不能构成一种系统性的命题整体，难以形成理论。所以，具有内在的逻辑关联，也就是逻辑上的相容性(一致性)是理论区别于一般零散知识的特质。我赞成精致证伪主义者拉卡托斯的观点："一致(在这一术语的强意义上)必须仍然是一个重要的(高于进步的问题转换这一要求的)调节原则；而矛盾(包括反常)必须被看成问题。理由很简单，如果科学的目的是真理，它就必须追求一致；如果放弃了一致，也就放弃了真理。"①"不是我们提出一个理论，大自然就会喊不；而是我们提出一些彼此混乱的理论，接着大自然会喊不一致。"②这里的"混乱"显然是指其逻辑问题，是无逻辑关联性甚至是相互矛盾性所导致的。

(二)科学理论创新的既有研究评析

人类的认识发展到近代，人们才开始自觉地研究"理论"本身。古典经验论和理性论者以反思知识的方式，从认识论视角讨论了"科学理论"问题。逻辑主义者则在有明确界定的情形下，讨论了科学理论的基础、科学理论的可证立性乃至可接受性问题，以求寻找一个普遍适用的科学理论的形式体系。这种讨论由起先的静态解剖转向了动态的整体研究。这是值得我们关注的理论研究的历史事件。然而，这种讨论是在"无人"的情形下进行的，他们忽视了科学理论的创造者——科学家，以及科学实验活动的历史境况。历史主义是对逻辑主义科学理论观的修正，让科学理论回到产生它们的历史境遇之中，回到有心理活动、受社会因素影响的科学理论的创造主体——科学家之中，使得科学理论及其创新研究更加富有语境成素。当这种研究倾向在社会建构论和科学修辞学那里得

---

① 〔英〕伊·拉卡托斯：《科学研究纲领方法论》，兰征译，上海，上海译文出版社，1986，第 80 页。

② 〔英〕伊·拉卡托斯、艾兰·马斯格雷夫：《批判与知识的增长》，周寄中译，北京，华夏出版社，1991，第 168 页。

到夸张性弘扬之后，却走向了另一极端，滑向了相对主义——"科学是一项解释性的事业，在科学研究过程中，自然世界的性质是社会地建构出来的"①，他们甚至得出了如下不可思议的论断——"对'实验方法'的起源的考察表明：人们当前所认识的科学的一般形象是经由自然哲学家和科学家为了特定的目的而精心伪造的"②。后现代相对主义科学理论观不仅推翻了"标准学派"所树立的具有绝对无误性和可证立品质的科学理论的标准，也摧毁了人们心目中的科学形象，当这种相对主义形成一种思潮乃至方法论时，科学理论及其创新的课题研究似乎成了历史的"笑料"。然而，正如波普尔所指出的，科学理论犹如"我们撒出去抓住'世界'的网；使得世界合理化，说明它，并且支配它"③。科学理论所具有的这种巨大的认识作用，加之人类社会因为科学的进步而取得的质的发展的事实，不能不让我们重新反思科学理论及其创新研究的得与失。

　　回顾科学发展史，考察科学研究的历程，我们应该认识到对理论结构和性质的研究必须充分考虑到实际科学的理论化过程和理论的应用过程，必须适于正确地说明理论的发生、发展和变革。也就是说，正确而且合理的科学理论结构分析，不仅是要合理地剖析科学理论的构成要素，描述其间的关系，更重要的是要在理论中找出在时间系列上和空间系列上社会的、历史的，主体理性的、心理的等方面的影响因素，并给予恰当的定位，最后作出综合说明，使科学理论的结构分析模式具备真实科学理论的历史和现实的种种功能。

　　对科学理论进行全面的研究不应该否定某个层面的研究，对科学理论进行动态的研究，也并不意味着一定要否定静态的研究，对成形的科学理论进行研究也不意味着不可以对形成中的科学理论进行研究，对科学理论进行具体个案研究，同样不意味着一定要否定科学理论的一般性质的研究。如果我们的这种看法能够得到共许，那么，对于一般意义上的科学理论，则应该是既具有经验因素和逻辑因素，同时也是动态的和发展的。在经验因素中，由于必然地含有主体的信念、心理和社会环境的成分，亦即夏皮尔所谓的"背景信息"或"背景信念"，因而科学理论的形成必然地具有主体的主观构建的色彩。科学理论中的逻辑成素，架构

①　Michael Mulkay：*Science and Sociology of knowledge*，London：George Allen and Unwin，1979：95.

②　〔法〕布鲁诺·拉图尔、〔英〕史蒂夫·伍尔加：《实验室生活：科学事实的建构过程》，张伯霖等译，北京，东方出版社，2004，第4页。

③　〔英〕K. R. 波珀：《科学发现的逻辑》，渣汝强等译，沈阳，沈阳出版社，1999，第42页。

着经验命题，不仅使得独立的经验命题之间显现出系统性，而且使得经验理论因而具有了预测功能，同时，通过逻辑的架构，还使得由之架构的科学理论去指导科学实践活动具有了可检验性。至于科学理论的可靠性问题，我赞成这样的说法，即"科学知识区别于其他知识之处，就在于它是可检验的。它是由一大批学者生产出来的，这些学者们不断在检查彼此的工作，剔除那些不可靠的东西，充实经过验证的成果。科学研究就是一大批学者生产可验证知识的活动"①。因此，如果撇开科学理论中的经验成素，仅就一个相对成熟的科学理论形态而言，其逻辑相容性就显得极为重要。这也是研究科学理论的内在逻辑其价值之所在。

(三)逻辑相容性与科学理论创新

由于相对成熟的科学理论必然具有也必须具有逻辑相容性，正是这种相容性才使得科学理论内部的概念、原理之间具有了某种关联，如拉卡托斯所说，如果我们有这样的信念，即不论科学研究过程中会受到多少因素的影响，但科学终究是一种求真的活动，尽管这种活动会出现一些偏差，尽管它所形成的理论可能出现错误。在经验陈述之间求真，其主要的工具就是逻辑。固然科学理论的创新源泉可以来自于实践中的问题，可能缘起于人们的某种好奇心，但严格的逻辑论证同样可以引发科学理论的创新。我们知道，理论的形成有两种途径，一是自下而上，即从经验中归纳得出，逐步形成理论；二是自上而下，从成形的科学理论开始，构想概念进行推论，形成假说，去实践中证立或证伪。如果说前一种途径主要是归纳的逻辑，那么后一种途径则主要是演绎的逻辑。如果我们能够承认理论形成的上述两条逻辑途径，就必然要承认有两种科学理论创新的逻辑。

今日之"创新"同样是一个使用频率极高同时也是存有诸多歧义的语词。我一直以为，"创新"不仅有理论与技术、原创与继创等层次之分，有方法与结果之别，有"新"的程度的差异，"创新"更是一个语用学概念，就是说，"创新"总是相对于特定的认知共同体而言的。② 鉴于学界已经对"创新"和"创造"之间的关联和差异作过比较研究，并已初步揭示出"创新"的主要特征，限于本文的主旨，我们不准备对"创新"的内涵再作更多的探究，文中所论的科学理论之"创新"，只是在"创新"的泛化意义层面使用的。泛化层面的"创新"之"创"仍有两种理解，其一是指从"无"到

---

① 〔美〕威廉布·罗德、尼古拉斯·韦德：《背叛真理的人们：科学殿堂中的弄虚作假》，朱进宁等译，上海，上海科技教育出版社，2004，第 7 页。

② 参见王习胜：《创新的层次》，《发明与革新》2001 年第 7 期。

"有"，由"破"而"立"，这是创造发明意义上的创新；其二是将已有的但却是隐含的内容彰显出来，这是一种发现意义上的创新。演绎逻辑角度的科学理论创新，更多地体现在科学理论的发现层面的创新。演绎逻辑的创新功能主要体现在如下两个方面：一方面，作为理论的构架，它将零散的知识点进行系统化，以形成具有演绎等级次序的体系。另一方面，通过严格推论，揭露相对成熟理论中的概念或原理之间的矛盾，进而严格化原有的理论，或者由此而生发新的概念或新的判断，构成新的科学理论。① 由于悖论总是合乎（演绎）逻辑地导出的，因此，泛化意义的"创新"不仅会体现在科学理论之悖论的解决之中，同样也内蕴于科学理论中的悖论的发现乃至对含有待解悖论之矛盾的"圈禁"或"隔离"的工作过程之中。用科学逻辑的术语来说，悖论之于科学理论之创新是贯穿于科学理论的发现、说明、检验和发展之全过程的。

　　虽然标准学派关于观察术语与理论术语之截然划分确有不妥，但不可否认的是，任何经验科学理论都应该具有能够对外在世界的现象有所陈述的属性，同时也应该具有不是用来言说外在世界的现象而是用来组织人类所发明创造的概念的"逻辑架构"。经验内容的陈述与其逻辑架构之间的区别不仅在于它们所要研究处理的对象不同，还在于其取证方式及核验标准也大异其趣。经验陈述的命题最终需要在人类对外在世界的经验中获取支持的论据；而逻辑架构中的命题却只要在概念世界中，凭依概念内涵和逻辑推论就可以获得证立的依据。例如，波义尔（H. R. Boyle）定律、牛顿运动定律、孟德尔（G. J. Mendel）的遗传定律等是否成立，最终要看人们在经验世界里所作的观察或实验是否印证了那些命题陈述的内容。但像毕达哥拉斯定理、德·摩根（A. D. Morgan）定律、哥德尔不完全性定理等是否成立，只要看在数学和逻辑的概念系统中，通过推论的规则能否得出它们的结果即可。一般地说，在一个演绎科学理论中，除了要显示其经验作用或实际应用之外，可以完全不触及外在世界的现象。比如，数论可以只用来研究自然数、有理数、实数等性质和关系，而不必计较其定理或定律在感官世界里作何解释。当然，为了显示其实用性，也可以将数论中的命题加以适当的经验内涵的解释而应用到经验世界的计量、运算或描述之中。就是说，演绎科学理论中可以不具有经验理论，但经验科学理论中却一定不能没有逻辑理论。一个相对成熟的经验科学理论很少可以完全排除逻辑理论的命题而只含有

---

① 参见王习胜：《正确理解演绎逻辑》，《光明日报》2004-09-07。

经验性的命题。事实上，每一种经验科学理论中都显在或潜在地含有逻辑性命题，以充当该理论的关系架构或发挥其推论功能。这是因为每一种经验科学理论都要讲究概念与概念之间的逻辑关系、事物与事物之间的数量变化或结合关联，等等。① 虽然这里的逻辑关系可能有归纳的逻辑关系，但更为主要的则是演绎的逻辑关系。正是这种逻辑关系的存在，使得逻辑研究对科学理论及其创新研究具有了特别重要的意义。

总之，从演绎逻辑视角研究科学理论创新之所以必要，是因为任何科学理论都必须具有内在的逻辑相容性，失缺逻辑相容性的科学理论就是"混乱"的和不成熟的理论；而逻辑"清晰"是科学理论的基本品质，趋于成熟更是科学理论发展的基本诉求。这方面的研究之所以可能，一方面有科学逻辑为学科基础；另一方面则有详实的科学史料为素材。这方面的研究之所以可行，是因为演绎逻辑已经是成熟的研究工具，并且越来越具有向广阔的应用领域拓展的能力，科学理论创新的动力和机制作为演绎逻辑应用研究的一个领域也不可能例外。就是说，我们已经具备了从逻辑进而从泛悖论的视角研究科学理论创新的动力和机制的基本条件。

第二节　科学理论创新研究的悖论维度

人们也许把早期的悖论只当作一种益智的文字游戏，或者是不屑一顾的诡辩，但即便如此，也有类似柯斯的斐勒塔那样的人为之付出了毕生的精力。当悖论在形式系统最为严密并且承担着科学理论基础重任的领域——数学中出现，而且令一流的学者也难以将其消除时，人们终于认识到它对于科学理论的重要性。随着一些具体科学悖论的相对解决，以及人们对悖论本质认识的加深，在经历轻视到惧畏，再到能够正确地看待其负面的影响和正面的功能的认识阶段之后，人们甚至开始积极地寻找悖论、分析悖论、利用悖论，把悖论的发现作为科学理论创新的契机。悖论的科学价值正在逐渐得到挖掘和彰显。这时的悖论研究便顺理成章地成为研究科学理论创新的一个新维度。

---

① 参见何秀煌：《科学理论与科学传统》，《自然辩证法通讯》1988 年第 1 期。

一、起端于益智的"文字游戏"

在《圣经·新约》中，人们就可以寻找到早期悖论的印迹，其中载有使徒保罗致提多的一封信。保罗在信中为了证明异教徒都是坏的，便举证说："克里特人自己的一个先知说：'克里特人总是说谎者，是懒惰贪食的恶兽。'这个见证是真的。"据考证，保罗所说的克里特先知，是公元前6世纪古希腊传奇式人物伊壁门尼德（Epimenides）。伊壁门尼德说的那句话后来被整理成"所有克里特人都是说谎者"的规范的命题形式（命题A）。

现在假设命题A是真的，又知它是由一个克里特人说的，那么至少有一个克里特人不是说谎者，从而可以推断命题A是假的。就是说，由A的真可以推出A的假。但是，由于思维的不矛盾律的制约，①一命题若是真的，就不会同时又是假的，反之亦然。A作为一个命题，依命题构成成分来看，它是完整无缺的，但的确可以由它的真确定地推出其自身的假。这是为什么？

史料没有记载伊壁门尼德和当时的人们是怎样解决这个近乎于文字游戏的问题。但史料记载了亚里士多德对这个问题的剖析：一个人可能本身虽然是说谎者，然而在某些方面或个别场合，却可能讲真话。因此，这个问题是由"说谎"一词的双关语义产生的。说一个人是说谎者，并不是指他所表述的一切判断都是虚假的。因而，命题A并不会仅仅因为讲述者是一个克里特人而由自身的真推出自身的假。对于亚里士多德的这种剖析后人多有异议，因为将命题A稍作调整，比如，将命题A修改为"每一句克里特人表述的命题都是假的"，问题仍然存在。公元前4世纪，麦加拉学派的欧布里德（Eubulides）把命题A改造成："我现在是说谎者。"如果要避开亚里士多德的"语义双关"的追究，可以进一步把它修改为"本命题是假的"（或者："我现在说的这句话是谎话"）（命题B），这就足以让亚里士多德的答案失效。

"说谎者悖论"的发现，说明人类思维已经发展到抽象地思考命题间的真假关系阶段。悖论引发了一些人的极大兴趣。英国逻辑学家斯蒂芬·里

---

① 此时，不矛盾律还没有被发现并被准确地表述出来，因为此项工作是由后来者亚里士多德作出的，但这并不妨碍该规律在潜在地发挥着作用，否则，有效交流和辩论就不能正常进行，更不要说苏格拉底的"精神助产术"会那么令人折服。

德曾有这样一个形象的比喻："悖论吸引哲学家就像光吸引蛾子一样。"①
黑格尔在论及悖论问题时就曾援引过这样一段古希腊的史料：斯多葛学
派的首领克吕希波曾为这个题目写了六部书，但没有一部成功；另一个
是古希腊的文法家和诗人柯斯的斐勒塔，由于用心研究解除悖论的办法
而耗尽心血，最终积劳成疾患瘵病而逝。传说，斐勒塔的墓碑上刻有这
样的文字：柯斯的斐勒塔是我，使我致死的是说谎者，无数个不眠之夜
造成了这个结果。② 由此足见悖论对这些学者的诱惑力有多大。不过，
当时的多数学者并没有在这个问题上花多少功夫，他们像后来的许多学
者一样，将其视为文字游戏、高明的噱头。亚里士多德虽然研究了这个
问题，但把着眼点仍放在"说谎者"的语义双关上，没有触及问题的实质。

　　在伊壁门尼德和欧布里德之间的公元前 5 世纪，古希腊还有一位才
思敏捷的哲学家芝诺，他曾四处游说，宣传关于"运动不可能"的主张。
人们虽然不愿接受他的结论，却难以反驳他那无懈可击的论证。芝诺关
于运动不可能的四个论证，在哲学史和科学史上则通称之为"芝诺悖论"。
芝诺的论证著作没有流传下来，人们可以在亚里士多德的书中看到这样
的转述：

　　第一个论证肯定运动是不存在的，根据是"位移事物在达到目的地之
前必须先抵达一半处"③。然而要走完这一半的路程，又必须经过这一半
的一半，如此递推，以至无穷。故运动不可能。这个论证通称为"二
分法"。

　　"第二个是所谓'阿克琉斯'论证"，其要点是：在赛跑的时候，跑得
最快的永远追不上跑得最慢的，因为追者首先必须达到被追者的出发点，
这样，那跑得慢的必定总是领先一段路。"④阿克琉斯是古希腊神话中善
跑的英雄。人们形象地称这个论证的结论是"阿克琉斯追不上乌龟"。

　　从数学角度看，这两个论证涉及数列求和的问题。二分法问题可列
成加和数列：$1/2+1/4+1/8+1/16+\cdots\cdots$这一数列的总和是有限的，等
于 1。按常理，人们是可以在有限时间内走完全部路程的；阿克琉斯问

---

① 〔英〕斯蒂芬·里德：《对逻辑的思考：逻辑哲学导论》，李小五译，沈阳，辽宁教育出
　　版社，1998，第 3 页。
② 转引自陈波：《逻辑学是什么》，北京，北京大学出版社，2002，第 5 页。说谎者悖论
　　不仅让斐勒塔耗尽心力，也曾让计算机陷入困境：1947 年，威廉·伯克哈特和西奥
　　多·卡林制造出世界上第一台用于解决真正的逻辑问题的计算机，当他们让这台计算
　　机评价说谎者悖论时，计算机便进入了反复振荡状态，陷入了来回倒腾的困境。
③ 〔古希腊〕亚里士多德：《物理学》，张竹明译，北京，商务印书馆，1982，第 191 页。
④ 同上书，第 191 页。

题则可列成这样的加和数列：$1+1/n+1/n^2+1/n^3+\cdots\cdots$（n 代表阿克琉斯的速度等于乌龟速度的 n 倍）。这个数列之和也是有限的，等于 n/n—1，即阿克琉斯可以在有限时间内能够赶上乌龟。史料表明，芝诺未必不懂得这种道理。然而，这种解答仅仅是描述了运动的现象和运动的结果，并没有说明运动为什么是可能的。而芝诺所要论证的，恰恰是运动的可能性问题。

第三个论证是所谓的"飞矢不动"，即"如果任何事物，当它是在一个和自己大小相同的空间里时（没有越出它），它是静止着，如果位移的事物总是在'现在'里占有这样一个空间，那么飞着的箭是不动的"[①]。

第四个论证亚里士多德表述得不够清楚，后人将之整理为：假设有三列物体，其中的一列[A]，当其他两列[B，C]以相等速度向相反方向运动时，是静止的（参见图 6-1）。在它们都走过一段同样的距离的时间中，B 越过 C 列中的物体的数目，要比它越过 A 列中的物体的数目多一倍（参见图 6-2）。

图 6-1　　　　　　　　　　图 6-2

因此，B 用来越过 C 的时间要比它用来越过 A 的时间长一倍。但是 B 和 C 用来走到 A 的位置的时间却相等。所以，一倍的时间等于一半的时间。这个论证通称为"运动场"。

中外许多学者将这四个论证各自都称为"悖论"。张建军指出，分别地看，这四个论证并不是严格意义上的悖论，而只是一些归谬法推理。前两个论证所归谬的是"时空无限可分"的假设，后两个论证所归谬的是"时空有最小不可分单位"的假设。这两个假设正是当时的人们所讨论的问题，都不在人们的共识之中，因此，这些论证并不能构成严格悖论。但是，依据人们的直觉观念，"时空无限可分"和"时空有最小不可分单位"是两个相互矛盾的命题，而芝诺的推导表明：如果假设"时空无限可分"（"二分法"和"阿克琉斯"两个归谬推证的前提），据归谬法则可推得"时空应有最小不可分单位"；同样，若假设"时空有最小不可分单位"（"飞矢不动"和"运动场"两个归谬推证的前提），据归谬法又可推得"时空

① 〔古希腊〕亚里士多德：《物理学》，张竹明译，北京，商务印书馆，1982，第 190～191 页。

应无限可分"。故而，时空无限可分，当且仅当，时空有最小不可分单位。由此，芝诺的四个论证从总体上才可能构成一个完整的严格悖论。①

具体地说，由第一和第二个论证，我们可以得出：如果运动存在并且时空无限可分，那么，从静态看，"二分"可以无限地进行下去，则运动不可能；从动态看，阿克琉斯追运动着的乌龟，则永远追不上。现实中，人们能够运动，阿克琉斯也可以追上乌龟。所以，并非运动存在并且时空无限可分，即或者运动不存在，或者时空不是无限可分。既然人们认为运动存在，所以，时空不是无限可分的，即时空有最小的不可分单位；由第三和第四个论证，我们可以得出：如果运动存在，而且时空不是无限可分，即有最小不可分时空单位，那么，从静态看，每一时刻的"飞矢"都是在特定的静态不可分的时空单位上，则运动不可能；从动态看，在同一个时空中，乙相对于甲走了两个时空单位，相对于丙则走了四个时空单位。乙在自己的同一时空中既走了甲的两个时空单位，又走了丙的四个时空单位，即一半时间等于一倍时间。现实中，飞矢不动不可能；一半时间等于一倍时间也不可能。所以，并非运动存在而且有最小不可分时空单位，即或者运动不存在，或者没有最小不可分时空单位。人们都认为运动存在。所以，没有最小不可分时空单位，即时空是无限可分的。

不难看出，第一和第二个论证从"动"和"静"的两个方面考察而得出的结论，"时空不是无限可分的，即时空有最小的不可分单位"，恰恰是第三和第四个论证假言命题前件的一个联言支，并由此将这四个论证赋予了"上下文"的意义。而第三和第四个论证，也同样是从"动"和"静"的两个方面考察而得出这样的结论，"没有最小不可分时空单位，即时空是无限可分的"。可见，只有将这"四个论证"如此贯通起来，才能得出如下悖论性结论，即"时空不是无限可分的，同时，时空是无限可分的"。矛盾的命题同时被证明，悖论才真正得以生成。

如果我们设 p 为运动存在，q 为时空无限可分，r 为运动不可能，s_1 为阿克琉斯追不上乌龟，s_2 为一半时间等于一倍时间。依据命题逻辑的自然演绎系统 NP，上述论证过程可以简略地形式化为：

$$(1)\, p \wedge q \to r \vee s_1 \qquad\qquad A_1$$

$$(2)\, \neg r \wedge \neg s_1 \qquad\qquad\qquad A_2$$

---

① 参见张建军：《科学的难题：悖论》，杭州，浙江科学技术出版社，1990，第 16 页。

(3)$p \wedge \neg q \to r \vee s_2$	A_3
(4)$\neg r \wedge \neg s_2$	A_4
(5)p	A_5
(6)$\neg(p \wedge q)$	(1),(2),M. T.
(7)$\neg p \vee \neg q$	(6),R. P.
(8)$\neg q$	(5),(7),$\vee_-$
(9)$\neg(p \wedge \neg q)$	(3),(4),M. T.
(10)$\neg p \vee q$	(9),R. P.
(11)q	(5),(10),$\vee_-$
(12)$\neg q \wedge q$	(8),(11),$\wedge_+$

芝诺自己解决这个悖论的办法是承袭他的老师巴门尼德(Parmennides)的学说，即否认人们关于运动的共识，认为运动是假象，是受了感觉的欺骗；只有那不动的"存在者"才是真实的存在。有鉴于此，古今中外都有学者把芝诺视为一个无聊的诡辩家。相应地，芝诺的论证也被很多学者冠之以诡辩之名。

悖论研究在经历古希腊时期的高峰之后沉寂了数个世纪，直至公元12世纪，经院学者在亚里士多德谈及说谎者悖论的《辨谬篇》的基础上，再次着手研究悖论，并在14世纪达到了高峰。当时几乎所有著名的哲学家都参与了悖论问题的研讨。这次悖论研究高峰的成果主要体现在如下三个方面：(1)提出多种解悖方案。仅经院学者威尼斯的保罗就罗列了15种方案之多。这些方案可以进一步归结为"废弃、限定、有条件的解答"，[1] 即现代解悖的拒斥、限制和解析三种路径。当代逻辑史家发现，这些成果实际上预示了20世纪提出的解决悖论的多种方案。遗憾的是，这种史鉴的价值是20世纪研究悖论的学者陷入困境而回顾中世纪文献时才发现的，其间失去了应有的学术传承。(2)丰富了悖论的表述形式。他们以古老的说谎者悖论为原型，提出了多种变体形式，称之为"不可解命题"(insolubilia)。如前文所述，有模仿说谎者的直接自我指称、断定自己为假的：(a)"写在这卷书中的一切语句都是假的"，而这个语句是写在这卷书中的唯一语句。(b)苏格拉底只说了唯一的一句话："苏格拉底说谎"，等等。(3)开创了量化语句形式的悖论研究。威尼斯的保罗将类说

---

① 转引自〔英〕威廉·涅尔、玛莎·涅尔：《逻辑学的发展》，张家龙等译，北京，商务印书馆，1985，第295页。

谎者悖论语句称为"单称不可解命题",将如下形式语句称为"量化的不可解命题":（a）我断定:"这命题是假的"就是所有命题。（b）设只有两个命题 A 和 B,A 是假的,B 是"A 是一切真命题"。（c）设只有五个命题 A、B、C、D 和 E,A、B 是真的,C、D 是假的,E 是"假命题比真命题多"。（d）我断定 A 和 B 是所有命题,A 说"妖怪存在",B 则说"每一个命题都是假的"。

纵观前两个悖论研究的高峰,其命运是多舛的。"说谎者"悖论常被人们视为益智的文字游戏,芝诺关于运动悖论的论证更多地被人们斥为无聊诡辩,而中世纪的"不可解题"又被当作毫无意义的论争。从《波尔·罗亚尔逻辑》开始,"不可解命题"即被从逻辑教程中删除。19 世纪中后叶,著名逻辑史家普兰特尔(C. Prantl)在其撰就的逻辑史上第一部《西方逻辑史》中断言:关于"不可解命题"的研究已经没有任何科学价值了。①可见,悖论研究虽然经历了两个高峰,前后绵延十多个世纪,但其科学价值却并没有得到应有的挖掘,受到人们应有的重视。直到 20 世纪初年,这种貌似文字游戏的悖论,却又突然出现在被人们视为最严格、最精密的科学理论领域——数学的重要著作中,而且令一流的数学家都难以将其彻底消除,才致使悖论问题再次一跃成为学界最热门的话题之一。

二、震撼了科学理论的基础

集合论悖论并不是数学领域第一次出现的悖论。早在古希腊时期,毕达哥拉斯学派的成员希帕索斯发现的 $\sqrt{2}$（无理数）悖论,就曾引发了整个学派的一片惊恐。近代英国唯心主义哲学家贝克莱主教发现的无限小悖论,也曾让数学界着实不安了很长一段时间。但上述两次悖论所引发的震撼强度,远远不及集合论悖论所造成的。这是因为集合论在整个数学大厦中处于极为基础的地位。而集合论之所以会居于整个数学大厦之基础的地位,又与理论系统相对相容性的证明关联在一起。

我们知道,非欧几何是在对欧氏几何第五公设否定性探究的基础上创生的。欧氏几何具有强烈的直观性,非欧几何创生后却因其非直观性而长期得不到数学界的承认。意大利数学家贝尔特拉米(E. Beltrami)等人独辟蹊径,运用映射方法证明非欧几何中的所有定理都有欧氏几何中的定理与之对应。也就是说,如果欧氏几何本身是无矛盾的,那么非欧几何本身也不会导致矛盾;如果前者是可接受的,后者在逻辑上也就是

---

①　参见张建军:《科学的难题:悖论》,杭州,浙江科学技术出版社,1990,第 31～32 页。

可接受的。经过后人的修改与完善，贝尔特拉米等人的这种对理论系统相对相容性的证明已经达到无懈可击的地步，从而使得非欧几何能够逐渐为多数数学家所理解和认可。

既然不合直观的非欧几何可以成立，说明合直观性并不是科学理论系统相容性、可靠性的一个必要标准，那么，以直观为基础的欧氏几何的相容性也同样需要给予证明。人们在欧氏几何内部证明其相容性的努力失败之后，便求助于笛卡尔的解析几何，把一切几何命题都表示为实数代数的命题，试图表明，如果实数代数是无矛盾的，则欧氏几何也就是无矛盾的。就在学界以实数论为几何学之基础的同时，数学的另一领域——分析数学，也同样向实数论求援。柯西的极限理论的建立和改进，结束了关于微积分的严密性的争论。但是，极限论及当时分析的严密化等工作都是建立在实数系基础之上的。数学家戴德金和康托尔通过对实数的重新研究，从实数论纯逻辑地把极限的性质，进而把整个微积分学推论出来了。这样，实数代数便背负起整个数学，那么，作为数学基础的实数代数是否具有相对相容性呢？为了求证实数代数的相对相容性，戴德金把实数化归为有理数的划分，康托尔则把实数化归为正规有理数序列，二者又均可化归为自然数的无穷集合。如此递推，实数论的相容性问题便被归咎到自然数论和集合论的相容性之上。后来，弗雷格和戴德金又利用集合概念定义了自然数，从而使自然数论的相容性又进一步化归到了集合论的相容性。至此，集合论便成为整个数学大厦的基础。

康托尔在集合论领域颇有建树，但"集合"这个概念的使用却并非自康托尔开始。布尔（G. Bool）的类代数实际上就是集合代数。康托尔的贡献在于：对无限集合进行定量研究，引进了超限基数和超限序数，划分了无限的层次。超限基数和超限序数理论乃至整个超限集合论的建立，使人类对于无限的认识进入了一个崭新的阶段。虽然某些结论因与传统观念相冲突而受到诸多批评和指责，但康托尔坚信自己的创造对整个数学的重要性，顽强地坚持并发展自己的学说，有威尔斯特拉斯、戴德金和弗雷格等人的支持，尤其是这个理论本身显示出的强大的生命力，到19世纪90年代，康托尔的成果已经得到多数数学家的公认。超限集合论不仅因其成为数学理论相对相容性证明的底端而大放异彩，而且因为它在一系列数学领域（如测度论和拓扑学等）中的成功应用而备受人们的青睐。

正当人们为集合论理论的成功也为整个数学找到了坚实基础而庆幸之时，1895年，康托尔在他的序数理论中发现了重大矛盾：根据概括原则，可用所有序数构成一个集合 W，将其中的元素排列起来，则 W 是个良序集，其元素便是上面的良序系列中的分子。根据穷竭原则，这个集合也应有一序数 Q，它大于 W 的任一元素。但由于 Q 本身也是一个序数，故而也是 W 的一个元素。这就导出了 Q>Q 的荒谬结论。运用反证方法，可以给出这样的矛盾等价式：设 Q∈W，由前面已推得 Q>Q，而这是不可能的（一集合与其自身相等是逻辑定理），故 Q∉W；再设 Q∉W，如此便有一序数不属于由序数来定义的集合，与概括原则相矛盾，故得 Q∈W。这样，Q∈W，当且仅当，Q∉W。

康托尔将他发现的矛盾写信告知了希尔伯特（D. Hibert），力图找出推导中的问题所在，但一直没有将这个问题公开。由于布拉里－弗尔蒂（Burali-Forti）独立发现并最先公布了这个悖论，一般将这个悖论称之为"布拉里－弗尔蒂悖论"。

最大序数悖论尚未解决，康托尔又发现了基数悖论。1899 年，他在给戴德金的一封信中谈到了他的发现。现以"集合"作为一特征性质，根据概括原则，可以构成所有集合的集合 S，即所谓"大全集"。前面的康托尔定理告诉我们，任一集合的幂集的基数大于原集合的基数，由此可知 S 的幂集的基数 $\overline{\overline{PA}}$ 大于其自身的基数 $\overline{\overline{S}}$。但是，既然 S 是大全集，则 PS 也是 S 的子集，子集的元素的个数不可能超过其母集，故有 $\overline{\overline{PA}}$ 小于或等于 $\overline{\overline{S}}$。于是，$\overline{\overline{PA}}>\overline{\overline{S}}$ 并且 $\overline{\overline{PA}}\leqslant\overline{\overline{S}}$。这就是著名的"康托尔悖论"。它比布拉里－弗尔蒂悖论更简单、更明显。

康托尔感到，如果在上述推导中找不出问题，就说明可能并不存在大全集，或者说，没有最大的超限基数。然而，这个结论如果成立，就意味着必须修改超限集合论的某些原则，而在这些原则中变更任何一个，对于康托尔的理论都是致命的。"没有最后的超限数！这个命题听起来是极其自然的，可是其中包含着一包炸药，几乎炸坏了整个理论，这正好发生在当康托尔征服了他的第一批反对者的顽强抵抗，有充分理由相信他的原理已经大获全胜的时候。"[①]

由于这两个悖论的推导牵涉到一系列概念，所以，当时的很多数学家并没有为此而忧虑。他们相信这两个悖论肯定是由于推导中某些环节出了错误所致，比如暗含地引入了新概念，或推理中发生了不易察觉的失误，就像过去关于欧氏几何第五公设可以从其余四条公设推出的一系列"证明"一样，那些"证明"经过后来的仔细辨析都不成立。人们具有这

① 〔美〕T. 丹齐克：《数：科学的语言》，苏仲湘译，北京，商务印书馆，1985，第 187 页。

种信念的另一个原因是，尽管欧氏几何、实数论和自然数论的不矛盾性都没有得到直接证明，但是人们都相信它们不会导致矛盾，事实上也从未在其中遇到过矛盾。同时又已经把这些理论的不矛盾性直接或间接地归约到集合论的不矛盾性，而集合论在当时被许多数学家公认是逻辑理论，逻辑理论"应该说"是没有矛盾的，所以人们更加相信集合论中决不会产生矛盾。因而，当最大基数和最大序数悖论出现后，并没有影响到数学界的安全、乐观的气氛，也没有影响到集合论在许多领域中的自由应用。

如果说由于布拉里-弗尔蒂悖论和康托尔悖论涉及的概念较多，使得数学家们对于在集合论的现有形态中解决问题充满希望，那么罗素悖论的发现，就使得这种希望彻底破灭了。1901 年，罗素在试图寻找康托尔悖论之推导的毛病时发现了他的悖论。

我们知道，集合的构成有两种方法，一是列举法；二是概括法。但通过列举法构建的集合也可以用概括的方法统摄，所以概括原则是康托尔集合论中统摄任一集合的一条普遍原则。正是这条原则可运用于构造无限集合，甚至不可数的无限集合，集合论作为整个数学的基础理论才成为可能。然而，罗素悖论也正是由这条普遍的基本原则引申出来的。罗素当时的思路是：我们可以把所有集合分成两类，一类是不属于自己的，不能作为自己的元素的集合，如弗雷格所说，人的集合不是一个人。另一类是属于自己的即本身是自己的元素的集合，如所有不是匙子的东西的集合，本身也不是一把匙子。这种分类看上去充分适当而且无可怀疑。现在考虑这样一个特征性质，即"不属于自身的集合"这一性质，根据概括原则，则有"不属于自身的集合"当且仅当"属于自身的集合"。稍后，意大利数学家策墨罗也独立地发现了同一个悖论①。

罗素悖论由概括原则直接导出，形式上简洁而明确，剥去了从康托尔的集合论所导致悖论的一切数学上的技术性细节，从而揭示了一个惊人的事实，即人们的逻辑直觉（诸如有关真理、概念、存在、类等概念的直觉）是可能存在自相矛盾的。罗素悖论触及了整个集合论的最根本的概念——集合，所以给人以数学大厦之将倾的压力和恐惧。1903 年，德国数学家和逻辑学家弗雷格出版了他的重要著作《论算术的基本法则》第二卷。然而，在这部书的"后记"中他却沮丧地写道："对于一个科学工作者来说，最不幸的事情无过于：当他完成他的工作时，发现他的知识大厦

---

①　有人也将罗素和策墨罗各自发现的集合论悖论统而称之为罗素-策墨罗悖论。

的一块基石突然动摇了。正当本书的印刷接近完成之际，伯兰特·罗素先生的一封信便使我陷入这种境地……"①另一位数学家戴德金在得知这个悖论之后，把原来打算付印的《连续性与无理数》一书的第三版的稿子抽了回来。罗素本人则如此形容他发现这个悖论时的心绪，"智力活动上的悲哀充分地降到了我的头上"，"我把这件倒运的事告诉了怀特海（A. Whitehead），他引了一句话：'愉快自信的清晨不再来'，我却不能得到安慰"②。数学史家克莱因（M. Kline）从整体上描述了当时的情境："作为逻辑结构，数学已处于一种悲惨的境地，数学家们以向往的心情回顾这些矛盾被认识以前的美好时代"③。

数学，素有最严格的科学理论之称，也是架构其他经验科学理论的重要工具，现在竟然在其基础理论中发现了逻辑矛盾，这不仅使当时许多数学家感到无所适从，也使得其他科学理论的逻辑严格性受到了怀疑。

三、策动着科学理论创新

西方学界尽管忽视了悖论在经验科学领域中的方法论地位和价值，但在演绎科学领域，悖论的方法论价值还是得到塔尔斯基等人的高度关注，而且从科学发展的实际情况看，在科学发展极为迅速的 20 世纪，获得重大进展的领域都与悖论问题紧紧地联系在一起。不仅数学基础领域的巨大成就与 1900 年前后发现的布拉里—福蒂悖论、康托尔悖论、罗素悖论等一系列集合论悖论密切关联，而且物理学领域的巨大发展与 1905 年爱因斯坦澄清并解决的他在 16 岁时发现的"追光悖论"，即伽利略的相对性原理与光速不变原理之间的矛盾相关联，甚至在社会经济领域，从法国社会学家孔多塞（Condorcet）等发现"投票悖论"，到 1972 年肯尼斯·阿罗（K. Arrow）获得诺贝尔经济学奖，其中也与悖论问题有着割不断的关联……甚至可以这样说，悖论的连锁反应不仅对人们的科学思维方式产生了重大影响，而且对人类的生存和发展，对技术、生产乃至整个人类文明都产生了不可忽视的重大影响。④

悖论为什么会产生如此巨大的作用与影响呢？我们知道，科学的发展离不开科学理论的进步。关于科学理论，按照拉卡托斯的理解，是以

---

① 〔英〕威廉·涅尔、玛莎·涅尔：《逻辑学的发展》，张家龙等译，北京，商务印书馆，1985，第807页。

② 〔英〕罗素：《我的哲学的发展》，温锡增译，北京，商务印书馆，1982，第64、66页。

③ 〔美〕M. 克莱因：《古今数学思想》，第4册，北京大学数学系数学史翻译组译，上海，上海科学技术出版社，1981，第293页。

④ 参见沈跃春：《跨学科悖论与悖论的跨学科研究》，《江淮论坛》2003年第1期。

科学研究纲领的方式存在的，而一切科学研究纲领都在以其基本概念和基础原理构成的"硬核"上有明显区别。一个科学研究的纲领形成之后，"纲领的反面启发法禁止我们将否定后件式对准这一'硬核'，相反，我们必须运用我们的独创性来阐明、甚至发明'辅助假说'，这些辅助假说围绕该核形成了一个保护带，而我们必须把否定后件式转向这些辅助假说"①。就是说，对于科学理论中出现的普通的"反常必须只在辅助、'观察'假说和初始条件的'保护'带中引起变化"②，因此，"只要辅助假说保护带的业经证认的经验内容在增加，就不许'反驳'将谬误传导到硬核……"③但是，作为科学研究纲领的"硬核"也不是不可改变甚至是放弃的，"在某种条件下，它是可以崩溃的"，而且"崩溃"的原因既不是"纯粹是美学上的原因"④，也不是库恩所说的那种"从一个'范式'到另一个'范式'——是一次神秘的皈依，它不是也不可能是靠一些理性的规则来引导的，因而整个地归于发现的（社会）心理学的范围。科学变革是一种宗教式的变革"，"是非理性的"，甚至"是暴民心理学"。我们认为，科学革命"是理性的过程而不是宗教的皈依"⑤，实现科学革命的机制"主要是逻辑的和经验的原因"⑥。比如，实践的需要、社会的激励、科学家意外灵感的推动等，但不可否认的是，科学理论也有其逻辑的自我演进的动力机制。对于非经验问题而引起的科学理论中的"反常"而言，"纲领的困难便是数学上的困难，而不是经验上的困难"⑦。这是因为，科学理论的进步和完善的过程正是一种不断清理其逻辑矛盾，强化其逻辑相容性的过程。

具体而言，科学理论中的矛盾清理至少有这样几个层次：其一是科学理论中存在着的明显的缺陷，这种缺陷的弥补可能需要通过实践去充实和完善；也可能是普通的逻辑错误，很容易被人们以断然的取舍方式予以清除。其二是科学理论中存在着逻辑矛盾，但可以通过不伤及理论系统的"硬核"而只对其外围性辅助假设作适当的修改、增加或删减，即可保持原有理论系统自身的完整性和相容性。其三是仅仅通过修改辅助

---

① 〔英〕伊·拉卡托斯：《科学研究纲领方法论》，兰征译，上海，上海译文出版社，1986，第 67 页。
② 同上书，第 67 页。
③ 同上书，第 68 页。
④ 同上书，第 69 页。
⑤ 〔英〕伊·拉卡托斯、艾兰·马斯格雷夫：《批判与知识的增长》，周寄中译，北京，华夏出版社，1991，第 230、119 页。
⑥ 〔英〕伊·拉卡托斯：《科学研究纲领方法论》，兰征译，上海，上海译文出版社，1986，第 69 页。
⑦ 同上书，第 71 页。

性假设并不能清除科学理论中的逻辑矛盾，而且对于"相互不一致的理论，应当淘汰哪一个……先试着取代前者，然后再试另一个"，在反复的试解后，仍然不能使问题得到解决，那么解决问题的途径就"可能取代两者，并且选择新的体系"①。这时的"反常"肯定触及了理论系统的基础概念和根本性原则，直逼科学研究纲领中的"硬核"。而要彻底地消解这里的"反常"，就需要对理论系统的"硬核"进行变革。这种变革必然涉及特定领域的认知主体——在具体科学领域即为库恩所谓的"科学共同体"的"背景信念"，亦即夏皮尔的关联模式中的科学发展基础的改变。惟有如此，才能实现拉卡托斯所云的"进步的问题转换"。然而，一个理论体系"硬核"的变化，特定认知共同体"公认正确的背景知识"或"背景信念"的根本改变，也正是科学革命所特有的表征。因此，内蕴于科学理论之中直接触及其"硬核"合理性的悖论，便是从科学理论内部策动科学革命的深层动因。

---

① 〔英〕伊·拉卡托斯、艾兰·马斯格雷夫：《批判与知识的增长》，周寄中译，北京，华夏出版社，1991，第 169 页。

第七章　致悖：科学理论建构中的缺陷

科学理论是知识领域中内在逻辑性最为严密的部分。受逻辑思维第一规律——不矛盾律的制约，维护认知和求知的成果和结晶的内在相容性与外部一致性，一直是人们在知识领域中的不懈诉求。如果在这部分知识中出现了逻辑矛盾，那么，人们在知识领域企求确定性和理论系统化的梦想就可能会化为泡影。所以，当希尔伯特得知在承担数学学科基石的集合论中出现了罗素悖论时，难免会大为感慨："数学中人人所学、所教、所应用的那些定义和演绎方法，从来都被认为是真理和确定性的典范，而现在却导致了荒谬。如果连数学思维都是不可靠的话，我们将到何处去寻找真理和确定性呢？"①不幸的是，研究表明，科学理论中的悖论的解决总是相对的、暂时的，悖论不可能从科学理论中得到彻底根除。那么，悖论为什么不能从科学理论中彻底根除？科学理论悖论产生的原因是什么？能否从科学理论构建之初就建立一种机制将悖论拒斥在外呢？

第一节　从科学理论认识发生学的角度看

科学理论的认知生成有两大逻辑管道，一是归纳；二是演绎。实际上，这两种管道之间并不存在截然的二分，随着"观察渗透理论"的观点渐成共识，融归纳和演绎于一身的"假说—演绎"法和溯因推理(或溯源推理)模式逐渐成为学界较为普遍接受的科学理论发生学的认知模型。仅就"假说—演绎"这种模型而言，它表明：科学家在创立一个科学理论时，首先是构建一个一般性的假说，它能够说明已经获得的结论，并且由它可以推演出进一步的特定陈述或预言；这些推导出的预言可以在实验和观察检验中得到证实和证伪，并由此决定是接受还是修正或拒斥这一假说。科学理论就是在证实中获得积累，在证伪中得到更新，进而逐渐形成相对完整和严密的知识系统。

---

① D. Hilbert: "On the Infinite", *Philosophy of Mathematics*, *Selected Readings*, P. Benacerraf and H. Putnam ed., New Jersey: Prentice-Hall, Inc. 1964: 141.

这种科学理论的"假说一演绎"生成模式可以分割为几个重要环节：首先，要确立一个假说；其次，从假说中演绎出结论；最后，用观察来检验这些推论是否正确。由于演绎的逻辑工具是相对确定的，而且具备保真的功能，因而，假说在整个科学研究和科学理论的建构中就处于基础和核心的地位。马赫指出："与从给予的前提出发的演绎相比，对被给予的东西的前提之分析的追求是一个很少确定的任务。因此只是借助假设以尝试性的步骤取得成功，而假设则可能把正确猜想的项目与虚假的或无关紧要的项目结合在一起。因此，不同的探究者采取的思想路线，在这里受到偶然特征的许多影响。"①就科学理论或定律的确立和发展而言，假说始终处于有待通过观察、实验和论证进行修正或被抛弃的地位，就是说，如果某个假说在进一步的研究之后被证明是可接受的，就可能被提升为科学理论或定律；反之，科学家就有可能在适当的时候对其予以修正或抛弃。尽管如此，科学研究的实际工作仍然主要是围绕着假说这一中心而展开的。径直地说，科学研究就是确立假说、验证假说而建立系统理论的过程。离开假说，科学研究便不能进行，科学也不能发展。

科学研究围绕着假说而展开，科学理论是在证实与证伪假说的基础上而构建的，然而，科学假说却并不具有构建确定性知识系统所需要的那种确定性的品质。科学假说作为对科学问题的一种试探性和推测性的断言，总是以预设为真的方式提出并被检验的。按瓦托夫斯基（M. W. Wartofsky）的说法，假说仅仅是被看作关于承认某一事实为真的一个建议，它带有尝试性和有意识的规定性，以"倘若如此这般，事情将是怎么样"，以区别于这样断言，即"事情就是如此这般"或"可以证明如此这般是真的"②。不难见得，假说中的预设本质上包含着信念的成分。

从表面上看，假说只服从事实证据，正是事实证据确认了科学假说。所以，一般认为，科学与个人信念乃至信仰无关，二者甚至是完全对立的，科学中没有信念的地位。然而，事实并非如此，甚至是恰恰相反，科学研究过程的每一个阶段，不论是观察有意义的事实，根据事实提出假说，还是用观察或实验检验假说都离不开信念。

细究起来，科学假说中的信念可以分为"常识"、"科学见识"和"世界观"③三个层面，并在科学理论生成过程中发挥着不同程度的作用。

---

① 〔奥〕恩斯特·马赫：《认识与谬误》，李醒民译，北京，华夏出版社，2000，第 264 页。
② 〔苏联〕M. W. 瓦托夫斯基：《科学思想的概念基础》，范岱年等译，北京，求实出版社，1989，第 243 页。
③ 参见肖广岭：《论科学中的信念》，《自然辩证法通讯》2000 年第 4 期。

　　"常识"层面的科学假说中的信念，其内容包括外部世界的独立存在性、外部世界的有秩序性、外部世界的可知性、感觉具有一定程度的可靠性、逻辑和智力规则的存在性、概念分类的相关性和逻辑相容性、认知智慧的适当性、理论与实在的一致性，等等。这些因素之所以属于"常识"层面的信念，是因为它们不仅是科学研究和科学理论建构的前提，也是存在于常人意识之中的认知预设。

　　"科学见识"层面的科学假说中的信念，是指在科学实践中逐步形成的某种意识，它包括科学的基本解释模型是机器还是有机体抑或其他形式的，用接触力或是以超距作用力理解因果作用，解释某一现象是说明引起该现象的因素还是通过严格的演绎推理导出结论，自然物质最终是连续的还是不连续的，等等。此外，哪些概念是科学理论能够正当地使用的，何种解释才是合理的，某一理论是否有足够的解释力，怎样区分好理论与差理论，什么样的准确度才是足够的，科学理论形式的优雅、美感和简单性的作用是什么，如此等等。这些"科学见识"不仅随着科学发展进程的变化而变化，而且同时代科学家之间也可能持有不同的观点。尽管科学家的经验过程或逻辑推理不见得能直接回答这些问题，但每个科学家对此都有自己相当稳定的信念，否则科学研究便不能进行。如怀特海所说："如果（我们）没有一种本能的信念，相信事实之中存在着一定的秩序，尤其是相信自然界中存在着秩序，那么，现代科学就不可能存在。"①

　　"世界观"层面的科学假说中的信念，是以科学研究和科学家的生活经历为基础的，经过"形而上学"的过程，即非严格的经验过程和逻辑推理而形成的关于世界的本源、基本结构和根本规律等基本观点。比如，唯物主义者和自然主义者相信世界的本源是物质的，不存在超自然的领域，自然界本身具有内在结构和规律性，②等等。再如，基督教神学论者相信上帝的存在，在宇宙间存在超自然的活动，世界是由上帝创造和维持的，等等。

　　当然，科学假说中的信念分层不是绝对的。比如，自然界的统一性对一些科学家是"常识"，而对另一些科学家可能是经过深思而形成的"世界观"。肯定科学假说中信念因素，通过其信念分层的研究，我们就不难理解这样的现象，即为什么无神论者和有神论者能够在广泛的科学领域

————————

① 〔英〕A. N. 怀特海：《科学与近代世界》，何钦译，北京，商务印书馆，1989，第4页。
② 参见肖广岭：《论科学中的信念》，《自然辩证法通讯》2000年第4期。

达成共识，而对某些理论或观点却又有分歧，原因可能在于两者有相同的"常识"和"科学见识"，却又有不同的"世界观"；为什么某些无神论科学家和某些有神论科学家能形成同一学派，而另一些无神论科学家和另一些有神论科学家能形成另一学派，原因可能在于此时的"科学见识"对学派核心观点的形成具有决定性作用。这就是说，就所有科学家而言，其"常识"部分可能是基本相同的，但拥有相同"科学见识"的科学家之间却可能拥有不同的"世界观"，而拥有相同"世界观"的科学家之间却可能拥有不同的"科学见识"。

由于信念具有选择功能，不管在"常识"、"科学见识"还是"世界观"方面，都会涉及科学家的主观选择。"常识"的选择往往是不自觉地进行的，"科学见识"的选择则是在一定的科学背景和科学训练的基础上自觉或不自觉地习得的，而"世界观"的选择往往是经过个人的深刻思考而凝成的。因此，"常识"层次的信念，个人色彩较少，不同主体之间容易达成共识；"科学见识"层次的信念则具有一定的个人色彩，在同一科学共同体的不同主体之间通过一段时间的"磨合"也可能达成基本共识；但"世界观"层次的信念却具有很强的个人色彩，不同主体之间很难达成共识。对每个科学家来说，这三个层次的信念是同时存在的。对整个科学研究活动而言，"常识"层次的信念具有普遍的和基础性的意义，"科学见识"层次的信念在科学从经验层次向理论层次过渡的过程中起着突出性作用，而"世界观"层次的信念则在科学的高度理论化阶段会起到明显的作用。

科学从经验层次向理论层次过渡，就是要寻求经验定律背后更深层次的本质和规律，以及科学概念和理论之间的内在关系。在对科学知识点进行综合化和体系化的过程中，"常识"层次的信念虽然起着基础性作用，但"科学见识"层次的信念则起着更为突出的作用，当然，"世界观"层次的信念的作用也有所显露。之所以说"常识"层次的信念还起一定的作用，是因为科学知识点的理论化和综合化需要以经验定律和观察实验等经验陈述为基础。之所以说"科学见识"层次的信念起着更为突出的作用，是因为在这一阶段提出的科学假说或理论的本质与经验定律和事实之间的关系不是直接的或必然的关系，也不是唯一的关系，它涉及理论或假说的选择、优劣理论的标准的区分，以及理论形式本身的优雅或简单性等一系列问题。解决这些问题需要"科学见识"层次的信念发挥更大的作用。之所以说"世界观"层次的信念也起一定的作用，是因为在对科学知识点的理论化和综合化的过程中，涉及物质世界的基本组成和结构或自然界的根本规律，即涉及"世界观"层次的信念，因此，这个层次的信念不能不对这一过程产生影响。

在科学的高度理论化阶段，由于涉及宇宙的产生、物质深层的结构和运动规律、随机性与必然性的关系、连续性与离散性的关系、生物进化的动因、人类智慧的本质等问题，这些都与"世界观"层次的信念密切相关。这样，"世界观"层次的信念则会起到更加重要的作用。与此同时，"常识"和"科学见识"层次的信念也仍然会起到相应的作用。比如，数学基础是连续的还是离散的或空间与数是否能完全对应，广义相对论和量子力学对物质的描述或解释哪个更为根本，关于宇宙起源的所谓"人类学原理"的真实含义是什么，社会生物学关于物种基因延续与利他主义的关系是否站得住脚，人类智慧与人工智能是否能真正对接和融合①，等等。可以说，科学理论化程度越高，与"世界观"层次的信念的关系就越密切，对其中问题的解答及建立相关的理论就越会明显地刻上"世界观"层次的信念的烙印。

基于上述，笔者以为，在一定程度上，科学家的研究成果就是以假说的形式对科学家的信念进行的理论展开，是让具有更多信念成分的科学假说提升为具有更多确信成分的科学理论或科学定律。正如波兰尼(M. Polanyi)评价牛顿时所说："他的天才再一次表现了他的这一能力：他把这些朦胧地持有的信念变成了具体的、具有约束力的形式。"②

波普尔说过："应当把科学设想为从问题到问题的不断进步——从问题到愈来愈深刻的问题。"③这就是学界普遍接受的"科学始于问题"的观点。科学始于问题是否与假说及其信念无关呢？答案是否定的。这里的"问题"实质上是对既有科学理论的怀疑。如波兰尼所指出的："对任何外显陈述的怀疑只不过是暗示着要否定这一陈述所表达的信念而赞成别的目前不被怀疑的信念的尝试而已。"④在这一点上，怀疑与信念有同等的"相信"意义。科学研究虽然在确信和怀疑的交替中不断向前发展，但是作为具体研究工作的开始，只是怀疑而没有肯定性的信念，研究工作是不可能得以开始的。科学研究必须有一个肯定的信念为出发点或前提，作为认识的一个支点，虽然这种信念可能是甚至必然是不明确的，但"那

---

① 参见肖广岭：《论科学中的信念》，《自然辩证法通讯》2000年第4期。
② 〔英〕迈克尔·波兰尼：《个人知识：迈向后批判哲学》，许泽民译，贵阳，贵州人民出版社，2000，第424页。
③ 〔英〕卡尔·波普尔：《猜想与反驳：科学知识的增长》，傅季重等译，上海，上海译文出版社，1987，第317页。
④ 〔英〕迈克尔·波兰尼：《个人知识：迈向后批判哲学》，许泽民译，贵阳，贵州人民出版社，2000，第417页。

些相信科学的人，必得承认他们是将一种解释置于他们的证据之上，对这种解释，他们必须自行负责进行明确的测定。一旦把科学接受为一种整体，一旦同意科学的任何特定的陈述，他们在某种程度上都要依赖他们自己的个人确信"①。这就从否定意义上说明了，科学研究和科学理论的建构不仅不可能排斥信念，而且必然是围绕着信念开展的。

从科学发展史上看，在古希腊时期的科学中，由于预设了事物背后有不变的本原，知识的获取就成为对本质实在的把握，即探求本原并试图用一定的认识方式把握它。近代科学认识，抛弃了隐蔽的质和不变的形式，从经验事实出发来认识对象的普遍属性，但在具体科学假说的背后还是对一般的世界本性作了世界观信念的预设。这是因为，如果没有关于自然界的世界观信念，在经验范围内怎么操作、经验什么、怎样经验，都将成为问题。牛顿认识到了假说的信念成分，但为了维护其科学理论的确定性，声称自己"从不杜撰假说"，并拒绝一切假说，不论它是形而上学的还是物理学的，认为假说在科学真理的探索中没有地位。事实上，牛顿并没有做到，也不可能做到。他在《自然哲学的数学原理》的拒斥假说的典型声明中写道："我迄今为止还无能为力于从现象中找出引力的这些特性的原因，我也不构建假说；因为，凡不是来源于现象的，都应称为假说；而假说，不论它是形而上学的或物理学的，不论它是关于隐秘的质或是关于力学性质的，在实验哲学中都没有地位。在这种哲学中，特定命题是由现象推导出来的，然后才用归纳方法作出推广。正是由此才发现物体的不可穿透性、可运动性和推斥力，以及运动定律和引力定理。对于我们来说，能知道引力确实存在着，并按我们所解释的规律起作用，并能有效地说明天体和海洋的一切运动，即已足够了。"②显然，牛顿完全相信经验归纳法的有效性和可靠性，并认为建立在归纳法上的科学知识是普遍有效和真实确定的。这实际上就是一种信念。哥白尼日心说提出后，日心说和地心说的争论主要是由信念的不同引起的。因为不管是日心说还是地心说，它们所使用的基本上是相同的天文观测资料。赖尔(C. Lyell)的地质渐变论和居维叶(G. Cuvier)的灾变论的争论，达尔文(C. R. Darwin)的生物进化论与创世说的争论，爱因斯坦与玻尔关于客观实在性和决定论问题的争论，等等，都是由于信念的

---

① 〔英〕迈克尔·波兰尼：《自由的逻辑》，冯银江等译，长春，吉林人民出版社，2002，第20页。

② 〔英〕牛顿：《自然哲学之数学原理·宇宙体系》，王克迪译，武汉，武汉出版社，1992，第553页。

不同所引起的。

我们不妨再结合两个实例来看信念因素在科学理论建构中的作用和地位。

汉森(N. Hanson)在《发现的模式》一书中写道：

> 清晨，开普勒和第谷(B. Tycho)站在高山顶上，面向东方。忽然，一轮红日出现在东方的地平线上，太阳发射出来的相同光子，穿过大气层，以同样的方式穿过这两位具有正常视力的天文学家眼睛的角膜、房水、虹膜、晶状体和玻璃体，到达各自的视网膜，最后在他们的视网膜上留下了相同的视觉图像：一只位于红、绿色斑中间的明亮的黄白色圆盘。然而，除此之外，开普勒和第谷还看到了不同的东西：第谷看到的是太阳从固定的地平线上冉冉升起，而开普勒看见的却是在静止的太阳底下滚动着的地平线。

观察者的视网膜反应仅仅是一种物理状态或生理反应。看是一种经验，"是人而不是人的眼睛在看，照相机和眼球本身是看不见东西的"[①]。但是，在同样的看的行为中，却产生了不同的理论后果。此中的原因只能归咎于二者因信念的差异而导致对看的信息进行了不同的整合。

再看爱因斯坦与玻尔的争论。量子力学所遇到的一个基础问题是其概念与真实世界的关系问题。爱因斯坦坚持自牛顿力学以来形成的经典的实在论，如对一个原子系统的完全描述要求详尽说明能客观地和清晰地定义原子状态的经典的时空变量。量子理论不能达到这个要求，因而是不完全的，最终将被能满足经典期望的理论所取代。玻尔则认为，量子力学只能而且也只应该描写观察到的物理实在，即原子系统与观察系统相互作用所得到的实在。量子理论达到了这个要求，因而是完全的理论。爱因斯坦和玻尔的信念差异在于：爱因斯坦确信，理论应该描述排除干扰的经典的物理实在；而玻尔则相信，理论应该描述观察到的物理实在。

量子力学所遇到的另一个基本问题是经典的因果决定论和统计决定论哪一个更为根本。爱因斯坦坚信：宇宙有秩序性和可预测性，而量子

---

① 〔美〕汉森：《发现的模式：对科学的概念基础的探究》，邢新力译，北京，中国国际广播出版社，1988，第 8 页。

力学只能预测单个事件的概率，这种不确定性是由我们现在的无知所造成的，总有一天人们会发现决定性的规律而能够对单个事件作准确的预测。玻尔相信：建立在统计决定论基础上的量子力学是根本性的理论，对微观粒子只能给出某种概率，不可能准确地预测单个粒子的状态。

爱因斯坦深受古希腊以来西方哲学关于世界的秩序性、统一性、简单性和理性的影响，使他坚持"对世界的合理性和可知性的坚定信念，类似宗教感情，支撑所有高层次科学研究工作"①，"要是不相信我们的理论构造能够掌握实在，要是不相信世界的内在和谐，那就不可能有科学。这种信念是，而且永远是一切科学创造的根本动力"②。而玻尔则更崇尚有关阴阳关系的中国道家哲学。我们知道，在观察或实验对假说的检验问题上，并不是简单的证实或证伪所能解决的，在没有更好的假说或理论产生之前，那些存在很多反例的假说仍然可能被人们接受，之所以会如此，就是因为有坚定的世界观信念在支撑着科学家。在量子力学的产生及其科学家对它的不同态度上，我们明显地可以看到这一点。

正是世界观信念上的差异，导致了爱因斯坦和玻尔在量子力学理论上的见解大相径庭。这种见解的差异不仅仅是个性品格或偏好的问题，它会深深地影响到不同科学理论系统的建构。不难理解，同一学科领域内之所以会形成不同的科学学派，而不同的学派之所以会建构出不同的理论系统，其中的原因绝不仅仅是所使用的方法或占有资料的不同，所持信念不同可能是最为根本的因由。这就从科学理论发生学的角度印证了信念在科学理论构建中的核心地位和重要作用。

对于同一个科学领域，因为所持信念不同会形成不同系统的科学理论，如果我们承认"真理只有一个"的话，那么，这些不同学派建构的各有其证据支持的理论系统之间，因其差异的存在，必然会造成矛盾的冲突乃至暴露出逻辑悖论。正如雷歇尔和布兰登（R. Branddom）所指认的："我们不能忽视这样的事实，即科学的划分归根结底是建立在分割的基础之上的……然而，在这样的情况下，建立在不完备基础上，并通过外推而得出的最终理论就不仅可能，而且几乎是不可避免地将与其他的理论相冲突。"③因此，从科学理论发生学的角度论，只要科学研究和科学理论的建构离不开假说，就必然会因为假说中的信念差异而导致不同科学

---

① Albert Einstein：*Ideas and Opinions*，London：Sourenir Press，1973：262.

② 《爱因斯坦文集》，第 1 卷，许良英等译，北京，商务印书馆，1976，第 379 页。

③ N. Rescher and R. Branddom：*The Logic of Inconsistency*，Oxford：Blackwell Press，1980：54-55.

理论系统之间出现矛盾或冲突，那么，在同一个科学理论的不同系统之中，乃至在不同的科学理论体系一性研究之中，悖论的出现就不可避免。

第二节　从科学理论构造方法学的角度看

如果假说中的信念差异不可避免地会导致不同科学理论系统之间产生矛盾甚至悖论，那么，同一信念背景下构建的科学理论系统是否一定能够阻止悖论的生成呢？答案还是否定的。

从哲学方法论角度看，构造科学理论的方法有多种，比如，常用的方法有公理化方法、逻辑与历史相统一的方法、从抽象上升到具体的方法，等等。以认知心理学关于问题解决策略的二分法，公理化方法当属"算法"(Algorithm)之列，而逻辑与历史相统一的方法，以及从抽象上升到具体的方法等可归并于启发法(Heuristics)①之中。由于算法能够精确地指明问题解决的步骤，这种独特的优势，成为打造具有严密逻辑形式的数学和逻辑学等演绎科学理论系统的常用方法，而且由以构建的科学理论系统在其逻辑相容性方面也是最能为人们所信服的。比如，亚里士多德的三段论系统，从 2 个基本公理，4 个基本规则，即可推得 24 个有效式。再如，欧几里得的几何学体系，从 23 个定义、5 条公设和 5 条公理为出发点，可以严密地推演出了 467 个数学命题。

按照"算法"构造的科学理论都是基于公理进行的严格推导，它可以排除世界观层面的信念的干扰，就是说，可以更少地带有个人偏好与信仰的成分，那么，以这种方法构造出来的科学理论系统一定可以阻止悖论的生成吗？

我们以公理化集合论系统的建构过程为例，来看作为经验科学理论架构工具的逻辑理论系统的构建问题。因为这样的理论"一个重要的目的是发明一些方法，使得有限的智力能够处理无限性"②问题。应该说，如果这里的构建不会出现矛盾和悖论，那么它就可以为经验科学理论的建构提供可靠的工具。如果这里的构建尚且不能保证不出现矛盾和悖论，那么，由它架构的经验科学理论就更不能保证不出现悖论了，即便人们

---

① 认知心理学的"算法"概念相当于"演绎推导"，不同于逻辑学的"算法"概念。启发法是在经验的基础上，以直觉和思辨的方式去解决问题。参见王甦、汪安圣：《认知心理学》，北京，北京大学出版社，1996，第 293～303 页。

② Hao Wang：*From Mathematics to Philosophy*，New York：Humanities Press，1974：51.

可以不断地排除矛盾甚至悖论。

如果说罗素以分支类型论解决罗素悖论带有很强的特设性，而康托尔关于集合的定义，即集合是一个我们直觉或者我们思考的确定而不同的对象的总体，过于含糊和疏漏，那么，策墨罗把集合论变成了一个完全抽象的公理化理论，他不再定义"集合"概念，而是从历史上存在的集合论理论出发，从中得出一些原理，使得集合的性质由如下七条公理反映出来：

(1)确定性公理(通称"外延公理")：每一集合都由它的元素唯一决定。

(2)基本集合存在公理：空集存在，单元素集存在，对偶集存在。

(3)分出公理(又称子集公理)：假如谓词 P(代表某一性质)对已知集合 B 中的所有元素都有意义，则可以从 B 中分出一个子集 A，而 A 由 B 中所有满足谓词 P 的元素组成。

(4)幂集公理：每一集合都存在一幂集。

(5)并集公理：任一集合的所有元素的元素组成一集合。

(6)无限公理：至少存在一集合 ω，它具有这样的性质：(a)$\varnothing \in \omega$；(b)如果 $x \in \omega$，则 $\{x\} \in \omega$。就是说，空集是它的元素，而且，如果 x 是它的元素，那么 $\{x\}$ 也是它的元素。

(7)选择公理：若 A 是由不相交的非空集合组成的集合，则存在一集合，它和 A 的每一个元素恰有一共同元素。①

公理(1)～(7)常被称为公理系统 Z，策墨罗之所以要选定这些公理，其目的是想以这些原理作为集合论的基础，并指望这些原理是足够狭窄、足以排除掉集合论中所有的矛盾。同时，又是足够宽广，能够保留既有集合论理论中所有有价值的东西。这些公理起到这样的作用，即限制集合使之不要太大，回避了造集"性质"，比如说所有"对象"、所有"序数"等，排除了某些不适当的集合，从而消除了罗素悖论所产生的条件。Z 系统在集合论某些方面的成功，使得策墨罗因而成为公理化集合论的奠基人。但仅用这些公理，某些重要的集合，如某些超限集合定义不出来，也就无法使用超限归纳法，使不少既有的重要理论被丢掉。为此，挪威

① 参见张建军：《逻辑悖论研究引论》，南京，南京大学出版社，2002，第64～65页。

数学家斯科伦和以色列数学家弗兰克尔又在策墨罗的系统中加入了另一条公理，即替换公理：

　　若 f 是一个函数，而且，对一个已知集合中的任一元素 x 而言，f(x) 也是一个集合，那么，所有这些 f(x) 就构成一个新的集合。①

　　由于策墨罗系统中的选择公理多有争议，学界也较慎用。一般把策墨罗创立的不含选择公理的公理化集合论称为 ZF（策墨罗－弗兰克尔）系统或 ZFS（策墨罗－弗兰克尔－斯科伦）系统，而加进选择公理（AC，Axiom of Choice）的则记为 ZFC 系统。

　　一般认为，经过弗兰克尔改进的策墨罗集合论公理系统加上选择公理是足够数学发展所需的。但在 1917 年，法国数学家米里曼诺夫（D. Mirimannoff）又发现了"有根基性悖论"，它涉及所谓基础集合问题。这个悖论的主要内容是：如果对一个集合 x 而言，不存在集合 y_1，y_2 等（不必不相同）的无限序列，使得 $\cdots y_3 \in y_2 \in y_1 \in x$，则称 x 是"有根基的"，否则是"无根基的"。令 ω 为所有有根基的集合的集合，问：ω 是有根基的还是无根基的？假设 ω 是有根基的，则 $\omega \in \omega$，因此，可有序列 $\cdots \omega \in \omega \in \omega \in \omega \in \omega$，而该序列的存在，意味着 ω 是无根基的；再假设 ω 是无根基的，则依据定义存在一串集合的无限序列 $\cdots y_3 \in y_2 \in y_1 \in \omega$，此时 y_1 也是无根基集合，但它又属于 ω，与 ω 定义矛盾，故而 ω 又应该是有根基的。这个悖论在策墨罗的系统中无法得到解决。为此，1925 年，美籍匈牙利数学家冯·诺意曼提出增加公理(9)，即基础公理，又称为"正则公理"：

　　对任一非空集合，一定有这样的元素存在，它与原来的集合没有公共元素。

　　换句话说，与其每一元素都有公共元素的非空集合不存在。因而，不存在上面的无限序列。基础公理与罗素的类型理论一样，表明了集合与元素之间的层次关系。

---

①　参见张家龙：《数理逻辑发展史：从莱布尼兹到哥德尔》，北京，社会科学文献出版社，1993，第 226～228 页。

在对策墨罗公理化集合论理论增加了两个公理后，数学家们逐步努力把公理化集合论建成一个严密的形式化系统。它的语言就是一阶逻辑的语言和唯一的二元谓词符号"∈"。经过反复研讨确认，以一阶逻辑和公理(1)～(9)为基础建构的公理化集合论，既可以起到康托尔集合论作为数学基础的作用，又能够消除原来的集合论悖论，而且，也没有再发现新的悖论。

冯·诺意曼在为 ZF 系统增加基础公理的同时，也考虑到集合论的哲学基础问题。他认为，素朴集合论造集的任意性，即一个属性定义一个集合，并不在于它使用了太大的集合，而在于这些集合被任意地用作其他集合或自身的元素。因而，解决问题的方法不应该是限制集合的存在，而应该是限制一个集合作为另一集合元素的资格。既然悖论的产生是由于过大的总体，即大全集引起的，只要不让这类总体再成为集合的元素，就可以避免悖论。他觉得，说有的集合的元素(如大全集)虽然存在但不能再作为另一个集合或它自身的元素，比宣布它不存在更符合人们的直觉。按照这种想法，冯·诺意曼在 1926 年建立起不同于 ZFC 的另一种公理化集合理论，经过贝尔纳斯(P. Bernays)的修正、发展和完善，形成了另一个严格的抽象公理系统。后来，由于哥德尔用它来证明连续统假设与集合论公理的相容性，使得这一被称为 NBG(冯·诺意曼－贝尔纳斯－哥德尔)的系统得以通行。

虽然 NBG 系统与 ZFC 系统的构建与表述均不相同，但是后来证明，NBG 是 ZF 的一个保守扩充，即 NBG 的定理不一定是 ZF 的定理，但 ZF 的定理都是 NBG 的定理，而且，还证明了如下相容性，即如果 ZF 是相容的，则 NBG 也是相容的。这种结果说明，两个系统是准等价性的。与 ZF 一样，NBG 同样可以有效地避免了已知的集合论－语形悖论，同时也未出现新的悖论。

从形式技术角度看，NBG 的成功建构为解除集合论－语形悖论多提供了一种可行方法，但从哲学上却给人们带来了更大的困扰。这是因为，康托尔悖论直接来自素朴集合论中的两个矛盾的论断：(1)存在大全集，即存在以一切集合为自己的元素的集合；(2)任何集合都有幂集，即一切集合都可扩充到一个以它为元素的更大的集合。同时认同这两个原则，必然会导致悖论，而要避免悖论，至少要放弃二者之一。ZF 放弃了(1)而保留了(2)，实质是以限制集合产生的方式以得到消除悖论的目的。NBG 则放弃了(2)而保留了(1)。冯·诺意曼认为，策墨罗的做法有些不必要的过分严格，使得数学家在论证过程中失掉一些有时是有用的论证，而这些论证似乎是没有恶性循环的。所以，他采取的措施不是不让过大的总体产生，而是不让这类总体再成为元素，以此避免悖论。如果说 ZF 与 NBG 就是两个相互矛盾的系统，那么，这里也有问题，因为分别从矛盾的论断出发，导致两个矛盾的系统，不仅都是"合逻辑"的，而且 ZF 与 NBG 还是准等价性的。① 它们在对"前提"的放弃和保留上采取了相互矛盾的措施，却得到了相同的结果。虽然欧氏几何和非欧几何也曾出现过类似的情况，但非欧几何后来得到了物理的解释，使得它和欧氏几何各司其职，相得益彰。而 ZF 和 NBG 却同属基础领域，面对的是同样的对象，解决着同样的问题，这种取舍的任意性谁更合理？

早在 19 世纪末，德国数学家希尔伯特在对欧几里得几何公理体系作了深入研究之后指出，一个严格的理想的公理化体系，需要满足三个条件：第一，无矛盾性，即在公理化体系中其逻辑上要求首尾一致，不允许出现相互矛盾的命题。这是科学性的要求。第二，完备性，即所选择的公理应该是足够的。从它们能够推出有关本学科的全部定理、定律；若减少其中任何一条公理，有些定理、定律就会无法推导出来。这是体系完整性的要求。第三，独立性，是指所有公理都是彼此独立的，其中任何一个公理都不可能从其他公理中推导出来，这样就可使公理的数目减少到最低限度。这是公理化体系简单性的要求。

按照希尔伯特的标准，ZF 与 NBG 作为独自的公理系统应该都不存在问题，而且在"科学见识"之信念层面，这两个系统的创建者应该说也不会有多大分歧，那么，这两个对矛盾论断的不同选择却有相同解题功能的系统，仅仅是方法上的多样性所致吗？问题恐怕不是这样简单。哥德尔曾经说过："众所周知，数学之向着更加精密的方向发展，已导致大部分数学分支的形式化，以至人们仅用少量机械规则便可证明任何定理。迄今已经建立起来的最完整的形式系统，一是《数学原理》，一是策墨罗—弗兰克尔集合论系统。这两个系统是如此全面，以至于今天在数学中使用的所有证明方法都已在其中形式化，也就是说，都可化归为少数几条公理和推导规则。因此人们或可猜测这些公理和推导规则已足以决定这些形式系统能加以表达的任何数学问题。下面将要证明情况并非如此。"②

① 参见张建军：《逻辑悖论研究引论》，南京，南京大学出版社，2002，第 69～71 页。
② K. Gödel："On Formally Undecidable Propositions of Principia Mathematica and Related Systems Ⅰ", translated by J. van Heijenoot, in J. van Heijenoot(ed.), *From Frege to Gödel*. Cambridge：Harvard University Press，1967：596-597.

哥德尔所谓的《数学原理》和 ZF 等都包含了形式算术，若证明了形式算术不可完全，也就证明了这些系统的不可完全。哥德尔所研究的形式算术系统也就是人们平时所使用的算术或初等数论的形式化。它包括经典的带等词的一阶逻辑系统，加上如下算术公理[即通常所谓的"皮亚诺(G. Peano)公理"①]的初始公式：

(1)0 是自然数。

(2)每个自然数都有一个后继数。

(3)不同的自然数的后继数也不同。

(4)0 不是任何自然数的后继数。

(5)数学归纳法(如果 0 具有某属性，并且若一个自然数具有该属性则其后继数就具有该属性，那么，所有自然数都具有该属性)。

这些公理都可以一阶逻辑的形式语言表达为形式系统的初始公式。只有同时采用这五个公理才能充分表达人们所使用的加、减、乘、除的算术，缺一不可。哥德尔的证明最关键的步骤是他在 PA(皮亚诺算术形式系统)中找到了这样一个合式公式 G，该公式和它的否定¬G 在系统中都是不可证的，即二者均不可能作为 PA 的定理。而从语义角度考虑，经过解释，G 和¬G 必有一真。真而不可证明，意味着有的算术真理并没有为 PA 所包容，从而得证 PA 是不完全的。②

哥德尔定理说明，对于一个包含自然数的形式系统，如果是相容的，则是不完备的，而且其相容性不可能在该系统内部得到证明。也可以说，一个相容的形式系统或者定理证明机器，不可能证明它自身的相容性。③哥德尔定理的推广意义是，任何复杂到一定程度(只要达到算术系统的复杂程度)的理论，如果是完备的，则是不相容的；如果是相容的，则是不完备的，而且其相容性不可能在该理论内部得到证明。这就是说，任何

---

① 关于算术基础建立，历史上有三种方法，其一是康托尔的基数序数理论，他把自然数建立在集合论的基数上，并把自然数向无穷推广。其二是弗雷格和罗素把数完全通过逻辑词汇来定义，把算术建立在纯逻辑的基数上。其三是用公理化的方法通过数本身的性质来定义，其中特别著名的是皮亚诺公理。1889 年，皮亚诺在其《算术原理：新的论述方法》中主要做了两件事：一是把算术明显地建立在几条公理之上；二是公理都用新的符合来表达。

② 参见张建军：《逻辑悖论研究引论》，南京，南京大学出版社，2002，第 92～93 页。

③ 参见刘晓力：《哥德尔对心—脑—计算机问题的解》，《自然辩证法研究》1999 年第 11 期。

复杂到一定程度的科学理论，不能说它一定含有悖论，但可以肯定地说，它无法证明自己一定不包含悖论。

1985 年，我国学者朱梧槚等人合作证明，任何一个数学系统，如果同时满足下列五个条件：

(1)概括原则成立。

(2)分离规则成立，即有：p，p→q ⊢q。

(3)同一律成立，即有：p→p。

(4)对无穷多个集合可以构造它们的并集。

(5)包含一个自然数系统 N＝{0，1，2，3，…，n，…}。

此数学系统必包含逻辑悖论(即可建构矛盾等价式)。[1]

朱梧槚等人证明，这五个条件不可能同时存在，即不可能定理。若同时使用必导致悖论，但问题是，否定其中的哪一个定理都是困难的，所以，又称之为多值化悖论。这个定理表明，无论是二值逻辑、有穷多值逻辑还是无穷多值逻辑，只要承认分离规则和同一律，再保留概括原则和(4)(5)两项基本条件，而这是任何一个内涵丰富的数学系统都必须包含的，那么，悖论就必然能够从中建构出来。

众所周知，经验科学的理论基础是数学，从近代科学对自然现象及其规律的数学化描述以来，可以说正是数学为人们有效地描述现实世界提供了可能，也正是数学的确定性确保了科学理论的确定性。然而，正如克莱因在《数学：确定性的丧失》一书中所指出的，哥德尔关于相容性的结论表明："我们使用任何数学方法都不可能借助于安全的逻辑原理证实相容性，已提出的各种方法概莫能外。这可能是本世纪某些人声称的数学的一大特征，即其结果的绝对确定性和有效性已丧失。"[2]王浩也曾转述过哥德尔的相似看法："哥德尔直言不讳地说过，我们没有任何绝对确定的知识。言外之意，哪怕极其简单的事情，我们也无绝对把握说自己完全捕获了堪称终审法庭的客观实在。"[3]用波兰尼的话说："这就表明我们从来没有完全知道我们的公理意味着什么，因为如果我们知道的话，我们就可以避免在一个公理中断言另一个公理所否定的东西的可能性。

① 参见朱梧槚、肖奚安：《数学基础概论》，南京，南京大学出版社，1996，第146～147 页。

② 〔美〕M. 克莱因：《数学：确定性的丧失》，李宏魁译，长沙，湖南科学技术出版社，1997，第 269 页。

③ 〔美〕王浩：《哥德尔》，康宏逵译，上海，上海译文出版社，1997，第 402 页。

对于任何特定的演绎体系来说，这种不确定性是可以通过把它转换成一个较广泛的公理体系而消除的，这样，我们就可以证明原来体系的一致性。但是，任何这样的证明也还是不确定的，也就是说，较广泛的体系的一致性将总是不可判定的。"①这样，那种从古希腊哲学开始就已形成的，并在近代科学中得到充分应用的建构科学理论的方法，通过设计一组公理并通过逻辑论证的方式从中推出自然界的一切现象，这种确定性的信念需要改变了。

退至最为宽泛的哲学层面而论，如果说认识的隔离性是科学理论悖论产生的根源，那么，即便是人们能够在任何认识过程中都做到了全面而辩证地思维，也仍然不可能彻底拒斥悖论。正如张建军在其"逻辑点"思想上所指认的，"思维的割离性是可以不断克服但绝不可能摆脱的，这正是由于任何正确思维均需遵守形式逻辑法则所决定的。这一点也同样适用于任何'全面化'、'辩证化'的正确思维。旧的悖论的消解往往意味着新的对象'逻辑点'的形成，在一定的条件下会产生新的悖论，又需要探讨其新的解决途径。全面化、辩证化的思维方式可以帮助我们解决悖论，但不能阻止新悖论的产生"②。

总之，不论从科学理论认知发生学的角度看，还是从最为严格的构造科学理论的方法角度论，只要具备了一定复杂度的科学理论都将难却悖论的缠绕，将悖论彻底地拒斥于科学理论的大门之外是不可能的。这可能是任何一种具有一定复杂度的科学理论所不能克服的宿命。

---

① 〔英〕迈克尔·波兰尼：《个人知识：迈向后批判哲学》，许泽民译，贵阳，贵州人民出版社，2000，第396页。
② 张建军：《逻辑悖论研究引论》，南京，南京大学出版社，2002，第278页。

第八章 悖态：科学理论的亚相容状态

逻辑相容性是科学理论的内在特质。但是，作科学研究之成果的科学理论总是对客观对象的近似、逼真的描述，是掺杂着认知主体思维构建的产物，是一个有待逐步发展和完善的知识体系。在科学理论的建构和发展中，往往会出现逻辑上不相容的状态。从泛悖论角度说，处于逻辑上不相容状态中的科学理论，便是一种处于悖论状态的科学理论。由于具有内在逻辑相容性的科学理论，总是相容或协调的，而处于悖态中的科学理论，因其含有待解但未解的逻辑矛盾，则是处于弱相容或不相容、弱协调或不协调的状态。任何矛盾的解决都需要一个过程，解决科学理论中的矛盾也不例外。在没有相容的新理论取代悖态理论之前，人们可以采取"良性隔离"的手段，使得悖态理论中的矛盾不能随意扩散，从而使之仍能在适当的领域内发挥其应有作用。当一种理论处于矛盾被"良性隔离"的状态，我们便视其为"亚相容"状态。显然，"亚相容"状态只是科学理论在发展和完善过程中的一种过渡状态，随着科学理论的创新和发展，它必然要走向新的协调与相容的状态。

第一节 悖态生成的表征与机理

客观的自然对象自身不存在逻辑矛盾之说，逻辑矛盾总是思维的产物。思维中孤立的概念或命题也不存在"悖论"之说，悖论总是相对于一定的知识系统或信念而言的。一个知识系统会出现悖论，不仅有其内在的生成机理，也会有其外在的表现方式。把握悖论的生成机理，辨识悖论的表现方式，不仅可以帮助我们发现悖论，更有利于我们理解悖论的深层本质。

一、程度之维：从"反常"到"出悖"

悖论不可能突然出现在一个相对成熟的科学理论系统中。"科学开始于问题"，"从问题到愈来愈深刻的问题"①的推进中，科学取得进步。"问题"的表征是"反常"。在某种理论出现悖论之前，常常会累积诸多"反常"现象。关于反常，通俗地理解就是违反常态、不正常。在学界没有给"反常"作确切定义之前，反常与反例、拒斥等语词常被人们替换使用。有的学者甚至把反常等同于反例、反驳、拒斥和证伪等。

其实，在科学理论的创新研究中，"反常"一直是人们所关注的一个重要课题。我们知道，经典演绎派与归纳派在科学理论创新的动力和机制的认识方面存在着诸多分歧，但就"反常"而言，却是他们所共同关切的问题。近代实验科学始祖培根虽然没有明确界定"反常"问题，但是非常注重对反例的研究。他曾指出："假如人心一开头就照着它在自流状态下所倾向的那种样子去单就正面事例来做这工作，那么所得结果就会是一些虚想和猜测，就会是一些界定不当的概念，就会是一些每天都需要修改的原理……对于人，只能认可他开头从反面的东西出发，在排除工作做尽以后，最终才达到正面的东西。"②在现代科学哲学兴起之后，库恩较早地关注到科学理论中的反常问题。他认为，反常就是对常规科学预期的一种违反(violations of expectation)。由于利用当时的科学背景知识无力解决反常，所以，科学共同体在确认反常存在后，总是致力于对反常区域扩大探索，调整范式以适应反常的存在并最后同化反常，使其转化为预期现象。库恩说："(科学)发现始于意识到反常，即始于认识到自然界总是以某种方法违反支配常规科学的范式所作的预测。于是，人们继续对反常领域进行或多或少扩展性的探索。这种探索直到调整范式理论使反常变成与预测相符时为止。"③在其"前科学－常规科学－科学革命－新的常规科学……"的科学发展模式中，库恩指出，反常积累到一定程度，人们对范式的信任就会发生怀疑，旧范式便出现了危机，反常就会成为在非常规时期引起科学革命的重大问题。

波普尔虽然没有明确地使用"反常"这个概念，但是，他的"潜在证伪

---

① 〔英〕卡尔·波普尔：《猜想与反驳：科学知识的增长》，傅季重等译，上海，上海译文出版社，1986，第318、317页。

② 〔英〕培根：《新工具》，许宝骙译，北京，商务印书馆，1984，第144～145页。

③ 〔美〕托马斯·库恩：《科学革命的结构》，金吾伦等译，北京，北京大学出版社，2003，第49页。

者"、"反例"、"否定的证据"等已经具有了反常的特性。波普尔还首次将反常问题与科学理论的发展联系起来，为后来者提供了很大的探索空间。

在拉卡托斯那里，"反常"已得到明确的界定："如果陈述 A 是理论 T 和一个假定其他情况都相同条件的合取的潜在证伪者，我们就可以说由陈述 A 描述的一个事件对于理论 T 是一个反常。"①拉卡托斯还注意到："当这一理论最初产生时，它被淹没在无数的'反常'（说是'反例'也行）之中。"②"反常是永远不会消除的。"③但在拉卡托斯看来，反常出现后，只能把矛头指向保护带，使之不断得到修正，至于科学理论的核心部分，即其"硬核"是禁止批评的。这就从"否定"的角度为我们研究悖论性反常在科学理论创新中的革命性作用提供了一种线索。

在分析了有关反常问题的传统观点之后，劳丹（L. Laudan）给反常以更为准确的定义："每当一个经验问题 P，已被一个理论解决时，那么，P 以后就构成了没有解决 P 的有关领域中的每一个理论的反常。"④劳丹对库恩的"正是大量反常的积累最终导致科学家们放弃一个理论"的说法提出了质疑，他已经认识到"起作用的并不是一个理论产生了多少反常，而是这些具体的反常在认知上有多重要"。应该"根据反常给理论造成的认识上的威胁程度来划分"⑤它们重要性的等级。

从科学家和哲学家对"反常"问题的已有探讨中，我们不难得出这样几个结论：其一，反常就是认知主体针对实践与既有理论的不一致，或者同一领域内不同理论之间的不一致，或者某一理论自身的逻辑不一致而提出的科学问题。其二，在科学理论的发展过程中，反常主要体现在：与理论辅助部分的拒斥；与理论核心部分的拒斥；与竞争理论中某个或某些理论相拒斥。⑥ 这里的拒斥是指反常会构成对既有理论的巨大挑战，形成一种否定力量，当在已有的背景知识范围内，尤其是在理论的辅助假说部分不能解决反常问题时，反常就会直逼理论的核心信念，亦即拉卡托斯所谓的科学研究纲领的"硬核"，从而导致科学理论的革命性变革的发生。其三，科学理论中的反常问题是有等级区别的，那些能够被理

---

① 〔美〕伊·拉卡托斯：《科学研究纲领方法论》，兰征译，上海，上海译文出版社，1986，第 37 页。
② 同上书，第 67 页。
③ 同上书，第 69 页。
④ 〔美〕拉里·劳丹：《进步及其问题：科学增长理论刍议》，方在庆译，上海，上海译文出版社，1991，第 25 页。
⑤ 同上书，第 33 页。
⑥ 参见宋荣：《试论科学哲学史上的反常》，《北京行政学院学报》2002 年第 6 期。

论的辅助假说部分所消解的反常，大多是普通的逻辑矛盾；只有那些能够直逼理论"硬核"的反常问题，才会是特殊的逻辑矛盾，成为在既有科学理论的背景知识中无法得到消解的悖论。而一旦在某种科学理论内形成了悖论，则预示着这一理论的革命时期即将到来。

正如汉森所说："自然科学家不是从假说'开始'的……他们是从令人惊异的反常开始的。"①科学史上，许多重大理论的发现和创新都与反常问题的发现及其深入追究密切关联。伽利略的惯性原理便是从亚里士多德运动速度学说的反常中寻觅到创新点的。

从日常生活中，人们有显然的感知：用力推车，车子前进；停止用力，车子就要停下来。从这类正面经验事例中，亚里士多德提炼出这样的力学原理：物体的速度是依靠外力而被迫保持的。他在"力学"中写道："推一个物体的力不再推它时，原来运动的物体便归于静止。"②直至 17 世纪，人们仍然普遍接受着这一观念。

伽利略通过理想化的对比实验，将斜面与理想的光滑平面作对比，并将物体在斜面上的向下与向上运动作对比，推断出物体将在无摩擦的理想平面上保持原有速度进行无限运动的结论，这大大出乎他同时代人的意料。他在《两门新科学》一书中描述道："一个运动的物体假如有了某种速度以后，只要没有增加或减小速度的外部原因，便会始终保持某种速度——这个条件只有在水平的平面上才可能，因为在沿斜面运动的情况里，朝下运动已经有了加速的起因，而朝上运动已经有了减速的起因，由此可知，只有水平的平面上的运动才是不变的，因为假如速度是不变的，那么运动就既不会减小或减弱，更不会消灭。"③他进一步明确地指出，"当一个物体在一个水平平面上运动而没有碰到任何阻碍时，那么……它的运动就将是匀速的并将无限地继续进行下去"④。伽利略还考虑了由一个光滑的水平面连接两个光滑斜面的情况，其中第二个光滑斜面是倾角可变的活动斜面，即变动的极限情况是水平面。这样就会出现下述几种情况：(1)如果把两个斜面对接起来，让小球沿一个斜面由静止状态而滚下来，小球将滚上另一个斜面。如果没有摩擦的能量损耗，小

---

① N. R. Hanson："The Logic of Discovery", in P. Achinstein(ed.), *The Concept of Evidence*, Oxford：Oxford Univesity Press, 1983：54.

② 〔瑞士〕爱因斯坦、〔波兰〕英费尔德：《物理学的进化》，周肇威译，上海，上海科技出版社，1962，第 4 页。

③ 转引自桂起权、张掌然：《人与自然的对话：观察与实验》，杭州，浙江科学技术出版社，1990，第 187 页。

④ 同上书，第 188 页。

球将上升到原有的高度。(2)如果减小第二个斜面的倾角，则小球在这个斜面上达到原来的高度就要通过更长的距离。(3)如果继续减小第二个斜面的倾角，其极端情况是使它最终成为水平面，小球就再也达不到原来的高度，而要沿着水平面以恒定的速度持续运动下去。这就是说，这两种情况推出了一个相同的结果，那就是"速度守恒"。

在当时的科学共同体中，人们一方面接受正面经验常识，即亚里士多德的理论；另一方面却又不能推翻伽利略的严密推论，这样，关于运动速度的问题就构成了两个截然矛盾的论断：

速度是由外力推动的结果(速度不守恒)，当且仅当，速度不是由外力推动的结果(速度守恒)。

或如劳丹所说："放弃一对不一致理论中的一个而同时保留另一个的决定，通常包括对遭到放弃的理论的一个适当的替代理论的肯定。"[1]由于伽利略的论断更能说明一些预期情况，具有更强的普适性，人们才逐渐放弃了亚里士多德的运动速度理论，思想中的悖理也才能因此得以消解。

实际上，所有的科学理论都会遇到反常问题。一般来说，一个反常问题在确信被解决之前，其理论内部不时会作出若干调整，因为理论自身具有韧性，希望能消化掉反常问题而保持其稳定性。虽然任何科学理论的建立，总是伴随着不断清理各种逻辑矛盾的过程，并且正是通过这种过程才使得理论逐步走向严密化、精确化和系统化。然而，并不是所有反常问题都能够在既有的科学理论背景知识内得以消解，如果在这个过程中遇到了难以消解的矛盾，尤其是涉及与既有科学理论的基本概念或基本原理相矛盾的反常，则很可能意味着严格悖论的出现。光速悖论和光的本性悖论的发生史也已表明：一些大科学家往往难以避免的确证偏见，阻碍了他们发现悖论的能力，而很少有确证偏见的年轻学者却容易看到理论的破缺之处，能够从反常中挖掘出悖论来。[2] 这也许是一个带有规律性的普遍现象。反常往往是悖论的序曲或前奏。因而，自觉地关注科学理论中的反常现象，从反常着手，不断深究下去，可能是一条发现悖论、实现科学理论重大创新的有效途径。

① 〔美〕拉里·劳丹：《进步及其问题：科学增长理论刍议》，方在庆译，上海，上海译文出版社，1991，第54页。
② 参见张建军：《悖论与科学方法论》，见张建军、黄展骥：《矛盾与悖论新论》，石家庄，河北教育出版社，1998，第123页。

二、范围之维：从"适用"到"僭越"

基于"追光悖论"确立于对牛顿力学和麦克斯韦电磁场理论的统一考察过程之中，而"光的本性悖论"又产生于试图运用经典（宏观）物理学理论去阐释微观客体运动规律的过程之中，我们有理由作出这样的设想：既然悖论的出现总是与跨越理论层次密切关联在一起，那么，当人们试图对不同理论或不同对象领域进行统一性研究或将某种理论向新的领域进行推广性研究时，[①] 是否悖论产生的一个重要机遇呢？换句话说，某种理论在其特定领域内适用，如果将其推广而出现了反常，是否会导致悖论的产生？从科学理论创新角度说，如果这个设想具有现实可能性，如果我们能够从这一管道发现出悖论，则可能成为我们创立高层次理论并同时界定旧有理论的适用范围的关键环节。

人们对"速率"概念的准确认识，就是得益于对亚里士多德物理学中的"速度"理论的推广性研究，也就是对其"瞬时速度"与"平均速度"之间的矛盾的发现。在亚里士多德的力学理论中有一个致命的弱点，即未能严格地区分"瞬时速度"与"平均速度"这两个关键性概念，两者被笼统地称作"速度"[②]。在亚里士多德所预设的"均速世界"中，这种理论并没有错。在那个假设的理想化世界里，所出现的一切运动都是均速的，因此物体在任何时刻的"瞬时速度"也就等于物体在一段时间内的"平均速度"。在这样的一种假设世界里，亚里士多德的速度概念也不会被任何一个实际的物理状态所否定。而且，即便在库恩所假定的"准匀速世界"里，亚里士多德的物理学理论仍然能够成立[③]。因为"准匀速世界"的条件比"匀速世界"更放宽一些，更容易满足。它是指在这种世界里无论按什么标准，"较慢"的物体无论如何也不会赶上"较快"的物体。如果存在一个真的能够满足"匀速"或"准匀速"条件的情境，那么，那里的科学家也会合乎逻辑地总结出亚里士多德式的物理学，并且始终一贯地运用笼统的"速度"概念。这样做，实际上也不会遇到什么困难，而在科学上或逻辑上也都无可非议。问题在于，现实世界并非"匀速"或"准匀速"的理想世界。亚里士多德物理学中关于"速度"的规律只能在他的过分理想化的世界中

---

① 参见张建军：《悖论与科学方法论》，张建军、黄展骥：《矛盾与悖论新论》，石家庄，河北教育出版社，1998，第123页。

② 参见桂起权、张掌然：《人与自然的对话：观察与实验》，杭州，浙江科学技术出版社，1990，第175页。

③ 〔美〕托马斯·库恩：《必要的张力》，范岱年译，北京，北京大学出版社，2004，第252页。

成立，推广到现实世界中只能偶尔得到实现，难以具有普适性。一旦将亚氏的理论从狭小的"假想世界"推广到现实世界中，悖理就显现出来了。

亚氏物理学中深藏的悖理之所以在相当长时间里没有被暴露，主要是因为在技术手段不发达的古代，运动的乃至世界的精细结构尚未被人们充分认识。从日常运用的要求来说，亚氏的速度观念以及关于速度快慢的两个标准，有时他说瞬时速度快，但有时又说平均速度快，这种逻辑矛盾几乎可以很顺利地应用于周围大多数所观察到的运动，并不会让人们发现有什么悖理存在。这种情况，我们不能简单地把亚氏物理学理论说成是自相矛盾的或不合逻辑的。准确地说，亚氏物理学的真正缺陷不在于它的逻辑不一致性，而在于它不能适用于我们所生活的现实世界的精细结构。建基于人们直觉"共识"基础之上，亚里士多德的"速率"理论得以通行近两千年。

在《两个世界体系的对话》中，伽利略设计了物体沿斜面下滑与垂直自由降落的对比。他设想两个理想的无摩擦的光滑平面：垂直面为 CB，斜面为 CA。下端与水平面 AB 相接。设想有两个物体沿这两个平面从共同的出发点 C 无摩擦地滑下或滚下。当滑动物体分别到达斜面底部 A 和垂足 B 时，它们将获得同样的动量或速率，也就是把它们送回到其始发点的垂直高度所必需的速率。其中，伽利略暗中假定了机械能守恒，理想光滑平面不存在能量损失。假定这个要求被承认，他追问，两个物体哪一个运动得更快些？利用当时流行的亚里士多德的速率观念，再加上正常的演绎推理，人们将不能不承认：沿着垂直面的运动同时快于、等于并且慢于沿斜面的运动。

从同一前提得出三种结论的推断过程是这样的：第一种推断，沿垂直面的运动显然更快些，因为垂直运动最先到达目的地。第二种推断，既然两个物体都从静止开始，并且最终又获得同样的终速率，那么必定具有同样的平均速度，也就无所谓哪个更快哪个更慢了。至于第三种推断，所谓运动较快是指在较短时间内通过同样的距离，这样就得选取同样的标准距离。他选择垂直面 CB 的长度作标准，结果出现了新的问题：由于斜面 CA 比垂直面 CB 长，因此，有可能从斜面 CA 上端、中间或下端开始量度标准长度 CB，这样竟会得出三种不同的结果：（a）如果从斜面顶点向下量(物体从静止开始)，那么垂直面上运动的物体比斜面物体通过同样的距离费时间更少，由此更快；（b）如果从斜面底部向上量(物体到达底部具有相同的速率)，那么斜面上运动的物体通过同样距离的时间更少，因此更快；（c）从甲、乙两种相互矛盾的结果可以推断出，如果距离 CB 放在斜面上的某个适当部分，那么两个物体通过标准距离的时间将是一样的，因此具有相同的速率。由此，我们就被逻辑推论引入这样一种境地，即对同一个物体的速率只能被迫作出自相矛盾的结论。[①]

从科学发展史上看，很多悖理的发现与认识的进一步深化是分不开的。从"适用"到"僭越"，并非某种理论自身的不自洽性所导致的悖态，而是对适用范围的"越权"。爱因斯坦发现了"光速悖论"，从而创立相对论，并不说明牛顿力学和麦克斯韦方程自身是完全错误的，而只是当运动速度达到或接近光速时，经典力学定律才不适用。亚里士多德"速率"理论中的悖理，同样是在"非匀速世界"中才不成立。这类悖理只有在对既有理论进行推广性研究时才会暴露出来。

与推广性研究密切相关的是对既有理论作统一性的研究，同样，在这种研究中，往往也会暴露出不同理论之间可能存在的悖理。比如，爱因斯坦在作统一场论的研究中，就充分暴露了相对论与量子力学之间的悖理。可以说，层次越高的统一性研究，既有理论之间的悖理就会暴露出更多。当代理论物理学家霍金(S. W. Hawking)对物理学"终极理论"有着狂热的追求，当他"重新研读了哥德尔的著作，并在仔细思考了其内容之后"，他决定放弃这种追求。霍金在其《哥德尔与物理学的终极》一文中说："哥德尔定理是用自我指认的方法证明成立的。这种命题会导致悖论……只要有无法证明的数学结论，就有无法预知的物理问题。我们不是能从宇宙之外观察宇宙的天使。相反，我们和我们的模型都是我们所要描述的宇宙的一部分。因此，物理学理论都是描述自我的，正如哥德尔定理一样；一个物理学理论或者自相矛盾，或者无法完成。"[②]

从哲学认识论的角度说，任何既有理论都只是相对真理，都存在认识上的局限性，从而只能在一定的范围内适用，超出了其适用的范围就可能会构成主客观矛盾，在一定条件下，这种矛盾可能演变为悖论。但问题也有另一方面，即随着人们认识的深入，浅层的悖论将会相应地获得消解。而消解悖论的同时，必然要推动认识趋于深化，使理论迈向更高的层次。这既是科学理论悖论生发机理的一种理论模型，也是悖论维度的科学理论创新研究的一条路径。

---

① 参见桂起权、张掌然：《人与自然的对话：观察与实验》，杭州，浙江科学技术出版社，1990，第 168~171 页。

② 〔英〕约翰·康韦尔：《霍金放弃终极理论》，《参考消息》2004-04-05。

三、真值之维：从"似真"到"确真"

当代美国哲学家和逻辑学家雷歇尔在其《悖论：其根源、范围与解决》一书中，对悖论的生发机理作了这样的探讨："当从某些似然前提推出某结论，而该结论的否定也具有似然性时，则悖论就发生了。也就是说，当个别地看来均为似然的论题集{P₁，P₂，…，Pₙ}可有效地作出结论 C，而 C 的否定非 C 本身也具有似然性时，我们就得到了一个悖论。这就是说，集合{P₁，P₂，…，Pₙ，非 C}就其每个元素来说都具有似然性，但整个集合却是逻辑不相容的。据此，对'悖论'这个术语的另一种等价的定义方式就是：对 B 产生了由单独看来均为似然的命题组成的集合整体上不相容之时。"①通俗地说，雷歇尔的"似然性"就是一种"似真性"或"合情性"、"合理性"。在雷歇尔看来，C 与其否定非 C 的悖论性结论都是从似真的前提导出的。雷歇尔的解悖办法是：在两个均具有高度可接受性从而均具有似真性的命题之间，具有更高似真性的命题是具有认知优先性的。倘若两个命题发生冲突而必须放弃其中的一个，则应该放弃优先性较低的命题而保留认知优先性较高的命题。我以为，雷歇尔忽视了一种重要问题，那就是悖论发生的真正境况是认知主体面对相互冲突的命题是无法给出"优先性"排序的，就是说，雷歇尔所云的那种"优先策略"在悖论发生时是失效的，即认知主体无法采取"占优策略"在其中作出取与舍抉择。之所以会如此，是因为由以导之的前提集，亦即"背景信念"都是似真的、合情理的。但是，如果将结论和前提作为整体来看，其中却又存在着明显的不相容性，故而才会认定其中产生了悖论。由于雷歇尔没有考虑到"占优策略"会失效，所以，他也就不可能进一步揭示出那些前提为什么会是似然的？相对于"谁"来说是"似然的"？但是，在解释佯悖和严格悖论生成机理问题上，尤其是在对"悖论度"概念的理解上，雷歇尔的"似然性"概念倒是给了我们不少启发。

我们以为，在特定认知主体对其由以推断的"背景知识"的考量中，随着从其确信的假到似然性再向确然性的推展，其由以导出的论断便有一个从普通逻辑矛盾到佯悖再到严格悖论递增的悖理度量。由此观之，这里所谓的似然也就是介于假和"确真"之间的"似真"，即基于某种信念的特定认知主体不能确实地"认定"其由以导出悖论性结论的背景知识一定是真的，而是"以为是真的"。这样，如果在矛盾性论题 P 和 ¬P 之间，

①　N. Rescher：*Paradoxes*：*Their Roots*，*Range*，*and Resolution*，Chicago：Carus Publishing Company，2001：6.

由"似然性"前提 P 推断出¬P 不成立，但后来确证"似然性"前提 P 不为真而是假，那么，由以导致¬P 的推论，便是介于普通逻辑矛盾和逻辑悖论之间的"佯悖"；相应地，如果特定的科学共同体既无法确认"似然性"前提 P 不是假，也无法确认¬P 不是真，并且在 P 与¬P 之间可以建立起矛盾等价式，这便是悖论。所以，把握前提"似然性"程度递增的机制，是发现和确认悖论的一条重要渠道。学界争议的"投票悖论"是否严格的逻辑悖论，其焦点就在于前提的"似然性"程度问题。

　　"投票悖论"①是社会决策论研究者颇为关注的问题，也是经济学、政治学、哲学等学科的经典问题之一。学界有人试图把其中的悖理塑述为严格的逻辑悖论。② 该"悖论"的主要含义是：假定有 3 个投票人或者是 3 个投票群体甲、乙、丙，他们将对 A、B、C 三个备选方案进行表决，目的是从中选出一个最优方案。现在假定，甲认为 A 方案优于 B 方案，B 方案优于 C 方案；乙认为 B 方案优于 C 方案，C 方案优于 A 方案；丙认为 C 方案优于 A 方案，A 方案优于 B 方案。再假定，这次投票采取多数规则，即如果一方案获得比另外一方案更多的票，则该方案便胜出。这样，两两相决的投票表决将会出现如下情况：对 A 与 B 进行表决，得出 A 优于 B；对 B 与 C 表决的结果是 B 优于 C；对 A 与 C 进行表决，得出 C 优于 A。若只考虑前两次表决，由"传递性"可得 A 优于 C；若只考虑最后一次表决，得 C 优于 A。于是出现："A 优于 C 并且 C 优于 A"的矛盾论断。一般以为，从同一前提可以推出矛盾论断，说明该悖论可以被建构为严格悖论。但是，仔细推敲这个"悖论"的建构过程，其由以导出矛盾论断的背景知识却并不是"公认正确的"③，其所依据的背

---

① 投票悖论，泛指在投票决策过程中存在的悖论，其中尤以法国侯爵孔多塞 1785 年研究两两相决投票时发现的悖论为典型。

② 参见刘春生：《投票悖论是严格的逻辑悖论吗？——投票悖论逻辑结构浅析》，《自然辩证法研究》2005 年第 1 期。

③ 投票悖论的背景知识与加总社会偏好公设密切相关。所谓加总社会偏好就是要找到一个社会偏好函数。1972 年诺贝尔经济学奖获得者、美国经济学家阿罗提出了这种函数要满足的 4 条公设：第一，定义域不受限制，它适合所有的个人的偏好类型；第二，非独裁，即社会偏好不以一个人或少数人的偏好来决定；第三，帕累托原则（帕累托原则是由 19 世纪末 20 世纪初意大利经济学家及社会学家帕累托提出的，主旨是说在任何一组东西之中，最重要的通常只占其中的一小部分），所有人的偏好都认为甲优于乙，那么社会偏好也是甲优于乙；第四，独立性，即不管个人对除了 a 与 b 其他的偏好顺序发生什么变化，只要所有个人对 a 与 b 的偏好不变，那么社会对 a 与 b 的偏好不变。尽管这 4 条公设是明确的，但阿罗论证，不存在满足上述 4 条公式同时具有传递性的社会福利函数。参见潘天群：《社会决策的逻辑结构研究》，北京，中国社会科学出版社，2003，第 85 页。

景知识主要是：其一，理性人假设，即参与社会活动的人都是理性的人，他们总是力图通过自己的行动使自己的利益最大化。所谓理性人，就是在给定条件下，理性的决策主体将以追求个人效用最大化为目标，他会在经过一系列的优化过程后谨慎地选择行动。如果决策者是理性的，那么他的偏好关系满足：(a)完备性，即任何两个备选对象 A 与 B，他们的关系是 A 优于 B，或者 B 优于 A，两者必居其一。(b)传递性，对于任意的三个备选对象 A、B、C，如果 A 优于 B，B 优于 C，那么 A 优于 C。其二，多数规则。社会选择的过程是人们为了集体行动而进行的集体决策的过程，由于不存在任何外在的或客观的有关公共福利的评价标准，所以，集体决策只能以个人的偏好为基础来进行判断。集体决策中每个人都期望自己的偏好能够得到最大程度的满足，从而实现个人利益的最大化，那么任何人都不会同意那种无法达到他所预期的最大利益的备选方案，只要有一人不同意，就表明他认为还存在更好的决策方案。因此，在两人或两人以上的集体决策中，只有当他们一致同意的时候才能有效地作出决策，实现"帕累托最优"①。也就是说，如果用帕累托标准来衡量，所有非一致同意的决策规则都不是最优规则。但是，由于人与人之间不可避免地存在价值判断、偏好(效用)顺序上的差异，集体决策中要想达成一致不得不经过反复谈判磋商，即便如此，能否达成绝对一致也未必可知，所以，这种决策方式的成本相当高，而且效率低下，而决策效率低下又必然会造成社会公共利益的损害，因此，在相当多的社会决策中，人们往往并不追求 100％的一致同意，而是按照一定比例的多数通过来决定备选中的最优方案。这样，投赞成票的决策者实现了利益最大化，投反对票的决策者则恰恰相反，并因此承受损失，但因为受益者是多数，他们的收益之和将大于反对者所受损失之和，因此"少数服从多数"被认为是高效的，从而成为一条社会选择的基本规则。

　　如谢琳等人所指认的，上述的"背景知识"并不能获得较高的"公认度"。因为，其一，即便每个人的偏好都满足传递性，但没有任何人的偏好可以强加给别人，更不能加之于社会，所以，"投票悖论"中的"个人偏好"与社会偏好(如果其存在的话)无关。此外，即便依据"理性人假设"也得不出偏好的稳定性，还需要加上信息完全和时间停滞这样的形而上的假设才勉强称得上偏好有不变的传递性。否则，便会出现"此一时如此，

---

① 所谓"帕累托最优"，即在不损害其他人利益的情况下，增加某些人的收益。实现"帕累托最优"的途径是通过一个方案(路径)让所有人的收益都增加。

彼一时如彼"的现象，无法进行逻辑运算。而"时间停滞"和"信息完全"与人类共识相差甚远。其二，关于"多数规则"问题。从纯形式的角度考虑，其有效性也是有条件限制的，即选举人数应该为奇数而且备选对象只能有两个。当人们面临多于两个备选对象时，难以形成选举方法上的"共识"。同时，"多数规则"也是一个歧义性的概念，起码包含两个不同层次的含义，即"简单多数"规则和"复合多数"规则。所谓"简单多数"规则是指在仅有两个备选对象、选举人数应为奇数且无人弃权的情况下，选择多数人赞同的对象（方案）。所谓"复合多数"规则是指有多于两个备选对象、选举人数为奇数且无人弃权的情况下，对任意两个备选对象中的组合进行"简单多数规则"的表决，以此决定备选对象之间的两两比较关系，然后再据此关系选择最佳者。显然，"复合多数"规则往往无效，因此，古往今来，几乎没有哪个群体普遍采用此法，更何况这种规则连"交易"成本上的优势都不存在，所以，它难以成为公认正确之"共识"。另外，"理性人（经济人）假设"也只是西方经济学中的一个"假设"而已，引用此假设的目的，主要是为了在经济学中提供逻辑和数学推导的方便。而"假设"中认为"每个人都是自私自利且聪明理智的"，这并不是对现实人状态的真实刻画，难以成为人们"公认正确"的背景信念。以上分析表明，"投票悖论"的逻辑前提不具有共识的"确然性"，而且因其"似然性"程度太低，加之其"体系"缺乏足够的语汇构建所需要的讨论对象，即社会偏好及其公理，[①] 所以，上述对"投票悖论"进行的严格悖论的塑述是不成功的。这就进一步说明，严格悖论的生成是离不开认知主体对其由以导致悖论性论断的背景信念之"确真性"指认的。

所谓"确真"，即特定的认知主体有充分的或确证的理由证明 P 和 ¬P 都是"真的"，而且，"优先选择策略"在此时失效，即因特定认知主体确信"P"和"¬P"均为真而无法对其作出取与舍的抉择。正如康德谈到他的四个"二律背反"时所指出的，"当理性一方面根据一个普遍所承认的原则得出一个论断，另一方面又根据另外一个也是普遍所承认的原则，以最准确的推理得出一个恰好相反的论断"，而且"无论正题或反题都能够通过同样明显、清楚和不可抗拒的论证而得到证明——我保证所有这些论证都是正确的"[②]。只有在这种情况下，通过严密的逻辑推导得出的"P 和

① 参见谢琳、李莉：《"投票悖论"不是逻辑悖论：与刘春生先生商榷》，《自然辩证法研究》2005年第7期。
② 〔德〕康德：《任何一种能够作为科学出现的未来形而上学导论》，庞景仁译，北京，商务印书馆，1997，第123~124页。

¬P"的论断才会构成严格悖论。比如，关于光的本性是"波动"还是"微粒"而产生的"波粒二象悖论"，便是如此。

可见，从"反常"现象中发现难以解决的逻辑矛盾到将其确立为严格悖论，需经过一个反复推敲的逻辑分析过程。不仅要反复地锤炼其推导过程的逻辑性，还要仔细考辨其背景信念的"公认度"和"确信度"。循着其"背景知识"之公认度或者说似然度递增的"轨迹"，可以帮助我们发现和确立严格悖论；循着其"背景知识"之公认度或似然度递减的"轨迹"，则可以帮助我们辨识佯悖和拟似悖论。把握了这种发现和确立悖论的机理，显然还可以为我们弄清"反常"的症结所在，从而为着手解决悖论提供有利的条件。

第二节　悖态理论及其逻辑刻画

逻辑协调的科学理论是相容而无矛盾的科学理论，内存矛盾但这种"矛盾"尚未达致摧毁某个科学理论的整个系统，那么，这种科学理论便是处于一种亚相容的状态。作为一个逻辑学术语，"亚相容"(para-consistent)是对"亚相容逻辑"的简称，而亚相容逻辑的创建者构造这种新逻辑分支的初衷，是欲对亚相容理论进行逻辑刻画。我们理解，所谓亚相容理论就是指那些含有待解矛盾的理论。处于悖态中的科学理论，本质上就是一种含有待解矛盾的理论。因此，悖态中的科学理论可以运用亚相容逻辑对其进行逻辑刻画。

一、溯说"亚相容"

亚相容逻辑的创始人是巴西学者达·科斯塔。达·科斯塔思想的先驱是波兰学者雅斯可夫斯基(S. Jaskowski)。1948 年，雅斯可夫斯基构造了逻辑史上第一个亚相容命题演算系统。雅斯可夫斯基的亚相容命题演算系统的思想缘起，是欲对社会生活中的谈判过程作逻辑分析：几个人一起参与谈判，讨论中涉及一些论题，论题中又包含若干概念，出于不同立场，不同的谈判者对同样的名词可能作不同理解。因此，由含有歧义概念的论题所构成的演绎系统，其结果很难反映一个统一的意见。雅斯可夫斯基在构建这种逻辑系统时，使用了这样的措施，即将逻辑真值相对化，把"真"退一步解释为对谈判者各自的立场为真。这样就能在会谈中达成某种相对的谅解，或者说求得某种弱的协调性。① 雅斯可夫斯

---

① 参见桂起权、陈自立、朱福喜：《次协调逻辑与人工智能》，前言，武汉，武汉大学出版社，2002，第 3～4 页。

基将这种基于对谈判过程进行逻辑分析的逻辑称之为"商讨逻辑"。不难见得,"商讨逻辑"的要旨是在于从对立的观点中求同存异、寻求某种协调。"商讨逻辑"的命题演算系统就是试图对谈判活动中表现出来的、在对立和矛盾基础上寻求共同点的思维过程进行逻辑刻画。

从"商讨逻辑"到"亚相容"概念的明确提出,又经历了数十年的发展。1976年,第三次拉丁美洲数理逻辑讨论会在巴西召开,正是在这次会议上,秘鲁哲学家奎萨达(F. M. Quesada)首次明确地提出了"para-consistent"这个词。他在大会演讲中说道:"关于非正统逻辑是一个独立领域,应使用术语'para-consistent'指谓达·科斯塔这一类非正统逻辑,表示它是不因为矛盾而变得不足道(trivail)①的逻辑。"②奎萨达的意思是说,作为非正统逻辑的一个分支,亚相容逻辑虽然是在一定条件、一定程度上接受矛盾,但不因为这种矛盾的存在而使整个系统变成不足道的逻辑系统。换句话说,"para-consistent"表示在这种新逻辑中,当不矛盾律的有效性削弱之后,仍能保持一种稍逊的协调性。由于这一术语恰当地表达了达·科斯塔所创的"非协调形式系统"的本质特征,所以,很快得到了学界的认同。

国内对"para-consistent"一词有多种译名,其中以三种为要,即"弗协调逻辑"、"次协调逻辑"和"亚相容逻辑"。与之相关的还有"超协调逻辑"一说,但"超协调逻辑"主要是据"trans-consistent"③一词译出的。"para-consistent"的三种译法反映了译者对前缀"para-"逻辑含义的不同解读。"弗"是强调这种新逻辑是对经典逻辑之不矛盾律的修改(弱的否定),却又避免了直接违背(相当于"不"字或强的否定)。弗协调就是第二种不协调,弱的不协调。"次"是强调这种新逻辑的最大特征是在于"在矛盾中求协调",它既不是完全不要协调(避免对"弗"字的误解),又不是比一般的协调在程度上更高些(避免对"超"字的误解)。有学者认为,"亚相容"的译意与"次协调"是完全一致的,④ 但据笔者对"亚相容"译者译意的揣测,二者并不是完全一致。尽管"次协调"译者强调"在矛盾中求协调",不是完全不要协调,但该译者的本意是在这种"次协调"的状态中,可以

---

① 我国学者在研究亚相容逻辑的早期,亦有将"trivial"译作"平凡的"。参见林作铨、李末:《超协调逻辑(I):传统超协调逻辑研究》,《计算机科学》1994年第5期。

② G. Priest and R. Routley and J. Norman:"Para-consistent Logic:Essays on the Inconsistent",*Philosophia Verlag GmbH*,Munchen,1989:127.

③ 在英文中,"para-consistent"和"trans-consistent"有时是被当作同义词来使用的。

④ 参见桂起权、陈自立、朱福喜:《次协调逻辑与人工智能》,前言,武汉,武汉大学出版社,2002,第4~5页。

不受经典逻辑①之不矛盾律的约束，换句话说，是可以"突破"经典逻辑之不矛盾律的。而"亚相容"的译者则始终强调不矛盾律是正确思维的必要条件，就是说，在任何情况下，也不能"突破"经典逻辑之"铁律"——不矛盾律。② 那种处于"亚相容"的认识或理论状态是需要进一步对其矛盾进行处理的状态，而不是我们应当接受或必须给予容忍的状态。犹如各种逻辑矛盾，它们在没有被消除之前确实存在，但并不因为它们确实存在，人们就应该容忍或必须接受它们，而认识到其存在，进而分析其生成的症结，最终是要消解它们的。因而，"亚相容"译名所蕴涵的逻辑意向是指某种认识或理论状态中内含着待解的逻辑矛盾。以此逻辑意向反观"亚相容"逻辑，可以作出这样的理解，即"亚相容"逻辑并不能够对经典逻辑规律，尤其是不矛盾律进行彻底颠覆，只是在经典逻辑规律的基础上从形式系统层面针对内蕴待解矛盾的思维实际而作的一种逻辑拓展研究。

　　纵观西方逻辑发展史，不论在亚里士多德创立的传统逻辑中，还是在弗雷格、皮亚诺、罗素、怀特海和希尔伯特等人构建、补充和完善的经典逻辑中，不矛盾律、排中律、同一律都是作为基本规律或定理而具有普遍有效性的，而且"禁止矛盾"一直是逻辑在人们心目中的至高无上的信念。后来，虽然一些逻辑学家在一定程度上试图否定或放弃经典逻辑中的某些基本规则而逐步建立起各种逻辑新分支，比如，1907 年，布劳维尔(L. E. J. Brouwer)通过否定排中律的普遍有效性而创立直觉主义逻辑。1920 年，卢卡西维茨放弃经典逻辑的二值原则建立了多值逻辑。在此之后，建立起来的量子逻辑、模糊逻辑、自由逻辑等也都放弃了二值原则。1956 年，阿克曼(W. Ackernman)为避免蕴涵怪论而建立相干逻辑。1963 年，达·科斯塔通过修改否定词、取消司格特法则而建立据他认为是否定了不矛盾律的普遍有效性的亚相容逻辑，③ 但是，只要这些

① 经典逻辑(由布尔和弗雷格所创建并继承亚里士多德逻辑的标准数理逻辑)与非经典逻辑是相对而言的。相对于多值逻辑，经典逻辑是"二值逻辑"，它只有真、假两个真值，且遵守排中律。相对于模糊逻辑，经典逻辑是"清晰逻辑"，它立足于普通集合论，隶属性质是"非此即彼"的，而不面对按隶属程度进行分级刻画的模糊对象。相对于亚相容逻辑，经典逻辑是相容逻辑。经典逻辑作为"协调逻辑"不能恰当地刻画有意义的不协调语句。模糊逻辑和亚相容逻辑是以承认"模糊性"和"有意义矛盾"的存在为出发点，在修改和调整原有逻辑工具的基础上诞生的逻辑新分支。

② 参见张建军：《"强化的排中律"与多值逻辑：从"强化的说谎者悖论"谈起》，张建军、黄展骥：《矛盾与悖论新论》，石家庄，河北教育出版社，1998，第 235～249 页。

③ 参见李秀敏：《亚相容逻辑的历史考察和哲学审思》，导言，南京，南京大学博士学位论文，2005，第 1 页。

新逻辑还具有"逻辑"的资质，就必然要具备"逻辑"之精髓——强调协调性，不允许出现自相矛盾。

考察亚相容逻辑构造的哲学动机，我们发现，其旨在处理那些让经典逻辑感到束手无策的种种有意义的矛盾。而亚相容逻辑所谓的"有意义的矛盾"，主要是指辩证法(理论)，例如，黑格尔哲学和马克思的经济理论；梅农(A. Meinong)的本体论，亦即"对象理论"，如金山、方的圆之类的虚构或假想存在物。在亚相容逻辑者看来，由于梅农的"对象理论"要求承认抽象实体即"非实在的实在域"的存在，因而包含着明显的不协调性和含糊性，即其本身具有"亦此亦彼"的意味；此外，还包括维特根斯坦(L. J. J. Wittgenstien)的矛盾演算的理想以及悖论问题等。[①] 我们以为，亚相容逻辑者对"有意义的矛盾"之"矛盾"的理解是有待进一步明确的，亚相容逻辑能否在彻底否定了不矛盾律的基础上还能够建立起具有严格"逻辑性"的逻辑系统是值得商榷的，但是，这种逻辑新分支在刻画悖态中的科学理论方面，确有其独特的功用和创建的意义。

二、悖态理论释例

我们所谓的悖态理论是指一种内含逻辑矛盾的亚相容状态的科学理论。悖态中的科学理论，其"悖"是相对于不同的认知共同体而言的，与任何逻辑悖论一样，也是一个语用学性质的概念。在科学研究的特定领域，认知共同体或科学共同体或科学学派在组织范围上是有大小之别的。就不同范围内的认知共同体而言，科学理论之悖态状况可以分为两类：一类是特定领域的"小范围"的认知共同体相信某种理论具有相容性，并且没有发现其由以导致悖论性结论的前提预设中所包含的错误，这种理论对这类特定的认知共同体而言是"悖态"的，但对另一"范围"的科学共同体而言却并不一定构成"悖态"，只要找出其推导过程中所包含的错误，便可以确定其为佯悖；二是某种理论的不相容性已经充分暴露出来，并被某一领域中的不同的科学共同体所共知，只是暂时无法予以合理地消除，这种理论对于该领域不同的科学共同体而言都是悖态的理论。由于这种悖态理论中的矛盾已经得到了充分暴露，即便其由以推导的理论前提中存在着错误预设，这种预设也会因为被当时的科学共同体所"公认正确"而无法排除，因而，处于这种悖态中的科学理论经过努力是可以被塑

---

① 参见桂起权、陈自立、朱福喜：《次协调逻辑与人工智能》，武汉，武汉大学出版社，2002，第8～17页。

述为严格悖论的。我以为，不论是佯悖还是悖论，对于特定认知主体而言，此时都是处于一种"自我欺骗"的状态，只不过有着不自觉与自觉的差异而已。

（一）EPR 佯悖

爱因斯坦等人所构建的否定量子力学完备性的理论，就是一种佯悖的理论，因为他们所由以导出矛盾性结论的背景信念是包含着错误的理论预设的。

1935 年，爱因斯坦与波道尔斯基（B. Podolsky）和罗森（N. Rosen）联名发表了《能认为量子力学对物理实在的描述是完备的吗?》一文，这就是著名的 EPR[①] 论文。其中的推论曾被称作 EPR 论证或 EPR 佯悖。

EPR 论证的基本前提是：

（1）完备理论的定义：物理实在的每一个要素，必须在物理理论中有其对应概念。

（2）物理实在的判据：如果在不以任何方式干扰一个系统的条件下，我们能够确定地预测（即几率等于 1）一个物理量的值，那么就存在物理实在的一个要素和这一物理量相对应。

其中（1）可以看作理论完备性的必要条件，而（2）则可以看作充分条件。以此为前提，借助于测量一个假想的二粒子系统中每个粒子的位置和动量的理想实验，他们试图证明量子力学理论中存在着悖理。

EPR 理想实验是这样设计的：假定有一个由薛定谔（E. Schrodinger）方程所描述的复合系统，它由粒子 A 和粒子 B 这两个局部系统合成，这两部分只发生过短暂的相互作用后就远远分离。假定在相互作用（比如碰撞）之前，描述复合系统状态的波函数 ψ（AB）我们是知道的，那么薛定谔方程（即量子力学特有的因果律）会告诉我们，在相互作用后的这个复合系统的波函数 ψ（AB）。假定现在在碰撞之后对粒子 A 进行测量，我们可以选择不同的方式，或者测其动量，或者测其位置。量子力学由此会给我们关于另一个局部系统即粒子 B 的波函数（波函数是用来描述状态的），而且根据我们对粒子 A 所施行的测量种类的不同，将给予我们关于粒子 B 的不同波函数。换句话说，现在必须假定，粒子 B 的物理状态将取决于某种施行于粒子 A 的测量。从爱因斯坦的判据看来，这是极不

---

①　因取爱因斯坦、波道尔斯基和罗森名字中第一字母而得名，物理学界常称之为 EPR 佯谬。

合理的。因为粒子 A 与粒子 B 早就分离了，它们不再发生相互作用，^①而且 A 与 B 处在不同的时空区域，可能离得很远，比如说 A 还留在地球上，B 却飞到了天狼星上。我们甚至不必直接测量 B，只需测量地球上的 A，就能够马上得知天狼星上 B 的性质（至于选择动量还是位置那是事先自由决定的）。^② 根据 EPR 推论的理论，这个结果是绝对荒谬的，因为根本不存在任何已知的力学机制，能够使时空区域 A 的测量影响瞬时超距地传递到另一时空区域 B，除非假定在时空中存在"不可思议的超距作用"。

爱因斯坦等人从这个理想实验中推断：粒子 B 本身必定同时兼有位置和动量，但不管选择哪一个，量子力学只允许我们得到 B 的不完备信息，这只能说明量子力学的描述是不完备的。

"这样猛烈的攻击对于我们犹如晴天霹雳。它对玻尔的影响是明显的……玻尔一听到我关于爱因斯坦论证的报告，他就把一切其他的事情都放下了。"^③经过近两个月的深入研究，玻尔揭示：EPR 论文中得出的矛盾，只不过是表明习见的哲学在说明量子现象方面在本质上已经不再适用。依我们看，关键的问题在于，量子事件依赖于观测，观测对客体的相互作用是不可忽视的，古典因果律失效，对物理实在的原有理解必须作根本性的修改。^④ 可是，EPR 论文一开始就把量子力学这些最根本、最本质的特点取消掉了。相反，把量子力学所不能接受的基本假说——关于物理实在的判据，要求不以任何方式干扰系统而能作出确定的预测，作为自己的出发点。

如果说这是爱因斯坦思想中的一次简单的内悖，那就过于低估了爱因斯坦对科学理论精髓的把握。EPR 推论确实发掘了量子力学背后的元理论层次的奇特假说，诸如"超距作用"的假说等。EPR 推论揭示了以狭义相对论为其科学基础的"局域性原理"与以量子力学为基础的"非局域性原理"的尖锐对立。这是截然相反的两种研究纲领。解决这种对立已经成为物理学发展不可回避的重大问题。

EPR 推论的基本前提之一，即物理实在的判据就暗含着"空间上分隔开的客体的实在状态是彼此独立的"观点，也就是假定根本不存在超距

---

① 参见《爱因斯坦文集》，第 1 卷，许良英等译，北京，商务印书馆，1976，第 337 页。

② 参见桂起权、张掌然：《人与自然的对话：观察与实验》，杭州，浙江科学技术出版社，1990，第 202～203 页。

③ 〔美〕N. D. 牟民：《月亮，在没有人看它时存在吗？——实在和量子论》，《自然科学哲学问题》1987 年第 1 期。

④ 参见桂起权：《"量子危机"的认识论意义》，《社会科学》1985 年第 11 期。

作用（从狭义相对论得出）。这个假定后来以"局域性原理"而著称。玻尔在为量子力学辩护中，针锋相对地提出了量子系统的"整体性"（不可分离性）特点作为解决 EPR 推论的基础。从量子力学角度看，必须把复合系统看成单一的不可分离的整个实验情态，整个实验装置工作的结果并不直接告诉我们想要观察的局部系统的知识，而只告诉我们与实验装置相关联的整体情况。值得注意的是，玻尔他们从来没有从正面承认量子力学确有超距作用，他们只是绕过了这一问题。可见，EPR 推论揭露了现代科学两大支柱——相对论与量子力学，在元理论假设方面的不协调性。就是说，在爱因斯坦和玻尔时代，尽管这两大支柱性学科都得到了学界的认同，而且发挥出各自的理论作用，但二者之间却是不协调的，这就是说，当时的理论物理学的元理论是悖态的。

正是这两大学科的核心信念都有证据支持，而且也发挥着各自不同的功用，任意否定或拒斥一方，对当时科学的发展都有百害而无一利，从这个意义上说，这两大学科之间的矛盾，也许就是亚相容逻辑研究者所谓的"有意义的矛盾"。但是，我们以为，人们承认并同时接受和运用这两大支柱理论，并不意味着是对这两大学科之间的矛盾的承认和接受，科学发展的事实恰恰相反，亚相容的科学理论必须向相容理论发展，后来的远距离相关实验，就为量子力学排除"局域性假设"提供了确证根据。

正是在 EPR 推论和爱因斯坦的实在论哲学思想的启发引导下，玻姆（D. Bohm）提出并系统地发展了隐参量理论，对量子力学作出了新的因果解释。隐参量理论的基本思想是：量子力学的统计性特征不应当看作终极性的，它实质上来源于亚量子力学级的涨落，量子态表示一个量子力学级没有的"隐参量态"的统计系综，而 EPR 佯悖中所假定的那种远隔量子相关性来自亚量子力学级的隐相互作用。① 这样，玻姆就借助于"隐参量"的力量将量子力学的统计决定论还原到严格决定论。泡利（W. Pauli）注意到，爱因斯坦的真正出发点是实在论的而不是决定论的。严格决定论或严格因果解释只是爱因斯坦实在观的必然结果。

近年来，出现了一系列为 EPR 理想实验的翻版的现实实验。有的实验结果与量子力学的预言极好地一致，从而否定了爱因斯坦的"局域性假设"。已有的实验大多带倾向性地支持量子力学，同时背离隐参量理论和"局域性假设"。

---

① 参见〔美〕D. 玻姆：《现代物理学中的因果性与机遇》，附录，秦克诚等译，北京，商务印书馆，1965，第 248 页。

由于贝尔不等式的理论证明及其实验技术、仪器调整等方面都还存在不完善的地方，这种检验还不能看作是绝对性和终极性的检测。尽管总的情势似乎越来越对量子力学及其哥本哈根学派诠释有利，对爱因斯坦派不利，但究竟孰是孰非，还要再经过一个历史过程之后，才有可能见出分晓。

（二）光的本性悖论

当科学理论中的逻辑矛盾充分暴露，持不同信念的科学共同体有足够的权衡其背景知识中矛盾性论断之"是"与"非"的空间，并且无法对其作出取与舍的抉择，这种"反常"的逻辑矛盾常常会上升为严格悖论。对光的本性问题的充分论争，从而确立的"波粒二象悖论"便是一个典型案例。

牛顿在《光学》①一书中提出了光的微粒说，把光看作从发光体发射出来的高速运动的粒子流，而这种粒子远小于日常所见的宏观物体的尺度。② 惠更斯（C. Huygens）则在《论光》③一书中提出了光的波动说④，认为光是由一种特殊的弹性媒质，即以太⑤的扰动所组成的。牛顿微粒说的核心假说是光微粒的发射，而惠更斯波动说的核心假说则是以太纵向扰动（振动方向与传播方向相一致的为纵波）假说。

牛顿是一个经验主义者，他对自己的实验发现的评价比他对这些事实的抽象解释（假说和理论猜测）要高得多。正如他在《光学》一书的绪论和《自然哲学的数学原理》一书的结束部分所表明并坚持的那样：他不杜撰假说。牛顿自己对光的微粒假说也曾持保留态度，相反，他并不完全排斥波动假说，而且他还对光的衍射（diffraction）⑥现象作过研究（其实衍射就是典型的波动现象），并独立发现了薄膜色环，认识到颜色与薄膜厚度之间的关系，人们曾将其称为"牛顿环"。牛顿用"以太振动"对色环的周期性作了解释，这种解释实质上属于波动说的范畴。可以说，牛顿尽管是微粒说的创始人，但在微粒说与波动说这两种相互矛盾的假说之

---

① I. 牛顿的《光学》一书，写于 1675 年，出版于 1704 年。

② 所谓"粒子性"，是指物质的质量、能量在空间的集中，物质有明确的界面和准确的空间定位，其运动有一定的轨道。

③ C. 惠更斯的《论光》一书，成书于 1678 年，出版于 1690 年。

④ 所谓"波动性"，是指物质的能量在空间连续分布和传播扩散，物质的运动状态和空间分布状态的变化呈现周期性；不同的波相遇遵循叠加原理，没有不可入性，等等。

⑤ "以太"这个概念源于古希腊，原指苍穹。笛卡尔首先把它引入科学领域，赋予它能够传递力的性质。为了解释光的传递性，人们又把以太设想为传递电磁作用的介质和绝对静止参照系。到 19 世纪时，人们几乎普遍接受了这个概念及其内涵。

⑥ 衍射，即将一束光分解为一系列明暗有别的光带或有色的光谱谱带，旧作绕射。

间作出抉择时也曾经犹豫过，虽然他最终选择的是微粒说。

无疑，作为科学理论的波动说，确是一种具有有机联系的整体。其核心假说外围有辅助假说，这个假说群又通过逻辑推导与已知科学定律及其关于典型现象的陈述联系起来，形成一个复杂的网络结构。惠更斯从"以太扰动"的核心假说入手，借助于著名的惠更斯原理，即介质中波动传播到的各点，都可以看作是发射子波的新波源，任意时刻这些子波的包络线就是新的波阵面，以及运用相应的包络线作图法，可以顺利地推导出已知的科学定律——折射与反射定律。惠更斯原理及其几何作图法是波动说中重要的辅助假说，它们不仅被应用于各向同性体，而且被用于各向异性的方解石。他把方解石的双折射（可看到错位而重叠的文字或图像的现象）解释为是由于两个波阵面的联合作用，其中一个波阵面是球形的（寻常光波），与在各向同性体中一样；另一个波阵面呈旋转椭球形（非常光波）。但是，由于惠更斯采用了纵波概念而无法解释光的偏振现象；此外，他也没有波长概念，因而对"牛顿环"不能给出合理的解释。当然，运用惠更斯原理和包络线作图法其实也可以解释光的直线传播现象，只是没有用微粒的惯性运动解释那样直截了当。

作为科学理论的微粒说同样具有其内在的逻辑相容性。牛顿从光微粒发射的核心假说出发，借助于惯性原理、反作用原理、完全弹性碰撞假说、光密媒质对光微粒的吸收作用等辅助假说，成功地解释了光的直进、反射定律与折射定律、双折射现象。微粒说也可以利用光微粒"带棱角"的特设性假说来解释偏振现象。不过，这种假说只是为了应付反常情况而特别设计出来的，没有预测新现象的能力，因而没有生命力。至于薄膜色环现象，牛顿借用"以太振动"概念作了解释。虽然这种解释是成功的，但其功劳却不能记在微粒说的簿上。牛顿本人对波动说最不满意的地方是，它不能合乎直觉地解释光的直进。然而，在牛顿看来，一个假说要是不能以简单的方式来说明像光的直进那样"最简单的现象"，似乎就不值得向人推荐。

通过几个回合的交锋，微粒说的说服力要高于波动说。微粒说在当时能够解释更多的实验，掌握更多的"确证事例"，被认为得到更大程度的支持。因此，在牛顿、惠更斯时代，多数科学家都倾向于接受微粒说而背向波动说。

牛顿的微粒说与惠更斯的波动说不仅在理论解释上背道而驰，而且在导出的"可检验的预测"方面也截然相反。只是由于当时技术条件的限制，这种检验未能付诸实践，才使这种矛盾没有被激化。

波动说的核心假说中包含着预设的流体弹性媒质"以太",致使波动论者在讨论以太性质时都离不开流体力学,他们常常求助于流体力学知识,以构筑辅助假说。由流体力学可得知,光在疏媒质空气中的传播速度(即光速 C)要大于密媒质水流中的传播速度(光速 C′),即存在 C′<C。惠更斯因此导出这样的结论:当光线从空气穿入水中时,是按照折射定律正弦比 $\sin a/\sin a' = n = C/C' > 1$ 而进行折射的,折射率 n 大于 1,这同观察结果相符。微粒说也承认,当光线从空气穿入水中时,遵守折射定律(正弦比),并且折射率 n 大于 1。但是,从波动说推得 $n = C/C'$,而从微粒说却推得 $n = C'/C$,两者的速度比正好颠倒过来了。那么,微粒说依据什么理论推得 $n = C'/C$ 的呢?

在微粒说的核心假说中包含着高速运动的光微粒观念,由此微粒论者在讨论光微粒的性质时离不开质点力学,以构筑辅助假说。牛顿在解释光微粒的偏折(折射)现象时觉得仅仅依靠惯性运动还不足以说明问题。于是,他参照了万有引力假说。万有引力假说启示人们,质量较大的物质所对应的引力也较大。这样他就想到光密媒质(水)比光疏媒质(空气或真空)对光微粒的吸引作用可能要大些,而且这种差异主要在界面上起作用。这样,牛顿借助于光密媒质对光微粒的吸引或瞬间加速作用,成功地解释了折射光的偏折。这就是人们所说的"光密媒质吸引作用"假说。这个辅助性假说虽然在当时为牛顿的微粒说立下了汗马功劳,成功地解释了折射,但同时也种下了祸根,因为它所带来的副产品是断言"水中光速大于空气中的光速",即 C′>C。一旦这一断言被推翻,可能给整个微粒说带来颠覆之灾。好在当时的测量技术不够精密,微粒说的潜在危机没有被及时地暴露出来。

到 19 世纪,情势出现了很大的转变。一方面,这个时期的实验技术水平比牛顿时代的 17 世纪已有较大提升,另一方面,波动说理论已经得到其支持者的不断修正。到了托马斯·杨(T. Young)和菲涅尔(A. Fresnel)的时代,终于出现了光的波动说的"英雄"时期。由于杨氏引进了干涉原理、横波假说、波长概念,衍射现象被成功地解释为直接通过衍射狭缝的光波与边界波之间的干涉,即相互加强或相互削弱,牛顿环也被解释为干涉现象的一种特例。在发展波动说的这些崭新的基本假说和辅助假说的过程中,惠更斯原来的核心假说,即纵波假说中的不正确成分也受到清洗。1809 年,马吕斯(E. Malus)所发现的偏振,曾经被认为是对整个波动说的否定,因为纵波假说对此无法作出解释。然后经过杨氏调整之后,横波假说却成功地解释了偏振现象,包括偏振光的干涉，并以此取代了原先波动说中核心假说的地位。精通数学的菲涅尔引进了菲涅尔原理，建立了"波带作图法"形式的衍射理论，结合数值分析方法发展了波动说，并成功地对干涉、衍射作出了定量解释。① 这里的成功虽然在人们的观念中逐渐以波动说取代微粒说，但是，这种取代或否定并不彻底，也不正确。就是说，关于光的本性中的悖理仍然存在于光学理论之中，就当时的光的性质的理论而言，仍然是一种含有待解矛盾的亚相容理论。

（三）"自我欺骗"的认知状态

相信或接受悖态理论的认知主体，其认识状态有内悖与外悖之分。内悖是一种不自觉的认知状态，而外悖则是一种自觉的认知状态。不论是自觉还是不自觉地相信或接受含有逻辑矛盾的理论，即便不同于"惟其不可能，我才相信"②的极端信仰主义，在认知上也属于某种程度的"自我欺骗"。

人际间欺骗是生活中常有的现象，其常用界定是：欺人者使第三者相信一个与欺人者相信的命题相矛盾的命题。推而广之，可得自我欺骗的经典定义：认知主体使自己相信一个与自己已相信的命题相矛盾的命题。关于自我欺骗，摩尔（G. E. Moore）还有这样的语言分析：设 P 是一陈述语句，如果说话者说"I believe that P"与说话者说"P"，都表达了说话者关于 P 的信念，那么，当说话者说"It is raining, but I do not believe that It is raining"时，说话者表示他同时相信两个自相矛盾命题：外面正在下雨；外面不在下雨。摩尔指出，该类型的语句在逻辑上是不合理的，但它们在日常生活中却广泛出现。这种语言现象又被称为摩尔悖论。③ 依据摩尔的语言分析和自我欺骗的经典定义，我们以为，当认知主体相信或接受悖态的科学理论，其认知就是处于一种自我欺骗的状态。这同时也从认知心理学角度表明，任何悖论本质上都是一个语用学性质的概念。

关于自我欺骗的认知成因，我国学者鞠实儿给出了这样的解释：由于认知主体的认知能力具有时空界限，认知主体借以获取信念的证据集具有不完备性的特征，因此，认知主体获取任意信念 P 的条件是：如果

① 参见桂起权、张掌然：《人与自然的对话：观察与实验》，杭州，浙江科学技术出版社，1990，第 220～227 页。
② 第一个拉丁教父德尔图良（Twetullian）在《论基督肉身》15 章中写道："上帝之子死了，这是完全可信的，因为这是荒谬。他被埋葬又复活了，这一事实是确定的，因为它是不可能的。"转引自赵敦华：《西方哲学简史》，北京，北京大学出版社，2001，第 107 页。
③ 参见赵艺：《论自我欺骗问题的解决方案》，《自然辩证法通讯》2004 年第 2 期。

P 的不完备证据集由认知主体在某一时刻所能获取的所有证据组成，那么认知主体在该时刻相信 P，即在当前证据不足以判定 P 的真值情况下，若证据集支持 P，那么认知主体倾向于认为 P 真。基于以上规定，经典定义的自我欺骗现象可以描述为：一个证据集同时支持两个矛盾命题 P 和¬P，此时，认知主体倾向于认为 P 和¬P 都为真，即认知主体相信 P 和¬P。经典自我欺骗是证据不完备情况下信念－证据运算的结果，经典自我欺骗可以矛盾地实现。①

自我欺骗状态的认知结构可以用符号语言表达为：B(P)∧B(¬P)。

公式中的 P 表示任意语句，B( )是相信算子(believe that)；在相信算子的空位中填入一个语句即可得到一个信念语句，该语句称为信念内容语句；信念语句 B(P)和 B(¬P)分别读作相信 P(believe that P)和相信非 P(believe that ¬P)；类似地，可以定义知道算子、知道语句、知道内容语句及其相应的读法。在这里，"∧"是经典合取联结词。所以，上述形式结构式表明，相信 P 和相信非 P 是同时为真的。对这样的形式结构式作认知解释可得：这里的相信是一种认知状态，相信的对象是语句 P 所表达的命题(简称命题 P)；在自我欺骗这种认知状态下，认知主体同时相信命题 P 和命题¬P。

从逻辑学层面看，在传统信念逻辑系统中，B(P)∧B(¬P)等价于 B(P)∧¬B(P)。在亚相容逻辑研究者达·科斯塔看来，后面的公式就是逻辑矛盾；因而，自我欺骗本质上反映着信念系统中的逻辑矛盾。

分裂主义心理学派认为，"自我"(self)是由多个功能独立的部分组成的(MPP，mind parts as persons)。自我欺骗发生时，一部分"自我"扮演欺骗者的角色，另一部分"自我"扮演被欺骗者的角色，欺骗者和被欺骗者的角色分离，体现了自我欺骗与人际间的欺骗之间具有类同的形式结构关系。

达·科斯塔认为，自然科学史表明，在实际的科学研究工作中，科学家持有矛盾信念的现象时有发生，经典定义的自我欺骗现实存在。刻画自我欺骗的逻辑理论是经典信念逻辑，它的合理性是值得怀疑的。经典信念逻辑是在经典二值逻辑基础上通过添加相信算子 B( )和一些信念推理规则建立起来的，这些规则主要有以下四条：

---

① 参见鞠实儿、赵艺、傅小兰：《自我欺骗的认知机制》，《中山大学学报》2003 年第 5 期。

规则 1，B(P)→¬[B(¬P)]。

规则 2，B(P)∧B(Q)→B(P∧Q)。

规则 3，B(P₁)∧B(P₂)∧…∧B(Pₙ)→B(P₁∧P₂∧…∧Pₙ)。

规则 4，P→B(P)。

这四条推理规则的直观背景是：规则 1 是指，如果认知主体相信任一命题，那么认知主体不相信该命题的矛盾命题；规则 2 是指，相信算子 B 相对于合取运算具有封闭性，即如果认知主体相信任意两个命题，那么，认知主体相信这两个命题的合取；规则 3 是规则 2 的推广，所指的是如果认知主体相信 n 个命题，那么认知主体相信 n 个命题的合取；规则 4 是指，认知主体是逻辑全能的，即如果任一命题是真的，那么认知主体相信该命题。按照这些规则进行推理，B(P)∧B(¬P)等价于 B(P)∧¬B(P)，后面这个公式显然是存在逻辑矛盾的。因此，在该系统里，自我欺骗定义会导致逻辑矛盾而不被接受。

达·科斯塔认为，经典信念逻辑不适用于信念的表达和运算，他将亚相容逻辑理论应用于信念的表达，建立起信念的亚相容逻辑（paraconsistent logic of belief）以刻画信念，通过限制经典逻辑矛盾的作用范围，使得对于任意 P，B(P)∧B(¬P)→Q 和 B(P)∧B(¬P)→B(Q)不是定理，因此，B(P)∧B(¬P)是合理的，自我欺骗不再导致经典逻辑矛盾。

达·科斯塔的方案给出了信念运算的形式推理规则，通过构造信念逻辑系统表明，不一致信念可以是没有经典逻辑矛盾的存在。[①] 我们以为，从形式技术角度说，利用达·科斯塔的方案的确可以描述自我欺骗的认知状态，但是，从哲学层面论，限制经典逻辑矛盾作用的范围，只是将"隐患"圈禁起来，使之不随意扩散，以至毁坏整个有用的知识系统，这种权宜之计并不表明经典逻辑矛盾已经被解决而不存在了。亚相容逻辑系统的"矛盾"仍然要面对强化的不矛盾律和排中律的问题，存在着哲学层面的辩护困难。

---

① 参见赵艺：《论自我欺骗问题的解决方案》，《自然辩证法通讯》2004 年第 2 期。

三、悖态的逻辑刻画

科学理论的构建无法彻底拒斥信念的存在。信念在科学理论建构中的作用主要体现在对公设的自由选择上，因而，很多理论在其初始设定中就可能不自觉地含有矛盾，从这个意义上说，大多数科学理论都是亚相容性的理论。对于亚相容性理论，我们可以进一步作出这样的界说，即称某个理论 T 为不相容的，当且仅当，至少有一个公式 A 与其否定 ¬A 都是它的定理，否则，称理论 T 为相容的。令 S 表示理论 T 的语言中的全部语句的集合，当 S 中的语句都是 T 中的定理时，称 T 为不足道的（trivail，或称作无意义的）；否则，称理论 T 是足道的（non-trivial，或称作有意义的）。根据上述界说，如果理论 T 是足道而又是不相容的，就是说，如果理论 T 中至少有一个公式 A 与其否定 ¬A 都是它的定理，并且 S 中的语句不都是 T 中的定理，则称该理论为亚相容性理论，或简称为亚相容理论。

由于含有待解矛盾，悖态的科学理论实质上就是一种亚相容理论。但是，这种待解的矛盾并不等同于纯粹的逻辑错误。类似于 EPR 伴悖这样的理论，即便最终被证明是含有错误的理论预设的推论，它对考辨量子力学的基本原理，乃至发展隐参量理论等，亦有其推动科学理论创新的正面功用，更况乎于光的波粒二象悖论，正是在波动说和微粒说共同存在、共同发挥作用却又是截然的相互矛盾中，直接推动和发展出了光量子理论。这也许是亚相容逻辑学者看中此类矛盾的"有意义"之处。据此去解读拉卡托斯如下的话语，倒是更加容易理解亚相容研究的意义——"并不意味着发现一个矛盾或反常就必须立即停止发展一个纲领；对矛盾实行某种暂时的特设性隔离，继续贯彻领域的正面启发法，可能是合理的"[①]。

然而，如果用经典逻辑来刻画悖态的科学理论，其强否定的表述形式 A 真、¬A 假；并且，A 假、¬A 真，显然会将其归入一般的逻辑矛盾而刻画成一种显然的逻辑错误，不易将其"有意义"的一面表现出来。"经典逻辑的这个特性，一方面规定了其自身，赢得了值得尊重的地位；另一方面，这个特性又成为它的局限性所在，与人类知识的增长，思维的进步和探索客观世界的需要发生矛盾。在现代社会中，科学研究和生产

---

① 〔英〕伊·拉卡托斯：《科学研究纲领方法论》，兰征译，上海，上海译文出版社，1986，第 80 页。

活动的深度和广度都极大地发展了人们的思维活动，企图运用非此即彼的传统的否定模式，对之进行精确无误的测量描述、确定无疑的控制，就更难以做到了。"①所以，亚相容逻辑的弱否定，在这里倒是可以找到其用武之地。

亚相容逻辑的建构是以拒斥经典逻辑的司格特法则为出发点的。在经典逻辑中，司格特法则即 A，¬A ⊢ B 的证明如下：

(1) B∧¬B ⊢ B，即 A∧B ⊢ A(简化律)。

(2) A∧¬A ⊢ B∧¬B，且 B∧¬B ⊢ A∧¬A(等价律)。

(3) A∧¬A ⊢ B，即 A ⊢ B，B ⊢ C，则 A ⊢ C[(1)(2)传递律]。

(4) C，D ⊢ C∧D(合取律)。

(5) A，¬A ⊢ B[(3)(4)传递律]。

以上证明中，只要令等价律、传递律或合取律之一不成立，就可以拒斥司格特法则从而获得亚相容性。② 其中，抛弃合取律可建构亚相容弃合方向(non-adjunctive approach)的系统，抛弃传递律可建构亚相容正加方向(positive logic plus approach)的系统，抛弃等价律可建构亚相容相干方向(relevant approach)的系统。自从达·科斯塔创建亚相容逻辑以来，亚相容逻辑也正是按照正加、相干和弃合这三种基本方向建构形式系统的。③

亚相容正加方向系统是在命题逻辑的基础上添加合适的符号，使它能够排除司格特法则，使得"有意义"的矛盾可以合理地存在。达·科斯塔的亚相容逻辑系统 C_n 就是按照这种方法去建构的。该系统是欲对"属于"与"不属于"二值形式之外的现实原型进行刻画，比如，考虑从红色到橙色之间的一段色谱 S，S 中有红色点，也有橙色点，即非红色点，那么其中任意一点究竟属于红色或非红色是不完全确定的。为刻画这种不确定性，C_n 系统采取了修改经典逻辑否定词的措施，使 C_n 的否定词不同于经典逻辑的否定词，也就是使经典逻辑中 A 和 ¬A 所具有的不能同真也

① 张振华：《试论次协调逻辑的哲学意义及应用》，《天津大学学报》2002 年第 2 期。

② 参见林作铨、李末：《超协调逻辑（Ⅰ）：传统超协调逻辑研究》，《计算机科学》1994 年第 5 期。

③ 参见李秀敏：《亚相容逻辑的历史考察和哲学审思》，导言，南京，南京大学博士学位论文，2005，第 1～3 页。

不能同假的关系，变成可以同真但不能同假的关系。

具体而言，达·科斯塔的亚相容逻辑系统是从命题演算 $C_n(1\leqslant n\leqslant \omega)$ 出发，并把 C_n 作为整个亚相容逻辑的基础。C_n 是一个等级系列：C_0 是经典命题演算（作为参考的标准），C_1 是第一级，C_2 是第二级……一直延伸到无穷级 C_ω 的亚相容命题演算（ω 表示可数无穷）。达·科斯塔认为，亚相容逻辑系统 $C_n(1\leqslant n\leqslant \omega)$ 必须满足如下条件：

（1）在这些系统中不矛盾律 $\sim(A\wedge\sim A)$[①]不是普遍有效的；

（2）在每一个这样的系统中，从两个矛盾命题 A 和 $\sim$A，一般不能推出任何命题 B；

（3）在等级系统 C_0，C_1，C_2，…，C_n，C_ω 中的每一个系统都严格强于它的后随系统；

（4）对于合经典（well-behaved）命题，经典命题演算 C_0 的所有定理在 $C_n(1\leqslant n\leqslant \omega)$ 中都是有效的；

（5）在一定意义上，经典命题演算尽可能多的公式在这些系统中是有效的。

从达·科斯塔的 C_n 系统的初始条件中，不难看出，条件（1）表明不矛盾律要受到限制并且被削弱；条件（2）表明司格特法则已经失效，矛盾不会在系统中任意扩散；条件（3）表明不矛盾律在 $C_n(1\leqslant n\leqslant \omega)$ 中逐级弱化，不矛盾律的约束力越来越小；条件（4）表明在新系统中遵守不矛盾律的命题与经典逻辑一致；条件（5）表明亚相容逻辑对经典逻辑仍有继承性。根据这五个条件，达·科斯塔先后创建了一系列亚相容逻辑系统，其中最基本的是亚相容命题演算 $C_n(1\leqslant n\leqslant \omega)$。随后他把 C_n 系统扩大到带等词的谓词演算 $C_n^=(1\leqslant n\leqslant \omega)$、不带等词的谓词演算 $C_n^\times(1\leqslant n\leqslant \omega)$、摹状词演算 $D_n(1\leqslant n\leqslant \omega)$ 中，并应用到不相容而足道的集合论形式系统的构造中。

实质上，达·科斯塔的 C_n 系统的主要是通过修改经典逻辑否定词，限制不矛盾律的作用范围，从而使经典逻辑中的许多定理变成无效式的路径建构的。这样，亚相容否定与经典否定便构成如下关系：$\neg A = def \sim A\wedge A^0$（$A^0$ 表示 A 遵守不矛盾律，即公式 $\neg(A\wedge\neg A)$ 的缩写），就是说，对亚相容否定只有再加上不矛盾律的限制，才能转化为经典否定。亚相

---

① 我们用"$\sim$"表示亚相容否定，用"$\neg$"表示经典否定。

容否定词～的语义解释是：若 V(A)＝0，则 V(～A)＝1；若 V(A)＝1，则 V(～A)＝0 或 1，即当 A 取假值时，～A 为真；而当 A 取真值时，～A 的真假情况不确定，可真可假。因此，在 C_n 系统中，亚相容否定词～可解释为：不同假，可同真。既然 A 和～A 可同真，即表明 A 不遵守经典逻辑的不矛盾律，从而实现了对不矛盾律普遍有效性的否定。

亚相容逻辑相干方向系统则是使用命题变元相干原则的技术，使得从前提不能推出不相干的结论，这样，从两个相互矛盾的命题 A 和¬A 也就不能推出一切公式，矛盾也就不会在系统中任意扩散。普利斯特的 LP(Logic of Paradox)系统就是采取这种方法建构的。

在研究悖论的过程中，普利斯特发现，既往的解悖方案都受损于特设性，用非特设性标准去衡量，"几乎所有已知的对悖论的'解决'都未能成功，从而使我可以断言，还没有发现任何解决方法"[1]。由此，他得出了"应与悖论好好相处"结论，转而与澳大利亚逻辑学家卢特雷合作研究亚相容逻辑。他们提出了"真矛盾"概念，并指认"真矛盾"是亚相容逻辑的现实基础。所谓真矛盾就是真实存在着的矛盾。这是针对西方学界通常认为"矛盾即假"的观点提出来的。他们认为："通常的见解是关于矛盾即假，即不可接受，即破坏推理。……这种假设必须推翻。"[2]在他们看来，那种认为矛盾不可能是现实的观念应该改变了，"我们通常总是假定，我们的推理并不在悖论的处境中进行的，而且当遇到矛盾时，总以为这标志着出了什么差错，而不想继续思考下去。但是，当我们继续走下去时，就会发现原来熟知的世界消失了，发现我们自己置于奇特的新环境。显然，这是一个新鲜领域，还需要我们去开发。以后我们会被引向何方，尚不得而知。然而，数学史的一个结果却早已赫然在我们眼前：罗素发现了一个集合，它属于自己又不属于自己，这就是自从发现 $\sqrt{2}$ 以来数学史上一个最大的数学发现"[3]。在他们看来，由于辩证法的中心概念就是矛盾，而在法律、哲学、物理学、数学等领域也存在大量的矛盾，所以，应该承认有意义的真矛盾的存在。1979 年，普利斯特发表了《悖论逻辑》一文，建立了以三值语义模型为基础的亚相容系统 LP，意欲逻辑地刻画含有"真矛盾"的理论。

在普利斯特的 LP 系统中，他把真而非假的语句叫"单真语句"，把

①　G. Priest："Logic of Paradox"，*Journal of Philosophical Logic*，1979：Vol. 8.

②　G. Prist and R. Routley："Introduction：Para-consistent Logic"，*Studia Logica*，1984：Vol. 43.

③　G. Priest："Logic of Paradox"，*Journal of Philosophical Logic*，1979：Vol. 8.

假而非真的语句叫"单假语句"，而把既真又假的语句叫"悖论性语句"。这样，在 LP 系统中，悖论性语句与单真的语句都是非假的语句，从而把悖论性语句当作一种合法的"真矛盾"接受下来。这样，即便出现了"矛盾"，因为承认一些语句是既真又假的，经典逻辑的推理规则 $A \wedge \neg A \to B$ 也就不再成立，从而使得"矛盾"不会任意扩散以致危及整个知识系统。在系统 LP 中，一个解释 π 赋予 $\mathcal{L}$ 中每个原子公式 P 如下三值之一：0（单假），1（单真）与 01（悖论性的或既真又假），那么，1 定义为：若一个句子 P 在解释 π 下为真，则 $\pi(P) = 1$ 或 $\pi(P) = 01$；若一个句子 P 在解释 π 下为假，则 $\pi(P) = 0$ 或 $\pi(P) = 01$。这样，LP 基于一种亚相容的三值语义使某些公式的解释既真又假。我们称一个解释为一个公式（公式集）的模型，则在该解释下这个公式（公式中的每个成员）为真。

在 LP 系统中，令 P 与 Q 是两个不同的原子公式，可以得出：$P \wedge \sim P \vDash_{LP} P$；但不能得出 $P \wedge \sim P \vDash_{LP} Q$，因为在解释 π 下，使 $\pi(P) = 01$ 与 $\pi(Q) = 0$，$P \wedge \sim P$ 为真（实际上是既真又假）但 Q 不是真。这表明，悖论逻辑能在一定意义上包含（局部化）矛盾并且足道，从而呈现出相容性。在 LP 中，等值规则（$P \wedge \sim P \vdash Q \wedge \sim Q$ 且 $Q \wedge \sim Q \vdash P \wedge \sim P$）已不成立，显示出一定程度的相干性。LP 付出的代价是：如果 B 是一个相容的公式，A 在经典逻辑中可以推出 B，而在 LP 中 A 则不能推出 B，因为有些经典逻辑的有效式在 LP 中是失效的。如析取三段论 A，$\sim A \vee B \vdash B$。这里只要取一个解释 π 使得 A 为既真又假而 B 为单假就可以得出这样的结论。如果把析取三段论加进 LP，那么 LP 就会脱变成经典逻辑。为了解决这个问题，普利斯特建立了极小悖论逻辑系统 LP_m。如果没有矛盾的直接影响，LP_m 可使所有经典推理有效。可见，LP 系统接受矛盾也是有条件的，主要是为了解决经典逻辑所解决不了的问题。但它并不否定经典逻辑的成果，抛弃相容性，只是对经典逻辑的部分法则进行某种修改。

亚相容弃合方向系统是使不同的命题在不同的可能世界中取值，矛盾被分置在不同的世界中，或者说，矛盾可以分立地出现，不能合取地出现。这样，两个相互矛盾的命题就不会推出任何命题。这种方向来源于雅斯可夫斯基的逻辑思想。雷歇尔和布兰登建立的亚相容逻辑系统主要依靠这种方法。他们认为："两个互不相容的事态可以在一个非标准可能世界中同时实现，但一个单一的自我不相容的事态在非标准世界中不能实现。矛盾能够分立地出现，但不能合并地实现：自相矛盾必须排除。

我们永远不能有 P 和非 P 的合取。"①之所以要拒斥自相矛盾，在他们看来，自然界存在矛盾，"对于本体论上的矛盾加以断然的排斥，在事物的系统描述中，决不是必要的，或许倒是不需要的"②。

雷歇尔和布兰登认为，正像对于醉酒者精神状态的研究可以完全是清醒的，对于不相容的研究也可以是相容的。因此在一定程度上容忍矛盾未必一定导致理性的崩溃，而是可以发展出一种包含局部矛盾的亚相容逻辑。他们的亚相容逻辑系统是建立在非标准可能世界中。所谓非标准可能世界是相对于标准可能世界而言的。标准可能世界是经典二值逻辑所考虑的世界，在这个世界中，给定任何世界 W，或者得到 P，或者得到它的否定¬P，其他情况都是无效的。不矛盾律和排中律是这个世界必须遵循的基本原则。所谓非标准可能世界则是亚相容的世界，在这里，不矛盾律失效，某些命题能够和它的否定一起得到。一个命题 P 及其否定命题∼P 的真值是彼此独立的，即 P 与∼P 在可能世界中的"得出状态"是彼此独立的。从而，在亚相容逻辑中不能由 P 为假而断言∼P 为真，由 P 为真而断言∼P 为假。"我们应当从一开始就坚持这样一点，避免将亚相容的世界说成是不可能的。"③在这样的亚相容逻辑系统中，经典二值逻辑中的不矛盾律和排中律就失效了。

犹如经典逻辑的命题合成方式一样，雷歇尔和布兰登认为，在可能世界之间也存在合成关系。比如，从两个已知的可能世界 W_1 和 W_2 出发，分别应用如下合成规则即可得出新的可能世界。④

（1）合取式世界（$W_1 \wedge W_2$）：对于任一命题 P 来说，它在这一世界中为真，当且仅当，它在 W_1 和 W_2 中都为真，即（$\mid$ P $\mid_{W_1 \wedge W_2}$ = 1）= def（$\mid$ P $\mid_{W_1}$ = 1）$\wedge$（$\mid$ P $\mid_{W_2}$ = 1）。

（2）析取式世界（$W_1 \vee W_2$）：对于任一命题 P 来说，它在这一世界中为真，当且仅当，它或者在 W_1 为真，或者在 W_2 为真，即（$\mid$ P $\mid_{W_1 \vee W_2}$ = 1）= def（$\mid$ P $\mid_{W_1}$ = 1）$\vee$（$\mid$ P $\mid_{W_2}$ = 1）。

假设原来的可能世界 W_1 和 W_2 是标准可能世界，由于命题 P（及∼P）在 W_1 和 W_2 中可能有不同的赋值情况，依据上述合成规则，所得出的合

①　N. Rescher and R. Branddom：*The Logic of Inconsistency*，Oxford：Blackwell Press，1980：7.

②　Ibid.，2.

③　Ibid.，7.

④　参见郑毓信：《现代逻辑的发展》，沈阳，辽宁教育出版社，1989，第 295～306 页。在该书第十一章"辩证逻辑和不协调逻辑"中，郑毓信以专题形式介绍了雷歇尔与布兰登的不协调逻辑。

成世界就是非标准的可能世界。比如，设 $|P|_{w_1}=1$（从而就有 $|\sim P|_{w_1}=0$。因为 W_1 是标准可能世界，不矛盾律是成立的），设 $|P|_{w_2}=0$（从而就有 $|\sim P|_{w_2}=1$。因为 W_2 是标准可能世界，排中律是有效的）。在同一赋值下，根据合成规则，不难得到这样结论：$|P|_{w_1 \wedge w_2}=|\sim P|_{w_1 \wedge w_2}=0$；$|P|_{w_1 \vee w_2}=|\sim P|_{w_1 \vee w_2}=1$。从而，相应的合成世界 $W_1 \wedge W_2$ 和 $W_1 \vee W_2$ 就分别是不确定的和亚相容的非标准可能世界。

由于非标准可能世界中的命题的真值是由这一命题在相应的组成世界中的真值所唯一决定的，因此，可以用这些真值所组成的序偶 $\langle |P|_{w_1},|P|_{w_2}\rangle$ 来表示命题 P 在非标准可能世界中的真值。按照这样的理解，非标准可能世界中的任一命题都具有四种可能的真值：$\langle 1,1\rangle$、$\langle 0,1\rangle$、$\langle 1,0\rangle$、$\langle 0,0\rangle$（就析取式世界而言，前三种代表真，第四种代表假；就合取式世界而言，第一种代表真，后三种代表假）。这也表明了可以利用多值逻辑来从事亚相容逻辑的研究。

从语义学角度，雷歇尔和布兰登指出，他们的亚相容逻辑与标准逻辑之间存在如下区别：标准逻辑所使用的是"R 规则"，即如果 $\{P_1, P_2, \cdots, P_n\} \vdash Q$ 是标准逻辑中的有效推理，且已知 P_1 为真，P_2 为真，$\cdots$，P_n 为真，则有 Q 为真。这个规则是"分立式"的，而他们的亚相容逻辑所使用的是"合成式"的"R′规则"，即如果 $\{P_1, P_2, \cdots, P_n\} \vdash Q$ 是标准逻辑中的有效推理，且已知 $(P_1, P_2, \cdots, P_n)$ 为真，则有 Q 为真。由于 R′规则是合成式的，即只有在合取式 $(P_1, P_2, \cdots, P_n)$ 为真的情况下才能断言 Q 为真，而不能仅仅依据各个 P_i（$i=1, 2, \cdots, n$）均真就作出这样的断言。因此，即使就非标准可能世界而言，也可以保存所有的传统逻辑法则，只须用 R′规则取代 R 规则，采取非标准可能世界语义学就可以了。[①]

在对悖态的科学理论进行逻辑刻画问题上，如果我们能够充分把握理论的"可接受性"与"相容性"之间的差异，或许更利于我们对亚相容逻辑价值作充分理解。数学家克里（H. B. Curry）曾经指出："古典数学的可接受性是一个经验的事实"，而"相容性的证明对于可接受性来说既不是必要的，也不是充分的。其并非充分是显而易见的。至于就必要性而言，在没有发现不相容的情况下，相容性的证明尽管增加了我们关于这一系

---

① 参见李秀敏：《亚相容逻辑的历史考察和哲学审思》，南京，南京大学博士学位论文，2005，第 37~42 页。

统的知识，但却没有改变它的可应用性；另外，即使发现了不相容的情况，这也并不意味着应当完全放弃这一系统，而只是意味着修正和改进。这也就是数学史上所实际发生的事情。例如，我们知道18世纪的数学是不相容的，但我们并没有完全放弃18世纪数学的结果"①。数学理论尚可作"可接受性"与"相容性"的适当分离，其他经验科学理论便更可以如此。就实际应用领域而言，目前，亚相容逻辑在亚相容知识库中的应用中已经获得了某种程度的成功。比如，人工智能领域最有效的作品之一就是专家系统。原先以经典逻辑为基础逻辑，由于承认司格特法则，即承认由矛盾命题可以推出任意命题，一个具有众多自洽命题的知识库可能因为加入一个矛盾命题，由于矛盾会任意扩散，而致使整个系统全部不能使用。然而，作为"专家系统"原型的人类专家，如中医或西医专家对患者的诊断，常常会产生矛盾的断定和决策。对亚相容医学专家系统，改用亚相容逻辑作为其基础逻辑，让每个"医生"程序只管按自己的诊断规则各行其是，即使是在某个交叉点上偶然会产生矛盾，那个矛盾也能被"搁置起来"，因为司格特法则失效而不会扩散，系统整体仍能照常运行。②

撇开亚相容逻辑所面临的一些需要进一步解决的问题，诸如：（1）对"矛盾"的清晰而准确的界定③问题；（2）修改经典否定词后，对新否定的性质认定问题，④ 单方面修改否定而不顾及肯定是否妥当的问题；⑤（3）形式系统和哲学说明的准确性问题，⑥ 等等，仅从利用这种逻辑新分支来刻画悖态的科学理论而言，我们以为，亚相容逻辑至少在以下几个方面的思路和做法是可取的：首先，对悖态的科学理论价值的认识。这种状态的理论的确含有矛盾，但不因为它有矛盾而变得毫无价值，应该说，它们是"有意义"的，矛盾论断或假设在其特定的领域内仍然可以发

① H. B. Curry: *Outlines of a Formalist Philosophy of Mathematics*, New York: North-Holland, 1951: 61-62.

② 参见桂起权、陈自立、朱福喜：《次协调逻辑与人工智能》，前言，武汉，武汉大学出版社，2002，第6页。

③ 关于逻辑矛盾和辩证矛盾的区分，可参见张建军：《如何区分逻辑矛盾和辩证矛盾》、《逻辑矛盾与辩证矛盾之辨》、《关于"矛盾"理论的几个问题》，张建军、黄展骥：《矛盾与悖论新论》，石家庄，河北教育出版社，1998，第1～55页。

④ 参见杨熙龄：《奇异的循环：逻辑悖论探析》，沈阳，辽宁人民出版社，1986，第217页。〔英〕蒯因：《逻辑哲学》，邓生庆译，北京，生活·读书·新知三联书店，1991，第150～151页。

⑤ 参见张建军：《科学的难题：悖论》，杭州，浙江科学技术出版社，1990，第270页。

⑥ 参见李秀敏：《亚相容逻辑的历史考察和哲学审思》，南京，南京大学博士学位论文，2005，第42～43页。

挥其应有的理论功用；其次，"圈禁"矛盾的做法是值得肯定的。对于有意义的悖态理论，既要发挥它的价值，同时又不应该让矛盾任意扩散而毁坏这个领域的整个理论系统。再次，对相容性作了一定程度的刻画的思想，如达·科斯塔的 C_0，C_1，C_2，…，C_n，C_ω 系统。这不仅与悖论度的思想是一致的，也与悖论只能相对解决的指导思想相符合，而且也与"认知世界"的划分思想相符合，即由无所知、到怀疑的知直至确信的知。[①] 第四，由标准可能世界创生非标准可能世界，进而解释矛盾论断可以同时存在的思想。这种逻辑合成的世界，可以较好地解释信念集中的矛盾论断共存的问题，等等。当然，这些可取方面并不代表亚相容逻辑已经是刻画悖态科学理论的"合体"逻辑，这不仅因为二者之间还有很多"磨合"工作需要去处理，更重要的是二者在"矛盾"认识的主旨上还有质的区别，即这里的"矛盾"究竟是经典逻辑的矛盾还是亚相容逻辑的"真矛盾"。由于亚相容逻辑研究者由承认"矛盾"而接纳和容忍矛盾，他们看到了矛盾、刻画了矛盾却止于矛盾，这种认知态度是消解的，其认知路向是不可取的。从科学理论创新观的角度看悖态的科学理论，我们认为，悖态只是科学理论发展中的一个环节和步骤，由承认这种矛盾而刻画或分析这种矛盾，目的在于更好地认识这种矛盾，进而消解这种矛盾，以使科学理论实现新的相容，达至新的协调。

---

① 参见潘天群：《三分的认知世界与怀疑逻辑的独立性》，《湖南科技大学学报》2005 年第 5 期。

第九章　脱悖：科学理论创新中的突变

芬兰哲学家冯·赖特说过这样的话："悖论显示了看似无可挑剔的逻辑推理却导致了自相矛盾的结论。如果这被认为是不可接受的，我们就必须在该推理中找出错误，并且制定如何避免这种灾难的规则。"①正如冯·赖特所关切的一样，思想史上无数哲学家和科学家为解悖付出了艰辛的努力，相应地，也取得了许多重要成果。这些成果不仅为我们解决具体悖论提供了直接的方案借鉴和间接的方法启示，而且为消解科学理论的悖态，进而推动悖论维度的科学理论创新研究提供了重要的思想资源。

第一节　科学理论悖论的消解路径

不存在抽象的悖论，任何悖论都是具体的，都是特定认知主体在特定"背景知识或信念"中推导和演化出来的。科学理论悖论也不例外。在消解悖论的一般标准之下，科学理论悖论的消解研究应该是针对具体的理论悖论而言的。这里我们不妨结合几个典型案例，探究科学理论悖论消解的路径问题。

一、$\sqrt{2}$悖论

（一）"公认正确"的背景知识或背景信念：悖态$\sqrt{2}$的知识论根源②

古希腊毕达哥拉斯时期，数学思维尚处于刚刚形成有理数观念的早期阶段，由于数量概念源于测量，所以，人们普遍确信一切量都可以用

---

① 〔芬〕冯·赖特：《知识之树》，陈波等译，北京，生活·读书·新知三联书店，2003，第165页。

② 莫绍揆先生指出，这个悖论不仅是与毕达哥拉斯学派所持的背景信念相冲突，也与人们的常识相冲突："任何量，在任何精确度的范围内都可以表示成有理数，这不但在希腊当时是人们普遍接受的信仰，就是在今天，测量技术已经高度发展，可以测量得高度精密的时候，这个断言，似乎也是毫无例外地正确的！可是居然发现了不可公度的两个线段……这该是多么违反常识的事，表面看来，也是多么荒谬的事。要把这种'荒谬'的事承认下来是多么困难啊！它简直把以前所知道的事情根本推翻了。"因此，"说它是数学的第一次危机，绝不是言过其实，而是非常恰当的"。莫绍揆：《数学三次危机与数理逻辑》，《自然杂志》1980年第6期。

有理数表示，因为测量得到的任何量在任何精确度的范围内都可以表示成有理数。这一点反映到历史上第一个数学共同体的毕达哥拉斯学派的理论系统之中，被凝练为可公度原理，即"一切量均可表示为整数与整数之比"。

这种数量观与毕达哥拉斯学派的哲学观是相对应的。"万物皆数"是这一个时期毕达哥拉斯学派的共同的哲学信仰。他们认为，世界上一切事物和现象，都可以归结为整数与整数之比。在"万物皆数"、"一切量均可表示为整数与整数之比"这种共同信仰的驱使下，毕达哥拉斯学派致力于数和图形的抽象研究，创立了纯数学，并把它变成一门高尚的艺术。可公度原理正是该学派系统理论中的一个基本原理，无疑是这个学派的一个高度共识。

（二）严密无误的推导得出矛盾性结论：$\sqrt{2}$悖态的充分显现

从共同的信仰和毕达哥拉斯定理出发，学派成员希帕索斯发现，边长为 1 个单位的正方形其对角线的长度，即$\sqrt{2}$却无法表示为整数之比。[①]
这里的证明相当简约：

假设$\sqrt{2}$是有理数。那么，设$\sqrt{2}=p/q$。这里 p、q 是自然数，并且 (p, q)=1。

上式两边平方后，再同乘以 q^2，得 $2q^2=p^2$。

所以，p^2 是偶数。

由于奇数平方仍然是奇数，因而推得 p 也是偶数，即可令 $p=2p_1$（p_1 是自然数）。将它代入上式就得：$q^2=2p_1^2$。同理可得，q 也为偶数，即 p、q 有公约数 2，显然，这与 (p, q)=1 相矛盾。

这个结论与可公度原理产生了尖锐的矛盾。

（三）新概念"无理数"的诞生：$\sqrt{2}$悖态的消除

$\sqrt{2}$虽然无法公度，但它确实量度出了一个确定的长度，因而也有作

---

① 关于不可公度的发现和证明，也有这样一种说法：希帕索斯在证明毕达哥拉斯定理时发现，当直角三角形的两条边相等时，斜边是存在的，但斜边的长度是不可公约的数。他用归谬法证明了这一问题。用现代符号写出的证明是：设 Rt△ABC，两直角边 a=b，据毕氏定理可得 $c^2=2a^2$。这里的设已将 a、c 中的公约数约去，于是，c 为偶数，a 为奇数。令 c=2m，则有 $(2m)^2=2a^2$，$a^2=2m^2$，于是，a 为偶数，矛盾。因此，勾长或股长与弦长是不可通约的。参见［美］M. 克莱因：《古今数学思想》，北京大学数学系数学史翻译组译，第 1 册，上海，上海科学技术出版社，1979，第 37～38 页。

为一个数的权利。而且，重复运用希帕索斯的方法，可以得到无限多个不可公度的数。经过痛苦的选择，毕达哥拉斯学派承认了这种数的存在，称之为"阿洛贡"（algos，意为"不可说"或"不能表达"）。但他们不愿意放弃公度的思想，而提出了改变公度单位的"单子说"。"单子"是一种如此之小的度量单位，以致本身不可度量却又可以保持为一种不可分的单位。它有些像后来的微积分基础中的"无限小"概念，但在当时的毕达哥拉斯学派内部是提不出导致数学基础理论第二次危机的无限小是零或非零的问题的，因为此时的毕达哥拉斯学派并不承认零是一个数。

　　毕达哥拉斯学派内部之"阿洛贡"的发展历史没有明确地记载下来，但在其学派之外，比如，巴比伦人用到这种数时，就取它们的近似值，而没有过多地考虑他们的"单子"问题，随着时间的推移，人们逐渐放弃了一切量皆可公度的共识。到了欧几里得时代，无理量及其证明成了《几何原本》的重要组成部分。直至 19 世纪时，一批著名的数学家，比如，哈密顿、威尔斯特拉斯、戴德金和康托尔等认真研究了无理数，给出了无理数的严格定义，提出了一个同时含有理数和无理数的新的数类——实数，随着完整的实数理论的建立，由 $\sqrt{2}$ 悖论所引发的数学危机终于得以完全消除。从"阿洛贡"、"无理量"、"无理数"到"实数"，这些名称的演变过程，既反映了由 $\sqrt{2}$ 悖论引发的科学前行的艰难历程，也体现着这一理论重要的发展轨迹。

　　希帕索斯发现的悖论作为第一个引发数学基础理论"危机"的难题，不仅由承认一种不同于可公度量的无理量而告消除，而且在解决这个问题的过程中，希腊人的数学观和科学观还发生了两个重大转变：一是认识到自然数及其比（有理数）不能包括一切几何量，但几何量却可以表示数，这使得人们更加注重几何学的研究。二是认识到直觉与经验都不是绝对可靠的，获得可靠知识还需要科学证明，这使得希腊人更加注重对逻辑推理的研究。沿着这两条密切相关的路线，希腊人开始由"自明的"公理出发，通过演绎推理，构建起几何学体系，产生了《几何原本》；同时，又创造性地使用了一般性变元，严格区分了哲学与逻辑、思维内容与形式，从思维形式层面建立起了相对严格而完整的形式系统——早期的实然直言三段论理论，产生了《工具论》。《几何原本》和《工具论》这两大成果，对数学以至整个西方科学乃至哲学都产生了深远的影响。爱因斯坦曾说过："西方科学的发展以两个伟大的成就为基础，那就是：希腊哲学家发明形式逻辑体系（在欧几里得几何学中），以及通过系统的实验发现有可能找出因果关系（在文艺复兴时期）。在我看来，中国的贤哲没有走上这两步，那是不用惊奇的。"①可见，希帕索斯发现的悖论及其造成的第一次数学危机，在数学史、科学史和哲学思想史上占有多么重要的地位，② 可以说，它为科学理论的创新发展作出了历史性贡献。

二、无限小量悖论

（一）隐含着模糊的"公认"前提：无限小量悖态的知识论根源

人类早就对长度、面积、体积的度量感兴趣，古希腊时期的欧多克斯（Eudoxes）已经开始运用量的观念来考虑连续变动的事物，并完全依据几何来严格处理连续量，这却造成了数与量的长期脱离。这就不难理解，为什么古希腊时期的数学除了整数外，既没有无理数的概念，也没有有理数的运算，但却有量的比例。从芝诺关于"运动不可能"的四个论证中可以看出，他们对于连续与离散的关系很有兴趣。希腊人虽然没有明确的极限概念，但在处理面积或体积问题时，却有严格的逼近步骤，就是所谓的"穷竭法"。

到了 16、17 世纪，除了求曲线长度和曲线所包围的面积等问题外，还产生了许多新问题，诸如，已知距离函数求速度或已知速度函数求距离，求曲线的切线、求函数的极大值、极小值等。17 世纪下半叶，在总结前人研究成果的基础上，牛顿和莱布尼茨各自独立地创立了微积分理论。他们的主要功绩在于：其一，把各种问题的解法统一成一种方法，即微分法和积分法。其二，有明确的计算微分法的步骤。其三，微分法和积分法互为逆运算。微积分理论创立后，在许多领域里得到了广泛的应用。

微积分主要来源于求非均匀变化的变化率和非均匀分布的总量问题。其解决问题的关键是在用函数表示两种量的关系后，在无限小的局部范围内把非均匀的看成是均匀的，使之形成两种无限小量之间的关系，然后实现转化，即求得变化率或分布总量。由此可见，无限小量（或无穷小量）是微积分的核心概念，正确认识和清楚地表述无限小量的内涵是非常重要的。事实并非如人们所愿，在微积分建立之初的很长时期内，微积分理论虽然建立在无限小的分析之上，但当时人们对于无限小性质的认识却并不明晰。

微积分创立者在说明微积分内容时是以微分为初始概念的，用微分

① 《爱因斯坦文集》，第 1 卷，许良英等译，北京，商务印书馆，1976，第 574 页。
② 参见张建军：《科学的难题：悖论》，杭州，浙江科学技术出版社，1990，第 57～59 页。

定义导数(变化率)和定积分(分布总量)，而微分就是无限小量。那么，无限小量是什么呢？按照牛顿和莱布尼茨的说法，就是表示愿要多小就有多小的量，"考虑这样一种无穷小量是有用的，当寻找它们的比时，不把它们当作零，但是只要它们和无法相比的大量一起出现，就把它们舍弃。例如，如果我们有 x+dx，就把 dx 舍弃。但是，如果我们求 x+dx 和 x 之间的差，情况就不同了。类似地，我们不能把 xdx 和 dxdx 并列。因此，如果我们微分 xy，我们写下 $(x+dx)(y+dy)-xy=xdy+ydx+dxdy$。但 dxdy 是不可比较地小于 xdy+ydx，所以必须舍弃"[1]。由于这时的无限小量的性质并不明确，所以，在进行逻辑推导中，有时把无限小量当作零使用，有时却又把无限小量当作非零使用。比如，求 $t=t_0$ 时的瞬时速度，需要先在 t_0 附近取一小段时间 Δt。在 Δt 中，物体走了距离 Δs，于是，$\Delta s/\Delta t$ 便是物体在 t_0 附近，即 Δt 中的平均速度。而欲求得物体在 t_0 时的速度，按照莱布尼茨的说法，应该取无限小量 Δt，则此时 Δs 也为无限小，消去高阶无限小，用 Δt 除 Δs，即可得出该物体在 t_0 时的速度；按照牛顿的说法，是令 Δt 逐步变小而直至为零，既不在变成零前，也不在变成零后，而是恰在变成零时，用 Δt 除 Δs，所得值便是该物体在 t_0 时的速度。这两种说法虽然有差异，但同样是含混不清的。由于微积分理论在实践上取得的成功，大多数数学家并没有怀疑其基础的可靠性，少数数学家虽然对无限小量的含混性质有所疑虑，但鉴于当时学界的主流看法——要"把房子盖得更高些，而不是把基础打得更加牢固"[2]，以及微积分理论在实践中的有效应用性，因而没有对无限小量的本质属性给予应有的追究。

(二)合乎逻辑地推出矛盾：无限小量悖态的充分显现

1734 年，唯心主义哲学家贝克莱为了应对由于科学的发展而对宗教信仰造成的日益增长的威胁，为拒斥科学理论而为神学辩护，出版了一本名为《分析学家》的小册子，他在书中质问数学家：无限小量到底是零还不是零？此问让数学家们难以作答。如果 Δt、Δs 是零，则 $\Delta s/\Delta t$ 就是 0/0，毫无意义；如果 Δt、Δs 不是零，哪怕它们极小，结果只能是近似值，而非牛顿、莱布尼茨所得出的精确值。

比如，对于 $y=x^2$ 而言，根据牛顿的流数计算法，应该有：

---

① 转引自〔美〕M. 克莱因：《古今数学思想》，第 2 册，北京大学数学系数学史翻译组译，上海，上海科学技术出版社，1979，第 98 页。
② 转引自胡作玄：《第三次数学危机》，成都，四川人民出版社，1985，第 18 页。

$$y+\Delta y=(x+\Delta x)^2 \tag{1}$$

$$x^2+\Delta y=x^2+2x\cdot\Delta x+(\Delta x)^2 \tag{2}$$

$$\Delta y=x^2+2x\cdot\Delta x+(\Delta x)^2 \tag{3}$$

忽略$(\Delta x)^2$，得

$$\Delta y=2x\cdot\Delta x \tag{4}$$

进而有

$$\Delta y/\Delta x=2x \tag{5}$$

从上述推理中可以看出，从(4)到(5)，要求 $\Delta x\neq0$；从(3)到(4)，又要求 $\Delta x=0$。由于是同一个 Δx，以上过程中显然是有矛盾的。这个矛盾正来自微积分理论中的基础概念——"无限小量"所内含的矛盾。贝克莱指责道：无穷小最初不是零，才能在从(4)到(5)中作除数；而在从(3)到(4)时，又作为零而舍弃，这违反了不矛盾律。无穷小如果是零就不能作除数；如果不是零，就不能舍弃。贝克莱把作为两个无限小量之比的导数称为"消失了的量的鬼魂"。由于贝克莱合乎逻辑地揭示了微积分理论基础中所含有的逻辑矛盾，无限小量悖论因而被称为"贝克莱悖论"[①]。

（三）极限理论的诞生：无限小量悖态的消解

"贝克莱悖论"的出现迫使数学家们不能不认真对待微积分的基础问题。然而，在相当长的时间里，并没有取得什么进展。在此期间，由于实践的要求，微积分的应用领域不断扩大，并取得了节节胜利，反过来又促动了分析数学本身的大发展。到了 18 世纪末 19 世纪初，一些数学家开始倾全力解决这个问题，其中，柯西获得了成功。1821 年、1823 年和 1829 年，柯西连续发表了《代数分析教程》、《无穷小分析教程概论》和《微分计算教程》三部著作，试图给分析以严密性论证。柯西从定义变量开始，"把依次取许多不相同的值的量叫做变量"[②]，认识到函数不一定要有解析表达式，并抓住极限的概念，指出无穷小量和无穷大量都不是固定的量而是变量。他给极限以明确的定义："当一个变量逐次所取的值

① 这个悖论所引发的数学危机不仅仅是微积分理论本身的问题，因为它不仅揭示了数学领域内部的有限与无穷的矛盾，还反映出常量数学的思维形式在解释变量事实时，在逻辑上表现出来的严重矛盾。贝克莱悖论还反映出数学领域的另一种矛盾，即计算方法、分析方法在应用与概念上清楚及逻辑上严格的矛盾。由于一些比较注重实用性的数学家盲目应用，而比较关注严密性数学家及哲学家则进行批判。微积分理论初建时期的应用与批判，便是其中的一个典型例证。

② 〔美〕M. 克莱因：《古今数学思想》，第 4 册，北京大学数学系数学史翻译组译，上海，上海科学技术出版社，1981，第 5 页。

趋近一个定值，最终使变量的值和该定值之差要多小就多小，这个定值就叫作所有其他值的极限。"①就无限小量而言，也就是"以零为极限但又永不为零的变量"。

运用极限的方法，导数就成为有限差值之比的极限：

$$dy/dx = \lim_{\Delta x \to 0} \Delta y/\Delta x (\Delta x \neq 0)$$

积分就成为和式的极限：

$$\int_a^b f(x)dx = \lim_{n \to 0} \sum_{i=1}^n f(x_i)\Delta x_i$$

　　用极限方法进行微积分演算，从数学形式上比牛顿和莱布尼茨的神秘演算前进了一大步。由于柯西在对极限的定义中还是使用了"要多小就多小"的含糊语词，威尔斯特拉斯为此给出了更为明确的定义：如果给定任何一个正数 ε，都存在一个正数 δ，使得对于区间 $0 < |x - x_0| < \delta$ 内的所有的 x 都有 $|f(x) - f(x_0)| < \varepsilon$，则 $f(x)$ 在 $x = x_0$ 处连续。如果在上述说法中，用 L 代替 $f(x_0)$，则说 $f(x)$ 在 $x = x_0$ 处有极限 L。经威尔斯特拉斯等人的进一步改造，消除贝克莱悖论的微积分基础理论基本建立起来。

　　依解悖的一般标准衡量，这里既满足了"充分狭窄性"——足以消除贝克莱悖论，又是满足了"充分宽广性"——保留了微积分原理论中的精髓，同时还具有"非特设性"——不仅仅是为消解贝克莱悖论而增加特设性辅助假说，而且，在新的微积分基础理论中再也没有发现悖论。当然，更为严格的极限理论的确立，需要建基于严格的实数理论之上。确切地说，只有在 19 世纪后半叶，即在严格的实数理论建立之后，贝克莱悖论给数学领域所造成的"危机"影响才得以消除。从微积分创立到贝克莱悖论的发现，从极限理论的创立到对其严格修正，毫无疑问，这也是一段值得体悟的科学理论创新发展的历程。

　　从无限小量悖论的解决过程来看，人们并不是把无限小量中的矛盾当作普通的逻辑矛盾予以简单地摒弃，也不是把它作为"真矛盾"给予容忍或接纳，而是出于这样的诉求，即在不"突破"经典逻辑的不矛盾律和排中律的基础上，既要清除其中的矛盾，又要保留原有微积分理论的精髓，使得悖态的微积分理论获得新的协调性。后来努力的结果也正体现

①　〔美〕M. 克莱因：《古今数学思想》，第 4 册，北京大学数学系数学史翻译组译，上海，上海科学技术出版社，1981，第 6 页。

了这种诉求的指向。正是在更高的理论层次上，即在极限理论中，悖态的微积分理论获得了新的协调性。显然，极限理论既是建基在原有的悖态的微积分理论之上，又与其原先的基本信念和基础概念有着质的区别。

三、追光悖论

（一）"公认正确的背景知识"：麦克斯韦的方程和速度相加规则

1922 年 12 月 14 日，爱因斯坦在日本京都发表了题为"我是如何创造相对论的"演说。在这次演说中，他回忆了 1905 年其创立相对论时思想变化的根本原因。

在 1905 年前很长一段时间里，爱因斯坦一直思考着一个困难的问题：[①] 他相信麦克斯韦的方程是正确的，这个方程告诉人们（真空中的）光速是不变的。但是，光速不变性与经典力学的速度相加规则却发生了直接冲突。为什么会发生这种冲突？他毫无结果地思考了几乎一年时间，发现这个问题是一个根本就不容易解决的难题。其实，这个难题是爱因斯坦在 16 岁时（1895 年）就已经无意中想到了：

> 如果我以光速 C（真空中的光速）追随一条光线运动，那么我就应当看到，这样一条光线就好像一个在空间里振荡着而停滞不前的电磁场。可是，无论是依据经验，还是按照麦克斯韦方程，看来都不会有这样的事情。从一开始，在我直觉地看来就很清楚，从这样一个观察者的观点来判断，一切都应当像一个相对于地球是静止的观察者所看到的那样按照同样的一些定律进行[②]。

爱因斯坦说，直接引导他提出狭义相对论的是出于他的这样一个确信，即物体在磁场中运动所感生的电动势，不过是一种电场罢了。这是指这样的情形，即如果磁铁运动而导线静止，则由于磁铁的运动产生了电场 E，而 E 可以驱使导线上的电子流动而产生感应电流。现在，如果反过来，让磁铁静止而导线运动，则这时导线上产生的电流，按洛伦兹（H. A. Lorentz）理论将是由于导线上的电子受了一个洛伦兹力，而不是前一种情形所说的电场了。然而，经典力学却告诉人们，运动是相对的，

---

① 参见杨建邺：《窥见上帝秘密的人：爱因斯坦传》，海口，海南出版社，2003，第 130 页。

② 《爱因斯坦文集》，第 1 卷，许良英等译，北京，商务印书馆，1976，第 24 页。

磁铁和线圈无论是哪一个运动，其结果应该是完全一样的。但在麦克斯韦的电磁理论里，这两种运动的结果却不一样。这明显地说明，麦克斯韦电磁理论具有一种不对称性，即经典力学中的相对性原理不适合于麦克斯韦的电磁理论。爱因斯坦认为，这种不对称性是值得怀疑的，因为它破坏了物理学中的统一和内在的和谐。

爱因斯坦在这里所指的"不对称"，实际上起因于麦克斯韦电磁理论中少不了的"绝对静止的"以太。我们知道，由麦克斯韦方程组可以推出，在真空中电磁波的传播速度是 C，这是一个常数。但这个恒定的速度是相对于哪一个参照系而言的呢？麦克斯韦并没有作出明确的回答，但从他把以太看成是电磁波的载体、电磁现象是以太运动的表现来看，他是把以太作为测出光速 C 的参照系。后来，以洛伦兹为首的一些物理学家明确承认：麦克斯韦方程组仅仅是对绝对静止的以太参照系才能成立；对其他参照系，麦克斯韦方程组不成立。

在爱因斯坦看来，绝对静止的以太是一个错误的观念，它破坏了物理学中的对称性和统一性。因为，如果有了绝对静止的以太，人们显然可以利用电磁现象来判断惯性系的绝对运动状态。这样，作为牛顿力学基础的相对性原理，在麦克斯韦电磁理论中就不再有效。由于"相信绝对静止的以太的存在"几乎是当时所有科学家的共识，当所有以太漂移实验均告失败后，使得寻找一个绝对参照系的希望成为泡影。绝对物理学亦由此陷入了严重的困境之中。

（二）揭示经典力学基础中的悖理：悖论性矛盾的显现

问题的症结在哪儿？素朴的"追光"理想实验，使得爱因斯坦得以巧妙地揭示经典力学与物理世界高速运动规律之间的不一致性，发现了经典力学基础中所深藏着的悖理，之所以赶上光速的人却看不到光，或者说是只看到停滞不前的光，是因为其中包含着几个方面的矛盾：其一，牛顿的速度相加法则对光速不再适用。按照牛顿的速度相加法则（它等价于所谓伽利略坐标变换式），$C-C=0$，$C+C=2C$（C 是真空中的光速）。但是，在所有观测实验中，我们实际上只能得到唯一的不变的光速 C。换句话说，光的传播速度与光源或接收装置的运动状态无关。而牛顿的速度加法却违背了"光速不变"的事实。其二，麦克斯韦的电磁场方程组也要求光速 C 为一个基本常数，但是，如果麦克斯韦方程组是对一切惯性系有效，就不能允许下述情况的出现，即对某个惯性系光速为 C，而变换到另一具有相对速度 V 的惯性系，光速就成为 $C+V$。这也说明经典力学的牛顿加法对电磁场已经不再适用。其三，根据相对性原理，静止观察者与处在运动惯性系中的观察者所看到的世界满足相同的物理定律。"光速不变"是对所有惯性系都适用的，因此，可以看作是遵守相对性原理的一个特殊的物理定律。既然牛顿的速度加法使得不同惯性系有了不同的光速，那么，它既违背了"光速不变"的事实，又破坏了相对性原理。所以，牛顿的速度加法才是问题的症结所在。[①]

由此，爱因斯坦清楚地认识到：

> 上述悖论现在就可以表述如下。从一个惯性系转移到另一个惯性系时，按照古典物理学所用的关于事件在空间坐标和时间上的联系规则，下面两条假定：
>
> （1）光速不变，
>
> （2）定律（并且特别是光速不变定律）同惯性系的选取无关（狭义相对性原理），是彼此不相容的（尽管两者各自都是以经验为依据的）。[②]

从"时间的绝对性"或"同时性的绝对性"，这个几乎是当时物理学界所普遍"公认正确的背景知识"出发，从上述两个假定中我们可以构建出如下矛盾等价式：

光速不变，当且仅当，光速可变（因为速度合成法则成立）。

（三）光速悖论的初步消解：相对论理论的创生

由于牛顿的速度加法是建立绝对时空观基础上的，这便促发爱因斯坦向其反面——"相对性"进行思考。

纵观物理学发展史，我们不难发现，它实质上是一部"相对性"认识逐渐深化的历史，原先许多被人们认为是绝对性的东西，后来都逐渐显示出其相对性的本质，不断从"人为的绝对"框架中解放出来。伽利略的相对性原理告诉人们，在惯性系中发生的任何一种现象都无法判断惯性系本身的绝对运动状态。就是说，在一个惯性系中能够看到的任何现象，在另一个惯性系中必定也能无任何差别地看到。所有惯性系都是平权的、等价的，不存在一个优越的、绝对的惯性系，并以它为标准来判断其他惯性系的运动。这一原理的建立是物理思想史上一个重要的突破。但是，这个在力学中普遍成立的原理，在麦克斯韦的电磁场理论里却不再有效。

---

① 参见桂起权、张掌然：《人与自然的对话：观察与实验》，杭州，浙江科学技术出版社，1990，第182~184页。

② 《爱因斯坦文集》，第1卷，许良英等译，北京，商务印书馆，1976，第25页。

因为，麦克斯韦方程组所得到的光速 C 正是以绝对静止的以太作为参照系的。

当爱因斯坦把相对性原理从力学领域扩大到电磁学领域之后，绝对静止的以太自然就被否定了,[①] 但由此又产生了一个十分严重的困难：既然麦克斯韦方程在所有惯性系中都成立，那么光速就只能对所有惯性参照系都不变，它是一个常数。可这又与力学中的速度合成法则相矛盾。比如：在速度为 v 的火车上，发射一束光，在火车上的观察者看来，光速为 C；但在地面上的观察者看来，如果 C 与 v 的方向是一致的，则光速应该是 $C+v$；如果 C 与 v 的方向相反，则光速为 $C-v$。总之，利用力学中速度合成法则可知：对不同的参照系，光速不会是一个常数。要解决这个矛盾确非易事。经过了一年"徒劳"的试解之后，爱因斯坦颖悟到，问题出在最不容易被人们怀疑的基本信念，即"同时性"的问题上。经典力学中的速度合成法则是以同时性的绝对性($\Delta t = \Delta t'$)为基础的，即在所有不同的参照系中，同时性是绝对的。在爱因斯坦看来，分析时间这个概念不能绝对定义，时间与信号速度之间有着不可分割的联系。[②] 爱因斯坦发现："只要时间的绝对性或同时性的绝对性这条公理不知不觉地留在潜意识里，那么任何想要令人满意地澄清这个悖论的尝试，都是注定要失败的。"[③]

由于颖悟到同时性在不同惯性参照系里是相对的，爱因斯坦才得以抛弃经典力学的速度合成法则，把光速不变作为一条基本原理，与相对性原理一起作为新力学的理论基础。如果从经典力学思想来看，这两条原理是无法相容的，但是"如果事件的坐标和时间的换算是按照一种新的关系('洛伦兹变换')，那么，（1）和（2）这两个假定就是彼此相容的了"[④]。表明上的矛盾是由于时间绝对性的成见造成，或者说是对分隔开的事件的同时性的绝对性有成见造成的。

确立了新的基本信念，产生了两个基本原理，爱因斯坦第一次完满地解决了整个问题，得出了不同惯性系里时空的变换关系，以及由此而引出的一些运动学和动力学上的种种效应。

时间变慢（时间膨胀）。在经典物理学中，$t=t'$，即所有参照系中事

① 这种否定虽然与迈克尔逊—莫雷的"以太风"实验有关联，但爱因斯坦在这里并不是在直接使用那个实验的结果，而是他的一个独立的推论。
② 参见杨建邺：《窥见上帝秘密的人：爱因斯坦传》，海口，海南出版社，2003，第136～137页。
③ 《爱因斯坦文集》，第1卷，许良英等译，北京，商务印书馆，1976，第24页。
④ 同上书，第25页。

件经历的时间都是绝对相等的。但是在狭义相对论中，$t \neq t'$，而是由下面的公式确定：

$$t' = t \sqrt{1 - \frac{v^2}{C^2}}$$

公式中 C 为真空中的光速，即 3×10^8 米/秒，v 为火车的速度。因为 C 大于 v，所以 v^2/C^2 大于零，因此 $t < t'$。就是说，同一事件在火车上经历的时间 t' 比站台上人所经历的时间 t 要短一些，或者说，火车上的钟比站台上的钟慢了。

在日常生活中，与 C 相比，v 很小，相对论的时钟变慢效应很小，t' 与 t 的差别小到可以忽略不计的程度。

尺缩效应。除了时间变慢以外，还有空间的改变，即在运动方向上长度会缩短。比如，火车在 x 轴上运动，在火车上的观察者测量一根米尺在 x' 轴上长度为：$l' = x'_2 - x'_1$；但在站台上的人测量同一根米尺，其长度则为：$l = x_2 - x_1$。根据相对论的数学推算：

$$l' = l \sqrt{1 - \frac{v^2}{C^2}}$$

当火车以速度 v 运动时，C 大于 v，所以 v^2/C^2 大于零，因此 $l' < l$。就是说，站台上的人看见火车上米尺（及所有物体长度在 x 轴上方向上）缩短了。但火车上的人并不知道，也不认为他的米尺变短了。

爱因斯坦坚信："根据前面对坐标和时间的物理解释，这决不仅仅是一种约定性的步骤，而且还包含着某些关于运动着的量杆和时钟的实际行为的假说，这些假说是可以被实验证实或者推翻的。"[1]这就是说，爱因斯坦相信自己的科学创造具备可证伪或证实的"科学品质"，并非是一种形而上学的幻想。事实已经证明，狭义相对论是人类历史上最具创新性的科学理论之一。

从"追光悖论"的消解中，我们可以得出如下几个结论：其一，逻辑矛盾被消解。在相对论创建之前，许多优秀的物理学家对牛顿的速度加法深信不疑，面对麦克斯韦电磁理论、光的传播规律（光速不变）、相对性原理（物理定律对一切惯性系相同）之间复杂的表观矛盾，无所适从。

[1] 《爱因斯坦文集》，第1卷，许良英等译，北京，商务印书馆，1976，第25～26页。

通过抛弃经典力学的基本信念——"同时性的绝对性"，摒弃麦克斯韦电动力学中的"以太"观念，并把相对性原理扩展到电磁现象之中，爱因斯坦化解了经典力学与麦克斯韦方程之间的逻辑矛盾。其二，经典逻辑法则有效。爱因斯坦消解追光悖论，始终没有"突破"经典逻辑的基本法则，是按"逻辑"合理地消解悖论的。其三，悖态理论的基本信念被推翻。如前文所述，每一科学理论的构建都有其核心，这个核心也就是一个理论的"硬核"。为了保卫这种"硬核"，科学理论的建构者和支持者总是不断添加辅助性假说去应对各种"反常"的挑战，而禁止"将否定后件式对准这一'硬核'"①。在研究纲领的支配下，科学理论以一个复杂的整体形式接受"反常"的挑战。由于悖论这种特殊的逻辑矛盾的消解，一定要直接涉及对科学理论具有"自组织"功能的基本信念，因此，消解科学理论中的悖论，其直接后果一定是触及并推翻原有理论的基本信念。比如，追光悖论中的"同时性的绝对性"，希帕索斯悖论中的"可公度原理"，以及贝克莱悖论中的"无限小量既是 0 又不是 0"等基本信念，无一例外地被推翻或改变。其四，新的基本信念和基础概念的确立。比如，消解追光悖论而确立"同时性的相对性"的信念，消解希帕索斯悖论而产生"无理数"的概念，消解贝克莱悖论而产生"极限"概念，等等。而"同时性的相对性"与"同时性的绝对性"、"可公度原理"与"无理数"、"无限小量"与"极限"，它们之间是存在着质的区别的。如果说前后信念或概念之间绝对没有可通约性，② 可能有彻底否定科学理论创新中的传承之嫌，但是，将新旧信念的更替，看作一种认知方式的格式塔的转换可能是合适的。所以，我们赞同库恩的如下说法："从一个处于危机的范式，转变到一个常规科学的新传统能从其中产生出来的新范式，远不是一个积累过程，即远不是一个可以经由对旧范式的修改或扩展所能达到的过程……已经注意到科学进步这个方面的其他人，则强调它与视觉格式塔改变的相似性：纸上的符号，初看上去像一只鸟，现在看上去像一只羚羊，或者与此相反。这种类比可能是误导……不过，因为今天大家都非常熟悉格式塔变换，所以，它有助于我们理解大范围的范式转变时所发生的事情。"③

---

① 〔英〕伊·拉卡托斯：《科学研究纲领方法论》，兰征译，上海，上海译文出版社，1986，第 67 页。

② 所谓"不可通约性"，是从数学上借用来的术语，如 $\sqrt{2}$ 是一个无理数，正方形对角线（为 $\sqrt{2}$）与正方形一条边（为 1）之间"没有公共的度量单位"。这里所说的不同范式之间的不可通约性，主要是指两者所要解决的问题不同，它们的科学标准也不同，相应地，分类并构成表象的方法也不同。

③ 〔美〕托马斯·库恩：《科学革命的结构》，金吾伦等译，北京，北京大学出版社，2003，第 78～79 页。

我们以为，如果说常规性地清理科学理论中存在的普通逻辑矛盾是属于科学理论创新中的"达尔文式的进化"，那么，"悖论、佯谬等的提出和解决，是科学发展的一种强有力的内在逻辑力量……如果说，理论的难题最初是以悖论的形式出现的话，那么，悖论的解决则是与科学的革命性飞跃连在一起的：悖论一旦得到解决，科学随之得到突破性的发展"[1]。这是因为，悖论的发现和消解，迫使人们不得不改变原有理论的基础概念和基本信念，从而使得科学理论在其演进过程中发生着质的突变。

第二节 科学理论解悖的思维机制

悖论之所以被视为科学的难题，难就难在它是一种特殊的逻辑矛盾，是出现在普通的逻辑矛盾被不断清理之后的科学理论之中。因此，在寻找悖论、发现悖论、分析悖论和解决悖论的"悖论思维"中，既有与一般性解题活动所共有的思维方式，又在肇端、创造和问题解决等方面有其自身独具的思维机制。

首先，由反思而发现悖论：质疑"公认正确"的背景知识是发现悖论的首要环节。

悖论的寻求和发现，既不是基于实验或经验进行的科学知识的累积，也不是对既有的问题进行常规性的解答，而是对相对成熟的科学理论或是对人们"置信程度"较高的"共识"之可靠性、可信性进行的反思或批判。

人们常说，"科学始于问题"，发现问题离不开思维方式上的"反思"。对特殊的反常问题——悖论的寻求和发现更离不开反思性思维。纵观悖论的发现史，我们可以断言，任何悖论的发现都是批判性思维[2]的产物。

---

① 林可济、郑毓信：《孕育着新突破的科学迷雾：科学悖论》，见申先甲、林可济：《科学悖论集》，长沙，湖南科学技术出版社，1999，第 15 页。

② 目前，批判性思维还没有一个统一的定义，但有两种定义较具代表性，其一是美国加利福尼亚批判性思维研究者在"批判性思维技能测试"（CCTST）中所给的：批判性思维是一种有目的性的对产生知识的过程、理论、方法、背景、证据和评价知识的标准等正确与否，作出自我调节性判断的思维过程（参见 *The test manuls for the CCTST and CCTD*，Millbrace，California：Academic Press，1998）。其二是由美国批判性思维运动的开拓者之一罗伯特·恩尼斯所给的：批判性思维就是指对所学东西的真实性、精确性、性质与价值进行个人的判断，从而对做什么和相信什么作出合理决策的思维活动（参见 Robert H. Ennis："A Logical Basis for Measuring Critical Thinking Skills"，*Educational Leadership*，1989，April.）。笔者给出了一个简略定义：批判性思维就是一种自觉地对某种信念和行为的合理性进行评判的思维（参见王习胜：《批判性思维及其技能研究》，《扬州大学学报》2006 年第 2 期）。

伽利略所发现的亚里士多德理论中的"速率悖论"就是这一断言的恰当佐证之一。

亚里士多德在其《论天》一书中说，物体下落的速率与物体的重量成正比："一定的重量在一定时间内运动一定的距离；一较重的重量在较短的时间内走过同样的距离，即时间同重量成反比。比如，如果一物的重量为另一物的二倍，那么它走过一给定的距离只需一半的时间。"①伽利略作出反思：假如有两个物体是同一材料制成的，那么其中较重物体并不比较轻物体运动得快。如果把两个物体连接在一起，速率较大的那个物体将会因受到速率较慢物体的影响，其速率要减慢一些，而速率较小的物体将因受到速率较大的物体的影响其速率要加快一些。如果这是对的，假定一块大石头，比如说以 8 的速率运动，而一块较小的石头以 4 的速率运动，那么把二者连在一起，这两块石头将以小于 8 的速率运动；但是，两块连在一起的石头当然比先前以 8 的速率运动的石头要大。可见，较重的物体反而比较轻的物体运动得慢；而这个效应与这样的设想是相反的，即同一介质中运动的同样的物体具有自然界给定的固定速度，这一速度是不能增减的，除非动量增大，它才增大，或由于某种使它缓慢下来的阻力的存在而使它减小。伽利略的反思十分雄辩地表明，人们原先不加怀疑地采用的"速率"、"更快"等概念，这些是亚里士多德物理学中的关键概念，恰恰是最可疑、最成问题的"公认正确的背景知识"，而从这种"背景知识"出发，难免会导致逻辑矛盾的生成。

其次，发挥想象：突破导致悖论之背景知识局限性的关键环节。

悖论的分析和消解，一般不能直接借助于实验或实践的手段。因为，实验或实践的手段常常用在对科学理论构建的一般性证实或证伪过程中，对于已经清除了普通的逻辑矛盾而显现出相对成熟形态的科学理论中的悖论而言，则需要运用比实践手段更为抽象化和理想化的方式对其进行分析，才能抓住悖结，进而消解悖论。悖论的分析和消解也是一种科学发现。科学发现不能否认其随机性，悖论的分析和消解也"不能否认各种非理性因素的作用"②，尤其是想象的作用。波普尔曾说过，"缺乏想象力"是"科学进步的真正危险"③之一。在悖论的分析和解决中同样不能忽

---

① 转引自〔美〕G. 霍尔顿：《物理科学的概念和理论导论》，张大卫译，北京，人民教育出版社，1983，第 126 页。

② 郁慕镛：《科学定律的发现》，杭州，浙江科学技术出版社，1990，第 72 页。

③ 〔英〕卡尔·波普尔：《猜想与反驳：科学知识的增长》，傅季重等译，上海，上海译文出版社，1986，第 309 页。

视想象，这一思维创造活动中的重要环节所应有的功用。

从解题思维的机制角度看，想象是基于联想的。联想即头脑中储存的记忆表象和意念，由于某种契机而与另外一些表象或意念发生联结的心理活动。换句话说，联想是通过表象或意念之间的那些相似、接近或对比等关系，使某种（些）表象或意念与另外一种（些）表象或意念之间因具有某种共同性而发生的联结。① 如果说"联想"的重心在于"联"，即联结，那么"想象"的重心则在于"想"，即重组与加工。"想象，作为人所特有的一种心理过程，是人们在已有经验基础上，通过联想的作用，对头脑中原有的记忆表象进行改造和重新组合，从而创造出新的经验形象，即形成并非直接反映现实中已有的客观对象的新的主观映象。"② 从逻辑思维的必然性程度而言，演绎思维具有形式的必然性，归纳思维（除完全归纳之外）是或然性的，在传统哲学对推理类型的划分中，还有一种类比思维。③ 类比，又称为类推，是从根据两个或两类事物之间，由某些属性（条件）相同或相似进而推出它们在其他属性上也相同或相似的推理形式或逻辑方法。"比"或"推"的基础，是建立在两类事物间在诸多要素上的同构关系，由于同构关系的多样性，使得逻辑对其规约力极富弹性，即它既受制于又不完全受制于逻辑规范的制约，使类比得以充当架构逻辑思维与非逻辑思维之间的桥梁。将逻辑思维的必然性程度再向前推进，就是科学修辞学所关注的科学隐喻。

隐喻在语言学上是指暗含比拟的语句，即将本来通用于某一事物的词或短语应用于另一事物。从心理学角度来理解，隐喻是通过事物之间在某一（或一些）性质、形状及其原理上相同或相似，而将不同事物进行联系、比较，以帮助人们理解另一事物或创造某种新意象的心理机制。

"相似性"是科学隐喻得以存在的前提。有学者将科学隐喻分为四个主要阶段或四种递进发展的理论，即替代理论、比较理论、互动理论和创新理论。"隐喻的替代理论强调以同义域的一个词语替代另一个词语；隐喻的互动理论强调两个分属不同义域的词语在语义上互相作用而产生新的语义；隐喻的创新理论认为隐喻的两个词项或概念的相似点不一定都是预先存在的，而是通过互动创建的，强调了相似点的创新。无论哪一种理论都不得不接受隐喻存在的'本体'和'喻体'的事实，而建构这两

---

① 参见罗玲玲：《创造力理论与科技创造力》，沈阳，东北大学出版社，1998，第98~99页。
② 傅世侠：《创造·想象·激情》，《自然辩证法报》1983-08-25。
③ 现代逻辑将推理分为两大类，即必然性推理与或然性推理，类比是归属在或然性推理之中的。

者之间桥梁必须以相似性为基础。"①但是，相似性只是联想的基础，创新必须在相似性的基础上向前推进，得出新的意念或概念，这里就必须使用逻辑推理的机制，即通过"If…then"的产生式，②思维才能可以超越时间和空间的限制，创造出对应于又可能有别于客观世界的主观世界，由此可能导致认知格式塔的转换，产生新的背景信念，创造新的学科概念，实现背景知识的革命性转变，从而打通悖态科学理论之悖结，实现悖论的消解。爱因斯坦正就是通过"冒失的"隐喻想象，实现了从"能量子"到"光量子"的思维飞跃，从而迈出了消解波粒二象悖论的关键性的一步。

我们知道，黑体辐射是导致20世纪物理学革命的重大问题之一。普朗克(M. K. Planck)是这方面研究的先驱。1896年，当普朗克开始研究热辐射时，已有的几个黑体辐射定律都与实验不符，比如，英国物理学家瑞利(Rayleigh)根据经典的"能均分定理"导出了一个分布律，从经典理论来看，虽然这个分布律的逻辑严密性无懈可击，但这个公式却有一个致命的缺点：在高频(短波)部分，理论值趋向无限大，这意味着一个火炉里面的辐射能将是无限大的。这是一个非常荒谬的结果。为此，物理学家们感到非常困惑。荷兰物理学家艾伦菲斯特(P. Ehrenfest)把这一代表经典物理学的严重困难称为"紫外灾难"(ultra-violet catastrophe)。1900年，普朗克经过艰苦的研究之后，根据实验数据得出了辐射公式，并大胆假设：物体在吸收和发射辐射时，能量不按经典物理规定的那样必须是连续地吸收和发射，而是按不连续的、以一个最小能量单元整数倍跳跃式地吸收和发射。这个最小的、不可分的能量单元，普朗克称之为"能量子"(energy quanta)，其数值大小为 $h\nu$，ν 是辐射频率，h 叫"作用量子"(quanta of action)，即普朗克常数。

1900年12月14日，普朗克以《正常光谱中能量分布的理论》为题，在德国物理学会上宣布了自己的大胆假设。但是，人们只愿意使用普朗克的辐射公式，却不愿意接受他的量子假说。普朗克自己甚至也认为量子理论纯粹是一个形式上的假设。可是，爱因斯坦却很快把普朗克的量子论"冒失地"向前推进。1905年3月，爱因斯坦在德国《物理学年鉴》第17卷上发表了题为《关于光的产生和转化的一个启发性观点》的论文。在

① 贺天平、郭贵春：《科学隐喻："超逻辑形式"的科学凝集——论科学隐喻的基本原则和表现形态》，见郭贵春、贺天平：《现代西方语用哲学研究》，北京，科学出版社，2006，第115页。
② 参见王习胜：《科学创造可能性的哲学解读》，《自然辩证法研究》2004年第8期。

这篇论文中，爱因斯坦指出，麦克斯韦的电磁波动理论虽然在描述纯粹光学现象时，已被证明是十分卓越的，似乎很难用任何别的理论来代替。但是，不应当忘记，光学观测都与时间的平均值有关，而不是与瞬时值有关。而且，尽管衍射、反射、色散等理论完全为实验所证实，但仍可设想，人们把用连续空间函数进行运算的光的理论应用到光的产生和转化现象上去时，这个理论会导致和经验相矛盾，要解决这个矛盾，就要把光不仅仅是像普朗克所说的那样，只是在发射和吸收时才不连续地进行，而且在空间传播时也是不连续的。麦克斯韦的波动理论仅仅对时间的平均值有效，而对瞬时的涨落则必须引入量子的概念。他在论文中写道："在我看来，关于黑体辐射、光子发光、紫外光产生阴极射线，以及其他一些有关光的产生和转化的现象的观察，如果用光的能量在空间中不是连续分布这种假说来解释，似乎就更好理解。按照这里所设想的假设，从点光源发射出来的光束的能量在传播中不是连续分布在越来越大的空间之中，而是由个数有限的、局限在空间各点的能量子所组成，这些能量子能够运动，但不能再分割，而只能整个地被吸收或产生出来。"[①]他把这些不连续的能量子取名为"光量子"(light quanta)。波动的振幅(即光强)决定于光量子在某点上的数目。不过，这种数目只是一种统计学意义上的平均值。

爱因斯坦所谓的"启发性观点"，就是通过光量子假说断言电磁辐射场具有量子性质，并把这种性质推广到光和物质之间的相互作用上，即物质和辐射只能通过交换"光量子"而相互作用。[②] 每一个光量子的能量与普朗克的能量子的表达式一样，是 $E=h\nu$。1908 年，爱因斯坦用统计方法研究了黑体辐射，第一次揭示了光的"波粒二象性"的存在。在第二年 9 月的一次演讲中，爱因斯坦明确提出需要建立光的波粒二象性理论："我认为，理论物理学发展的随后一个阶段，将给我们带来这样一种光学理论，它可以认为是光的波动论和发射论的某种综合……深刻地改变我们关于光的本性和组成的观点是不可避免的……"[③]1916 年，爱因斯坦又把动量与光量子联系起来。1926 年，美国物理学家刘易斯(G. N. Lewis)提出了"光子"概念，一直沿用至今。

正是在爱因斯坦提出的光量子理论的基础上，历经多位科学家的创

---

① 《爱因斯坦文集》，第 2 卷，范岱年等译，北京，商务印书馆，1977，第 38 页。

② 参见杨建邺：《窥见上帝秘密的人：爱因斯坦传》，海口，海南出版社，2003，第 144～145 页。

③ 《爱因斯坦文集》，第 1 卷，许良英等译，北京，商务印书馆，1977，第 51～52 页。

造性的实验及其理论发展，尤其是康普顿（A. H. Compton）、玻色（S. Bose）、玻尔，以及德布罗意（L. de. Broglie）等人的出色工作，与光量子相关的其他实物粒子的二象性被进一步揭示出来，① 从而使得一直无法用经典电磁理论解释的"光电效应"难题得到了极为完满地阐明，也使得人们关于光的本性或者是"粒子"，或者是"波"的悖态认识得到了有效的澄清。

"科学家的工作是提出和检验理论。在最初阶段，设想或创立一个理论，我认为，既不要求逻辑的分析，也不接受逻辑的分析。"波普尔说，"我对这个问题的看法是，并没有什么得出新思想的逻辑方法，或者这个过程的逻辑重建。我的观点可以这样表达：每一个科学发现都包含'非理性因素'，或者在柏格森（H. Bergson）意义上的'创造性直觉'"②。就整个悖论思维过程而言，波普尔这段话可能有失偏颇，因为逻辑思维的缺场，悖论将既不能被分析，也不能被推证，更谈不上消解。但是，如若将它只放在悖论思维的想象环节上，倒是比较合适地描述这个阶段的悖论思维的特征。

最后，辩证思维：实现悖论"合理"解决的决定性环节。

辩证思维之所以受到国内外悖论研究者的青睐，是因为悖论中的"矛盾"不同于普通的逻辑矛盾，悖论性结论虽是矛盾的却又可以得到同等有力的证据支持。

虽然学界对"辩证思维"与"辩证逻辑"的内涵存有不同的理解，但二者之间具有密切的关联是无可否认的，因而"悖论研究与辩证逻辑的关系是辩证逻辑学者关注的一个重要问题"③。辩证逻辑研究者之所以特别关注悖论问题，主要是因为悖论中的"矛盾"所具有的特殊性，矛盾双方不可能同真，却又能够得到同等有力的证据支持。比如，光的微粒说与波

---

① 进一步的研究揭示：微观客体的极端矛盾的现象形态——波动性和粒子性，只是同一本性"波粒二象性"的不同侧面。在每一个具体实验中，总是其中一方是显性的，而另一方是隐性的。或者说，其中一方是实存的，而另一方是潜存的。例如，在光的干涉、衍射和偏振实验中，波动性是显性的、实存的，粒子性是隐性的、潜存的，而在光电效应和光子的散射效应（康普顿效应）中粒子性（量子性）是显性的、实存的，波动性（频率、波长等）是隐性的、潜存的。实际上，任何时刻两种特性都是客观存在的，只是它们不能同时显现出来，成为取得支配地位的方面。参见桂起权：《"量子危机"的认识论意义》，《社会科学》1985年第11期。

② 〔英〕K. R. 波珀：《科学发现的逻辑》，查汝强等译，沈阳，沈阳出版社，1999，第8、9页。

③ 桂起权：《2005：辩证逻辑正在向深度和广度拓进——国内若干流派重要观点解读》，《河南社会科学》2006年第2期。

动说，牛顿的速度加法与麦克斯韦方程所揭示的"光速不变"原理，等等，正是因为有这种同等有力的证据支持，才将认知主体推入"优先策略"失效的抉择困境之中，从而对矛盾双方中的任何一方，都没有充分的理由给予拒斥。这种"逻辑矛盾"的特点决定了解决悖论不能像对待普通的逻辑矛盾那样，采取简单否定的方式，而必须运用辩证思维，从对立的矛盾中寻求并达至新的统一。

辩证思维之精髓在于以普遍联系的整体观和运动发展的动态观去认识对象和思考问题。辩证思维的整体，不是部分的"静态加和"而是具有相互依存和相互贯通的内在机制的整体。辩证思维的动态是能够反映事物变化发展的历史性规律的运动状态。以辩证思维思考悖论，就是将悖论看作动态发展的整体以把握其深层的逻辑结构及其变化规律。比如，以辩证思维视角看集合论悖论的成因，我们可以发现，由于是"一特定的性质定义一集合"，而性质是"从事物中抽象出来，形成对一类事物的一般性认识"。这样"一集合的整体的属性惟有用来把握该集合的一般，则当我们将集合自身作为它自己的一个元素与其他元素并列（非常集）时，就使一般脱离个别而独立地存在了"①。从辩证思维的维度论，一般只能在个别中存在，因为"对立面（个别跟一般相对立）是同一的：个别一定与一般相连而存在。一般只能在个别中存在，只能通过个别而存在。任何个别（不论怎样）都是一般。任何一般都是个别的（一部分，或一方面，或本质）。任何一般只是大致地包括一切个别事物。任何个别都不能完全地包括在一般之中，如此等等"②。正是因为将个别与一般割裂开来，罗素悖论在"包含"与"不包含"的问题上将认识的矛盾性暴露出来了。相应地，在有限与无限、绝对和相对的认识上，也同样可以暴露出这样的逻辑矛盾。

公理化集合论理论对罗素悖论的解决，其方案的背后正是隐藏着对个别与一般的辩证关系的把握，其"迭代造集"观念就是不自觉地贯彻了个别与一般的辩证原则，使一般（性质）寓于个别（个体）之中而不使之脱离个别独立地存在。集合论悖论的相对解决充分表明，"悖论背后总是有某种辩证矛盾隐蔽地在起作用。但悖论却不能简单地等同于在它背后的辩证矛盾"③。

---

① 张建军：《集合论悖论的辩证分析》，《河北大学学报》1984 年第 1 期。
② 〔俄〕列宁：《谈谈辩证法问题》，见《列宁全集》，第 55 卷，北京，人民出版社，1990，第 307 页。
③ 桂起权：《悖论的不同型式、解法和实质分析》，《湖北社会科学》1987 年第 7 期。

　　辩证思维之于悖论研究的必要性不仅在于解悖的困难性和复杂性，还在于人类认识方式的固有的局限性和片面性。就人类的认识方式而言，"割离"是思维认知中必不可少的一个环节。正如列宁（V. I. Lenin）所指出："如果不把不间断的东西割断，不使活生生的东西简单化、粗陋化，不加以划分，不使之僵化，那么我们就不能想象、表达、测量、描述运动……不仅思维是这样，而且感觉也是这样；不仅对运动是这样，而且对任何概念也都是这样。"[①]但是，割裂性的认识毕竟难以符合认识对象的本真属性。虽然割裂性的认识成果不必然导致悖论，但悖论的生成往往与割离的认识密切关联。比如，对"连续"的割裂、对"整体"的割裂，等等。因此，要避却割离性认识方式所带来的负面影响，就必须自觉地运用整体性的思维方式去把握矛盾双方的共同本质。

　　在经验科学研究中，科学家对矛盾对立问题的处理往往会不自觉地运用起整体性辩证思维方式。比如，量子力学的创始人之一海森堡就曾说过："在物理学发展的各个时期，凡是由于出现……与实验为基础的事实不能提出一个逻辑上无可指责的描述的时候，推动事物前进的最富有成效的做法，就是往往把现在所发现的矛盾提升为原理。这也就是说，试图把这个矛盾纳入理论的基本假说之中而为科学知识开拓新的领域。"[②]由于悖论最终总会涉及对有与无、连续与间断、有限与无限、整体与部分等一系列的对立范畴的认识，因而，对于悖论研究，以整体性的辩证思维方式去思考问题就显得尤为必要。因为"从悖论向对立面的统一之转换的一个重要机制，是把各种对立的环节放到一个有机的整体中进行考察"[③]。

　　再从语义悖论的既有解决方案上看，从语境迟钝方案到语境敏感方案的重要转折，就是克里普克、赫兹伯格和伯奇等人把塔尔斯基对语义悖论的静态分析转化成为一种动态分析，通过"动"和"静"的统一去揭示语义概念"真"与"假"之有规律地变化的本性。比如，间接自指的悖论性语句其真值的周期性变化规律，正是赫兹伯格从悖论性语句真值变化之整体性中发现的。而能够有效消解说谎者悖论的情境语义学方案，更是充分考虑到了语言行为的社会实践因素——情境，还"真"以动态发展的

① 〔俄〕列宁：《黑格尔〈哲学史讲录〉一书摘要》，见《列宁全集》，第55卷，北京，人民出版社，1990，第219页。
② 〔德〕韦纳·海森堡：《严密自然科学基础近年来的变化》，《海森堡论文选》翻译组译，上海，上海译文出版社，1978，第136页。
③ 张建军：《科学的难题：悖论》，杭州，浙江科学技术出版社，1990，第244页。

本性，虽然情境语义学并不是仅仅为解悖而创立，也不是自觉地运用辩证思维的产物，但它却充分体现了辩证思维及其应有的功用。

现代物理学研究的新近成果，从另一领域为我们的观点提供了佐证："在亚原子的层次上可以找到现代物理学对立概念统一的例子。粒子既是可分的又是不可分的。物质是连续的又是间断的。力和物质不过是同一现象的不同方向而已……它们表明了，我们从日常生活中得出的概念框架对于亚原子世界来讲是过于狭窄了……在'相对论'的框架中，经典概念通过进入更高的层次，即四维时空的层次而得到超越。空间和时间这两个概念似乎是截然不同的，但是在相对论物理中却得到了统一。"人们已经看到，"在相对论物理学的四维世界里，力和物质是统一的，物质可以是不连续的粒子，或者是连续的场"①。由于悖论的出现与理论层次的跨越关联密切，即原有理论对其适用范围的不当"僭越"，因而，在对不同理论或不同对象领域的统一性研究或某种理论向新的领域的推广性研究之中往往会生发悖论，而哥德尔不完全性定理已经揭示，一切足够复杂的科学理论都必然存在自身提出但无法解决的反常问题，而要解决这类问题必须迈向更高理论层次，这就充分说明，唯以动态性的辩证思维方式才能真正把握悖论之生成和发展的深层本质。

当然，我们在这里所强调的悖论思维机制之辩证思维，既不是仅指那种脱离严格逻辑形式分析的纯粹形而上学的思辨，也不是指那种忽视条件的、类似于"塞翁失马、焉知非福"之类的含糊任意的两极转化②，而是建立在分析理性基础之上的一种有条件的辩证理性。"进一步说，悖论中的形式矛盾被澄清的过程，也就是悖论背后的辩证矛盾被理解的过程。对于悖论结构的精细的逻辑分析，不仅不妨害辩证逻辑，而且是有益于辩证逻辑的"，因为"当悖论的'精细结构'被搞清楚之后，'自相矛盾'的假象就随之消失，同时辩证矛盾的内核被保留下来，并且得到合理解释"③。从这种视角去考虑悖论思维的机制问题，便属于悖论应用研究

---

① [美]F.卡普拉：《现代物理学与东方神秘主义》，灌耕编译，成都，四川人民出版社，1984，第120～121、122页。

② 参见王习胜：《辩证法的三重智慧》，《光明日报》2011-11-04。

③ 桂起权：《悖论的不同型式、解法和实质分析》，《湖北社会科学》1987年第7期。需要特别指明的是，桂起权教授对悖论与辩证矛盾关系的理解是正确的，那种把"逻辑悖论"直接等同于"辩证判断"的做法是欠妥的。这种做法中，"最干脆的当推罗马尼亚的昂利·瓦尔德（H.Wald）院士，他不但认为悖论就是辩证判断，而且认为悖论所包含的是'最大限度的知识'。"（杨熙龄：《奇异的循环：逻辑悖论探析》，沈阳，辽宁人民出版社，1986，第253页）。

的另一重要领域——悖论方法论中的研究课题。

总之，科学理论作为一种系统性的知识，是以整体的方式存在的。这种整体是以某种基本信念为核心，通过逻辑贯通零散、孤立的知识性命题而形成的。逻辑贯通的过程，既是科学理论系统化的过程，也是不断清理命题之间内容上的对立和形式上的矛盾，是使科学理论系统越来越趋于完备性、命题之间越来越具备协调性的过程。一个相对成熟的科学理论，总是在清理了普通的逻辑矛盾之后所显现出来的相对完备状态。如果在这种状态的科学理论中发现非普通的逻辑矛盾，而且这种逻辑矛盾的清理必然涉及构建该理论的基本信念或基础概念，这便意味着这种理论中已经暴露出了悖论。由于消解科学理论悖论必须改变原有理论的基本信念或基础概念，因而，对原有理论来说，这便是一场科学革命。

结　语　悖论研究的方法论价值

知识系统中的悖论的解决总是暂时的、相对的，彻底拒斥或解决悖论的任何想法都是不现实的。同时，悖论总是相对于特定的认知主体之"公认正确的背景知识或信念"而言的，这就是说，悖论的产生也是相对的。这种相对性既来自于认知主体的相对性，也来自于特定认知主体间对"背景知识或信念"公认度的相对性。由于认知主体不同，以及主体间"背景知识或信念"所在的领域不同，不同的认知主体或认识领域都有产生悖论的可能性。这种可能性是普遍存在的，也就使得泛悖论研究的方法论具有了广泛的适用价值。

一、悖论研究的方法论路线图

从悖论研究的过程而不是悖论研究的层面[①]论，一个相对完整的悖论研究过程至少包含四个必要环节，即发现悖论、分析悖论、消解悖论和解悖检视。在悖论研究的任何一个环节中，都需要运用与其目的相适应的方法。比如，在发现悖论的研究中，悖论性的结论是否成立，推导的过程是否合乎逻辑，需要运用反复推敲的方法。只有导出矛盾性结论的过程合乎逻辑，其前提与结论之间悖论性关系又能够成立[②]，我们才能说发现了一个疑似悖论。在分析悖论的研究中，需要确认这个疑似悖论的症结竟在哪里，如果不是导出悖论的逻辑过程有错误，而悖论性的结论能够成立，就需要对导致悖论的"似真"（或"合理"、"合情"）前提

---

①　张建军曾将悖论研究分为三个层面，即"特定领域某个或某组悖论具体解悖方案研究"、"各种悖论及解悖方案的哲学研究"和"一般意义的解悖方法论研究"（参见张建军：《逻辑悖论研究引论》，南京，南京大学出版社，2002，第37～39页）。有学者将这三个层面的研究误读为"形式技术、哲学说明和一般方法论"（李恒威、黄华新：《逻辑悖论研究的语用学维度：读〈逻辑悖论研究引论〉》，《哲学动态》2004年第1期）。从悖论研究史中我们不难知道，"形式技术"只是悖论研究的一种方式或手段，并不等同于"特定领域某个或某组悖论具体解悖方案研究"，反过来说，不通过形式技术手段，同样可以进行某个或某组悖论具体解悖方案的研究。

②　前提与结论之间的悖论性关系有两种情况，一是前提与结论之间可以构成真假互推的矛盾等价式；二是由前提的真可以推出结论的假，但由结论的假推不出前提的真。在严格悖论研究中，后一种情况被称为半截子悖论。从形式结构上看，泛悖论领域中的大多数悖论都属于后一种类型，但并不意味着泛悖论是可以轻易排除的普通的逻辑矛盾。

进行分析，甄别前提中哪个部分是"似真"的，这种"似真"的公认度如何。如果这里"似真"的前提并没有多少公认度，那么，这个疑似悖论只能是悖论的拟化形式。在充分确认了某个理论中有悖论，而且导致这个悖论的前提（背景知识）又具有较高的公认度之后，所面临的工作就是解悖。

就解悖的方法论而言，我们可以简要地绘制出以下路线图。

首先，以悖论的语用学性质为出发点。悖论的语用学性质是张建军指认的，他是受到预设的语用学性质的启发而颖悟到悖论这一基本性质。悖论的语用学性质的方法论意义在于：纯客观对象世界不存在悖论，悖论总是内涵于人类已有的知识系统之中，是一种系统性存在物。孤立的语句本身不可能构成悖论，即便是十分简单的悖论也是从前提（背景知识）中经由逻辑推导构造出来的；导致悖论的前提并不是孤立的客观知识现象，而是与其所持"背景知识"的认知主体及其所处情境密切关联的。因此，解悖所要针对的对象并不是无限制的，总是有特指性的，不同的悖论，其认知主体不同，认知主体的背景知识也就不同，主体间对背景知识的认同情况也不相同。这既是语用学性质的悖论观，也是语用学性质悖论观指导下的解悖方法论的出发点，没有这样的出发点，解悖就会失去恰当的视域和准确的方向。回顾语义悖论研究的历史，其消解方案历经了从"经典解悖方案"到"语境迟钝方案"，再到"语境敏感方案"的发展过程，经典语义悖论——说谎者悖论获得相对成功的消解，就是对悖论的语用学性质及其解悖方法论的价值给出的充分注释。我们知道，在语义悖论的经典解悖方案中，塔尔斯基把说谎者悖论看作是孤立的语言现象，他所给出的禁止语言自指以阻止不同层次的语义纠缠的语言层次论方案，因其强烈的特设性而难获成功。为了克服塔尔斯基方案的局限性，克里普克、赫兹伯格和古普塔等试图将语义悖论带回到逼近于自然语言的"本真态"中，给出了与语言使用者相关的语境概念，但终因这里的语境因素所起的作用还是外在的，他们的"语境迟钝方案"对语义悖论的消解仍不够"自然"。将语境因素置于语言的语义生成之内，"一个语言表达式的意义不仅存在于这个表达式本身之中，而主要存在于这个表达式和它所描述的情境的关系之中"①。表达式的意义与情境之间的关系是如此的密切，以至于"假如表达式一方面不系统地与各种事件联系在一起；另一方面也不系统地与心灵状态联系在一起，那么人们的话就根本

---

① 吴允增：《情境语义学：一种新的"意义理论"》，见吴允增：《吴允增选集：数理逻辑与计算机科学》，北京，北京科学技术出版社，1991，第 99 页。

不能传达信息，就只能是噪声或杂乱的墨迹，根本没有任何意义"①。这条由伯奇提出的"语境敏感方案"，经过巴威斯和德福林的努力，才真正弄清楚了说谎者悖论的"认知的脉络"②，这一语义悖论的解决才真正消除了"非特设性"，从而能够"非常自然"地从悖论的困境中解放出来。学界在消解语义悖论中所走过的曲折历程，对后人的方法论启迪就是消解任何悖论都不能撇开其语用学的要素。

其次，以辨析导致悖论之前提的"公认度"为切口。每一种理论都是基于某种信念通过前提预设的方式而构建的。前提预设中总会涉及对其他理论抑或人们的直觉与常识的肯定或否定，在这种"肯定或否定"的认同中往往会隐含着根本性的错误，由于这种错误会融入到前提性的"背景知识"中，因其为人们所"公认"而难以被发觉。解悖研究的一个重要路径就是要对导致悖论性结论的前提——"公认正确的背景知识或背景信念"进行反思性考辨。考辨就是要甄别"公认"前提究竟具有何种程度的"确真性"，目的是要揭示导致悖论的不当预设或虚假共识，从而为解决悖论确定立足点，为新思想的诞生提供跃迁的平台。

最后，转换"背景知识"的认知格式塔。发现"公认正确的背景知识"中的不当预设或虚假共识，并不是简单地抛弃之就能够消解悖论的。须知，任何一个"公认正确的背景知识"的获得和确立都是特定认知共同体智慧的结晶，而解悖中的"充分宽广性"标准也要求尽可能保留既往的科学成果。因此，解悖中的关键性环节是如何实现认知格式塔的转换，在新的思想平台上实现逻辑矛盾的化解。

辨析共识和转换认知格式塔，虽然是相互关联的两个环节，却是"基础"与"升华"的关系。我们不妨借用具有经典意义的"光度悖论"和"引力悖论"消解研究来领悟这两种方法之间的内在关系。

17世纪，牛顿根据万有引力定律和欧氏几何原理发展了哥白尼的太阳中心说，提出了均匀无限宇宙模型。这个模型认为，宇宙是无限的、永恒的欧几里得空间，其特性是刚性、平直、各向同性的。其中的空间和时间也是绝对的。在这种空间中，宇宙间的恒星大体上都处于静止状态，在单位体积中有恒定的平均光度。其核心假设可以归纳为：

---

① J. Barwise and J. Perry: *Situations and Attitudes*, Cambridge: CSLI Publications, 1999: 3.

② 〔美〕德福林:《笛卡尔，拜拜！——挥别传统逻辑，重新看待推理、语言与沟通》，李国伟等译，台北，天下远见出版社，2000，第330页。

(1)存在无限数目星体的欧几里得空间的宇宙。

(2)星体以均匀密度分布在宇宙空间中。

(3)每个星体的发光强度相同。

(4)星体在过去无限的时间内一直在辐射和吸收光。

从这几个核心假设中，人们能够必然地得出天空是无限明亮的结论。这个结论与观察的事实是矛盾的。1823 年，德国天文学家奥尔波斯（H. W. M. Olbers）发现并阐释了这个矛盾，史称为奥尔波斯悖论。这个悖论的结论可以进一步整理为如下两个规范性的矛盾论断：人们既不能否定天空并非无限明亮的事实，又不能从自然科学既有理论方面否定导致无限明亮的那些假定。

正当科学家们为导致光度悖论的前提"公认正确"而苦恼的时候，1894 年，德国天文学家塞里格尔（H. von Seeliger）又发现了引力悖论。根据经典宇宙学的观点：

(1)宇宙空间是欧几里得空间，而且是无限的。

(2)宇宙中存在着无限多的恒星，宇宙中的物质密度处处都不等于零。

(3)万有引力定律在宇宙中具有普适性。

从这些假设中必然可以得出：在宇宙空间的每一个点上，引力势都是无限大的。任何物质都受到无限大的力的作用，因而，每一个物体都要获得无限大的加速度和速度。虽然在我们的实际观测中并没有发现这种情况，但这一悖论却是可以从原有理论体系中必然地导出的。

这两个悖论虽然让科学家们大伤脑筋，但在人类对于自然规律的认识史上却具有重大意义。因为，直到奥尔波斯发现光度悖论之前，人们对宇宙的欧几里得几何性质从未产生过任何怀疑，全然不会想到广袤的太空中还会存在着不是欧几里得空间的其他类型的空间。正是因为欧几里得几何具有令人折服的推导过程，以至两千多年来人们始终把它奉为所有科学的典范；也正是出于对欧几里得几何体系完满性的敬仰，牛顿才仿照欧几里得的《几何原本》的写作方式，即遵循从定义、定律（公理）出发导出命题的公理化模式，构筑了自己的巨著《自然哲学的数学原理》，而且，牛顿深信欧几里得空间是唯一的。然而，这里的悖论生成却也恰恰源自于此。这两个悖论出现后，人们有过多种试解，比如，1908 年瑞典天文学沙利叶（K. W. Charlier）提出了无限阶梯式的宇宙模型，但最后证明这些理论都不能成立。

悖论解决的格式塔转换来自于非欧几何。非欧几何揭示空间的存在形式并不是以刚性、平直和各向同性为唯一形式的。尽管在非欧几何学的创始阶段，人们并未能意识到这一点。但爱因斯坦创立狭义相对论时，这种认识便变得明朗起来。爱因斯坦在狭义相对论中采用时空连续代替均匀流逝的绝对时间和无限延伸的容器式的空间之后，又于1917年发表了《对广义相对论的宇宙学考察》一文，透彻地认识到阐述空间的刚性、平直和各向同性等基本特征时，只能把它们限于小尺度的范围内，实际上是在弱引力场的情况下才能创立，如果把绝对空间及其基本特征外推于无限的宇宙空间即大尺度空间，则是不容许的，否则就会形成悖论。光度悖论和引力悖论就是其中的两个例子。

后来人们认识到，世界本身并不是存在两种空间——绝对空间和相对空间，而是空间本身具有绝对性和相对性。空间的绝对性是它作为物质的存在形式的无条件性。任何物体的运动都要采取一定的空间形式，这是无条件的，因而是绝对的。但是，不同的事物和运动的不同状况，它的空间形式是各不相同的，这是空间的条件性，即相对性。空间的绝对性不能离开空间的相对性而独立存在，它只能存在于空间的相对性之中。为了能较好地解决宇宙学悖论，包括光度悖论和引力悖论，爱因斯坦引入了宇宙空间弯曲的概念。① 爱因斯坦认为，空间曲率决定于物质分布，随着空间尺度的扩大，物质分布也随之变化，这就是大尺度空间不同于平直空间的特征。根据广义相对论，爱因斯坦提出了"有限无边宇宙模型"，即宇宙是一个弯曲的封闭体，体积有限但无边界。这为解决平直空间形成的宇宙学悖论创造了前提，开阔了视野。自此之后，人们建构的各种宇宙模型大多数都自觉地从广义相对论出发去思考问题，在宇宙学领域彻底拒斥了绝对时空观。随着光度悖论和引力悖论的解除，潜存在人们的宇宙学"背景知识"中的直觉观念及其旧有理论受到了变革。有人将这种认知格式塔的转换称之为一种科学研究"范式"的终结，当然，随之而起是另一种研究"范式"的创生。

最后，以RZH标准检视解悖的效果。悖论的解决不是一个简单的"宣布"，也不仅仅是一种新思想、新理论、新学说的诞生。对于悖论研

---

① 这是吸收非欧几何学作为工具，但不仅仅是对欧几里得几何在宇宙学领域形成悖论的逆向克服的结果。

究而言，新思想、新理论或新学说只有具有解悖的功能才有意义和价值。针对悖论的解决而给出的新思想、新理论和新学说，究竟能不能解悖，需要检测。解悖的 RZH 标准是一个复合性标准，含有三项指标，即"足够狭窄性"、"充分宽广性"和"非特设性"。在数学和逻辑学等演绎科学悖论中，这种检测可能仅仅是一个逻辑演算和验证的过程，而在经验自然科学和社会科学理论悖论中，检测将不仅仅是一个逻辑过程，同时还是一个经验的实践过程，它要求为解悖而生产的新理论既要有可解释性，还要有可预见性和可验证性，否则，就难言是成功的解悖方案。

至此，我们可以将解悖方法论的结构概括为"1＋1＋3＋1"的 6 步骤模型："1"个前提，即经过反复推敲后确认是具有一定悖论度的悖论；"1"种视域，即以悖论的语用学性质审视其成因；"3"个环节，即辨析其"公认""似真"前提中的误识，以格式塔转换方式跨越误识，以新概念生成为标志构建的相容的新理论；"1"种检视，即以 RZH 标准检视脱悖后的新理论能否有效解决先前的悖论。这个模型可以图示如下：

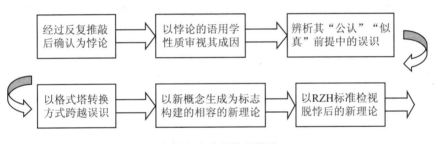

解悖方法论的简易模型

二、悖论研究方法的应用价值

一般地说，理论化程度越高、内在逻辑性越强的领域，越是容易发现严格悖论。所以，数学和逻辑学首当其冲，接着是在理论化程度较高的理论物理学领域。在这些领域努力攻克悖论的过程中，悖论研究的方法价值也得到了充分彰显。

（一）悖论研究方法在经验自然科学领域中的理论创新价值

1. 发现悖论和分析悖论的方法具有证伪科学理论的价值。相对于用经验事实来证伪理论或命题而言，悖论研究提供了一种新的证伪手段，用拉卡托斯的话说，就是"将否定后件式对准"理论系统的"硬核"[1]。以

---

① 参见〔英〕伊·拉卡托斯：《科学研究纲领方法论》，兰征译，上海，上海译文出版社，1986，第 67 页。

逻辑保守主义观点看，科学理论都应该诉求相容性，否则，司格特规则就会发挥作用，即从矛盾命题中可以推出任何结论。在自然科学研究中，这种认识是得到普遍性认同的。1946 年，爱因斯坦在谈及理论评价问题时曾经提出了内、外两个方面的标准，即内在的完备和外部的证实。其中，内在的完备就是要求一种理论系统应该具备简单性、协调性和完备性。拉卡托斯甚至把满足协调性看作是一种理论达至"内真理"的标准。证伪主义者波普尔在对试探性理论的前验评价中，也特别强调了理论的相容性问题。

虽然内在相容性的诉求是科学理论的特质，但在科学理论中如果只是发现了普通的逻辑矛盾，并不一定会立即证伪该理论。因为，理论作为一个整体，总有一定的柔性或弹性，它可以通过增加辅助性假说以减弱或消除反常的证伪的力量。但是，严格悖论是从特定理论系统本身所产生的一种深刻的逻辑矛盾，它以其逻辑手段深入到原有理论系统的根基或"硬核"之中，赤裸裸地暴露出该理论内在矛盾的根本性，对理论系统提出既是必须回答却又"无法"作答的问题——因为这里的回答意味着对自己的根本"否定"。固然，人们也可以把由悖论导致的问题暂时"悬搁"起来，使理论处于亚相容状态，以待日后再去解决，但是，对于一个成熟且自洽的理论系统来说，悖论的出现毕竟意味着它的相容性已经遭到了破坏，其真理性（内真理）已经遭到了怀疑，因此，从某种意义上说，一个相对成熟的理论如果被发现有悖论，那么它便面临着被证伪，至少将严重影响到该理论的可信度。如果这是一种处于科学大厦之基础地位的理论，那么，很可能会导致科学大厦"危机"的发生，进而引发一场科学理论的革命。数学理论发展史上发生的三次"危机"①，便是极好的佐证。

2. 消解悖论的方法具有开拓科学理论新领域的价值。科学理论中的悖论是对原有理论的存在合理性的"威胁"，但同时也是开拓新领域、创生新理论、完善和发展原有理论的契机。数学领域所取得的几次革命性进展，正是由"悖论"及其消解所带来的。我们知道，希帕索斯悖论的出现虽然给毕达哥拉斯学派一个沉重的打击，但是，该悖论的解决所导致

---

① 西方数学史家关于数学危机有"三次说"和"五次说"的不同看法。"三次说"即为古希腊无理数的发现、近代分析基础中无限小的争论以及康托尔集合论中悖论的产生。"五次说"则再加上非欧几何的产生过程和 20 世纪 30 年代哥德尔不完全性定理的证明。如果把研究的结果与科学界比较公认的观念或期望相悖称为"危机"的话，"五次说"是适当的。但多数人接受"三次说"，因为非欧几何和哥德尔定理本身都不含矛盾，其结果也为人们所接受。就前三次危机而言，人们所面临的都是当时学界难以解决的逻辑矛盾。

的直接后果却是无理数的诞生。也正是希帕索斯悖论使古希腊学者认识
到了直观和经验的不可靠性，并由此而导致了欧几里得几何学和亚里士
多德逻辑学这两大科学成果的诞生。贝克莱悖论也曾严重威胁着牛顿和
莱布尼茨创立的微积分理论的内真理，但经过柯西、威尔斯特拉斯、戴
德金等人的努力，却导致了微积分理论的进一步发展，即新的极限理论
的诞生。罗素悖论的出现曾让当时一些科学家沮丧万分，因为它震撼了
数学理论的基础，但它所导致的直接后果却是公理化集合论的创立，并
引发了对数学理论的批判性检查运动。通过这场运动，或澄清了原有理
论中的含混认识，或者纠正了原有理论系统中某些错误的观念，或者改
正了原有理论系统中某种不正确的结论，或者对原有理论系统所适用的
范围作了更加准确的界定，或者是对原有的理论系统成立的条件作了适
当的补充，等等，不仅使原来的理论系统日臻完善，为数学奠定了更为
严实的基础，还产生了公理化方法论以及实变函数论、点集拓扑学、抽
象代数学等新颖学科。一位专事战略分析研究的当代美国学者拉波波特
（A. Rapoport）也发现了悖论研究方法对科学理论创新的重要价值，他指
出："悖论在知识的历史中已经起到了极其重要的作用，它常常预示着科
学、数学和逻辑学的革命性的发展。在任一领域，每当人们发现某一问
题不能在已有的框架下得到解决时，就会感到震惊，而这种震惊将促使
我们放弃旧的框架，采用新的框架。正是这样一种知识融合的过程才使
数学和科学中的主要观念中的大多数得以诞生。"①

（二）悖论研究方法在人文社会科学领域中的推广价值

精密化和系统化是严格悖论生成的前提条件。随着人类的认识逐步
深化，以及越来越精确的数学工具和逻辑工具的运用，人们对经验对象
作精确的量化描述的欲望已经在经验科学领域逐渐形成共识和趋势，这
样做的直接后果是，一方面，在社会科学领域中将有可能发现越来越多
的泛悖论；另一方面，使得悖论研究方法在人文社会科学领域亦将具有
更大的发挥其应用价值的空间。在社会科学领域，经济学是较早进行量
化和系统化研究的学科之一。这里，我们不妨结合经济学中的一个著名
的泛悖论——"资本生成悖论"，阐释悖论研究方法在经济科学进而在人
文社会科学领域中的解题价值。

在马克思主义政治经济学产生之前，已经有学者解释资本的生成问

---

①　转引自〔英〕约翰·巴罗：《不论：科学的极限与极限的科学》，李新洲译，上海，上海
科学技术出版社，2000，第18页。

题。由于那些学说不是迷失于"交换"现象之中就是深陷于"生产"过程之内，不能真正揭示出资本生成的本质，使得两种完全对立的观点同时在学界流行：资本在流通中产生就不是在生产中产生；资本在生产中产生就不是在流通中产生。不论是"等价物交换"还是"非等价物交换"，人们并不难以理解这样的原理，即"流通或商品交换不创造价值"①。但是，不通过流通却又不能使资本得以生成。于是，关于资本的生成问题就陷入了悖论性命题之中："资本不能从流通中产生，又不能不从流通中产生。它必须既在流通中又不在流通中产生。"②

在认同经典逻辑基本规律普适性和拒斥矛盾性结论的前提之下，悖论的解决必须从由以导致悖论性结论的前提，即"公认正确的背景知识"入手。资本的生成不能用商品价格与商品价值的偏离来说明。即使商品价格与商品价值相等，资本也一定可以生成。在继承和发展了劳动价值论的基础上，马克思认为，劳动虽然不是财富的唯一源泉，却是价值的唯一源泉，"货币转化为资本，必须根据商品交换的内在规律来加以说明，因此等价物的交换应该是起点"③。所谓等价交换就是所有的交换都是等价的，社会的每一个成员为社会提供的劳动量，与他从社会中拿回来的产品中包含的物化劳动量是相等的。找到了"劳动量"这个确定的起点，马克思发现，资本的产生，离不开劳动价值的生成。资本家销售的产品是按劳动价值计算的，但投入的生产要素的价值却是劳动力的价值。由于"劳动力的使用就是劳动本身"，因而劳动力买卖与劳动是同一个过程④。这个过程既是资本家消费劳动的使用价值的过程，又是劳动创造价值的过程，其中的关系可用下列等式表示出来：

投入品价值＝物化劳动价值＋劳动力价值
产出品价值＝物化劳动转移价值＋追加的劳动价值
剩余价值＝追加的劳动价值－劳动力价值

可见，"劳动力的价值和劳动力在劳动过程中创造的价值增殖，是两个不同的量。货币所有者支付劳动力的日价值……劳动力被使用一天所

---

① 〔德〕卡·马克思：《资本论：政治经济学批判》，第1册，见《马克思恩格斯全集》，第44卷，北京，人民出版社，2001，第190页。
② 同上书，第193页。
③ 同上书，第193页。
④ 同上书，第207页。

创造的价值比它自身的日价值多……货币所有者赚得了这个差额……魔术变完了。剩余价值产生了，货币转化为资本"①。就是说，以劳动价值减去劳动力价值计算出来的差额就是剩余价值。剩余价值正是资本得以生成的秘密之所在。

对于没有剩余价值理论和劳动力商品论的古典政治经济学家来说，"资本必须既在流通中又不在流通中产生"所表达的就是一种悖态性认识。而在马克思那里，资本产生过程中生产的根据性和流通的条件性的对立得到了统一，"资本生成悖论"得以消解。澳大利亚学者 W. A. 萨奇汀（W. A. Suchting）在讨论马克思的"矛盾"概念时，曾经对此作了如下简要而清楚的说明："一方面，依据等价交换原理，使价值成为资本的价值增量不可能在流通中产生（arise）；另一方面，价值又不可能在流通之外得以实现（realised）。这个问题的解决有赖于引入一个新的（更为具体的）概念，即区别于劳动的劳动力。由此便可说明为什么使价值成为资本的价值增量的确并不在流通中产生（乃根源于生产中劳动力的使用），又不可能离开流通而生成（在流通中劳动力变换为工资，价值在总体上得以实现）。"②显然，在马克思的"矛盾"概念产生之前，政治经济学理论体系中确有"资本生成悖论"的存在，而马克思通过"劳动力"概念和剩余价值理论的引入，赋予了"资本必须既在流通中又不在流通中产生"的论断以辩证矛盾的内涵，才消解了其中的悖结，理顺了其中的悖理。资本生成迷雾的廓清，不仅解决了经济学领域中的一大疑难，也提高了人们辨识资本主义社会关系的能力。

我们欣喜地看到，悖论研究在经济学领域的应用价值已经越来越受到学界的重视。正如我国学者柳欣所发现的："自（20 世纪）60 年代剑桥资本争论以来，经济学的发展进入了'争论的时代'，各个学派在资本理论和经济理论的其他领域的争论和所揭示的一系列逻辑悖论，表明了当前经济学所面临的问题，这就是在清理这些逻辑悖论的基础上重建经济学的逻辑分析体系……"因此，"（20 世纪）60 年代至今资本争论的重大意义，正是逻辑矛盾或悖论的揭示，才使经济学家们去探求新的方法或'逻辑'来解释这些逻辑矛盾"③。这种对悖论研究的方法论价值的可贵认识，

①　〔德〕弗·恩格斯：《反杜林论：欧根·杜林先生在科学中实行的变革》，见《马克思恩格斯选集》，第 3 卷，北京，人民出版社，1995，第 549 页。

②　W. A. Suchting：*Marx and Philosophy*，New York：New York University Press，1986：82.

③　柳欣：《资本理论：价值、分配与增长理论》，西安，陕西人民出版社，1994，第 2、29 页。

不仅在经济学领域有意义，对于其他人文社会科学领域同样具有普适性推广意义。

最后，让我们用加拿大逻辑学家赫兹伯格在 20 世纪 80 年代初"谈悖论研究"时说的一番话作为本书的结语："悖论之所以具有重大意义，是由于它们使我们看到我们对于某些根本概念的理解存在多大的局限性，甚至在理解我们叫作'理解'的这一过程方面也存在多大局限性……事实证明，它们是产生逻辑和语言的新观念的丰富源泉，它们也启发我们认识逻辑和语言同世界和人类心灵的关系。"① 换句话说，悖论研究方法所带来的将不仅是知识领域的革命，随之而带来的还将有我们认识世界的思维方式的变化，乃至由这些变化而导致的人类生活方式的变革。

---

① 转引自杨熙龄：《赫兹伯格谈悖论研究：安大略湖畔寄语》，《国外社会科学》1983 年第 1 期。

索 引

人物索引

参考文献

外文文献

[1] D. M. Armstrong：*Perception and the Physical World*，London：Routledge and Kegan Paul，1961.

[2] T. Burge：Semantical Paradox，*The Journal of Philosophy*，1979，Vol. 76.

[3] D. Bloor：*Knowledge and Social Imagery*，London and Chicago，IL：The University of Chicago Press，1991.

[4] J. Barwise and J. Etchemendy：*The Liar，an Essay on Truth and Circularity*，Stanford：Stanford University Press，1987.

[5] S. Cole：*Making Science*，Cambridge：Harvard University Press，1992.

[6] J. Cargile：*Paradoxes：A study in form and predication*，Cambridge：Cambridge University Press，1950.

[7] J. Duran：*Knowledge in Context：Naturalized Epistemology and Socio-lingustics*，Lamham：Rowman and Littlefield Publishers，1994.

[8] B. Gower：*Scientific Method*，New York：Routledge，1997.

[9] E. L. Gettier："Is Justified True Belief Knowledge?"*Analysis*，1963，Vol. 23.

[10] A. Gupta and N. Belnap：*The Revision Theory of Truth*，Cambridge：MIT Press，1993.

[11] S. Haack：*Philosophy of Logics*，London，Cambridge：Cambridge University Press，1978.

[12] G. Herzberger："Naive Semantics and Liar Paradox"，*The Journal of Philosophy*，1982，Vol. 79.

[13] R. C. Koons：*Paradoxes of Belief and Strategic Rationality*，Cambridge：Cambridge University Press，1992.

[14] S. Kripke："Outline of a Theory of Truth"，*The Journal of Philoso-

phy, 1975, Vol. 72.

[15] B. Latour and S. Woolgar: *Laboratory Life*, Princeton, N. J.: Princeton University Press, 1986.

[16] J. Leiber: *Paradoxes*, Greald Duckworth and Co. Ltd. , 1993.

[17] S. Bauer-Mengelberg, in J. van Heijenoot, (ed.), *From Frege to Godel*, Cambridge: Harvard University Press, 1967.

[18] M. Mulkay: *Science and Sociology of knowledge*, London: George Allen and Unwin, 1979.

[19] R. L. Martin: *Recent Essays on Truth and the Liar Paradox*, Oxford: Oxford University Press, 1984.

[20] R. G. Meyers and K. Stern: "Knowledge without Paradox", *The Journal of Philosophy*, 1973, Vol. 70.

[21] G. Priest: "Logic of Paradox", *Journal of Philosophical Logic*, 1979, Vol. 2.

[22] G. Prist and R. Routley: "Introduction: Para-consistent Logic", *Studia Logica*, 1984, Vol. 43.

[23] N. Rescher and R. Branddom: *The Logic of Inconsistency*, Oxford: Blackwell Press, 1980.

[24] N. Rescher: *Paradoxes: Their Roots, Range, and Resolution*, Chicago: Carus Publishing Company, 2001.

[25] F. P. Ramsey: "The Fundations of Mathematics", Reprintedin D. H. Mellor, (ed.): *Foundations*, NewYork: Humanities Press, 1978.

[26] M. Schommer: "Effects of beliefs about the nature of knowledge and learning among post-secondary students", *Journal of Eductional Psychlogy*, 1990, Vol. 80.

[27] P. Smith and O. Jones: *The Philosophy of Mind*, London: Cambridge University Press, 1986.

[28] R. M. Sainsbury: *Paradoxes*, Cambridge: Cambridge University Press, 1995.

[29] H. W. Simons: *The Rhetoric Turn*, Chicago: The University of Chicago Press, 1990.

[30] K. Simmons: *Universality and the Liar*, Cambridge: Cambridge University Press, 1993.

[31] R. Sorensen: *A brief history of the paradox: philosophy and the*

labyrinths of the mind，Oxford：Oxford University Press，Inc. 2003.

[32] S. Smilansky：10 *Moral Paradoxes*，Oxford：Blackwell Publishing，2007.

[33] J. F. Thomson："On Some Paradoxes"，in R. J. Butler(ed.)：*Analytical Philosophy*，First Series，1962.

[34] A. Visser："Semantics and the Liar Paradox"，D. Gabbay and F. Guenthner(eds.)：*Handbook of Philosophical of Logic*(Vol. Ⅳ)，Dordrecht：D. Reide Pulishing Company，1989.

[35] J. Wisdom：*Paradox and Discovery*，Oxford：Basil Blackwell Press，1965.

[36] HaoWang：*From Mathematics to Philosophy*，New York：Humanities Press，1974.

中文文献

[1] 〔瑞士〕爱因斯坦、〔波兰〕英费尔德：《物理学的进化》，周肇威译，上海，上海科学技术出版社，1962。

[2] 《爱因斯坦文集》(第1卷)，许良英等译，北京，商务印书馆，1976。

[3] 《爱因斯坦文集》(第2卷)，范岱年等译，北京，商务印书馆，1977。

[4] 〔英〕艾耶尔：《二十世纪哲学》，李步楼等译，上海，上海译文出版社，1987。

[5] 〔美〕D. 玻姆：《现代物理学中的因果性与机遇》，秦克诚等译，北京，商务印书馆，1965。

[6] 〔美〕乔恩·埃尔斯特：《理解马克思》，何怀远等译，北京，中国人民大学出版社，2008。

[7] 〔英〕约翰·巴罗：《不论：科学的极限与极限的科学》，李新洲等译，上海，上海科学技术出版社，2000。

[8] 〔英〕卡尔·波普尔：《客观知识：一个进化论的研究》，舒炜光译，上海，上海译文出版社，1987。

[9] 〔英〕卡尔·波普尔：《猜想与反驳：科学知识的增长》，傅季重等译，上海，上海译文出版社，1987。

[10] 〔英〕K. R. 波珀：《科学发现的逻辑》，渣汝强等译，沈阳，沈阳出版社，1999。

[11] 〔英〕苏珊·哈克：《证据与探究：走向认识论的重构》，陈波等译，北京，中国人民大学出版社，2004。

[12] 〔英〕苏珊·哈克：《逻辑哲学》，罗毅译，北京，商务印书馆，2003。

[13] 〔英〕迈克尔·波兰尼：《个人知识：迈向后批判哲学》，许泽民译，贵阳，贵州人民出版社，2000。

[14] 〔英〕迈克尔·波兰尼：《自由的逻辑》，冯银江等译，长春，吉林人民出版社，2002。

[15] 〔美〕威廉布·罗德、尼古拉斯·韦德：《背叛真理的人们：科学殿堂中的弄虚作假》，朱进宁等译，上海，上海科技教育出版社，2004。

[16] 〔美〕T. 丹齐克：《数：科学的语言》，苏仲湘译，北京，商务印书馆，1985。

[17] 〔美〕德福林：《笛卡尔，拜拜：挥别传统逻辑，重新看待推理、语言与沟通》，李国伟等译，台北，天下远见出版社，2000。

[18] 〔美〕保罗·法伊尔本德：《反对方法：无政府主义知识论纲要》，周昌忠译，上海，上海译文出版社，1992。

[19] 〔美〕道格拉斯·霍夫斯塔特：《GEB：一条永恒的金带》，乐秀成译，成都，四川人民出版社，1984。

[20] 〔英〕A. N. 怀特海：《科学与近代世界》，何钦译，北京，商务印书馆，1989。

[21] 〔德〕黑格尔：《逻辑学》（上、下卷），杨一之译，北京，商务印书馆，1974、1976。

[22] 〔德〕黑格尔：《康德哲学论述》，贺麟译，北京，商务印书馆，1962。

[23] 〔德〕黑格尔：《小逻辑》，贺麟译，北京，商务印书馆，1980。

[24] 〔德〕黑格尔：《哲学史讲演录》（第 1、4 卷），贺麟等译，北京，商务印书馆，1959、1978。

[25] 〔美〕汉森：《发现的模式：对科学的概念基础的探究》，邢新力译，北京，中国国际广播出版社，1988。

[26] 〔美〕G. 霍尔顿：《物理科学的概念和理论导论》，张大卫译，北京，人民教育出版社，1983。

[27] 〔英〕A. G. 汉密尔顿：《数学家的逻辑》，骆如枫等译，北京，商务印书馆，1989。

[28]〔美〕F. 卡普拉：《现代物理学与东方神秘主义》，灌耕编译，成都，四川人民出版社，1984。

[29]〔美〕约翰·卡斯蒂、W. 德波利：《逻辑人生：哥德尔传》，刘晓力等译，上海，上海科技教育出版社，2002。

[30]〔美〕托马斯·库恩：《科学革命的结构》，金吾伦等译，北京，北京大学出版社，2003。

[31]〔美〕托马斯·库恩：《必要的张力：科学的传统和变革论文选》，范岱年等译，北京，北京大学出版社，2004。

[32]〔美〕M. 克莱因：《古今数学思想》(第 2 册)，北京大学数学系数学史翻译组译，上海，上海科学技术出版社，1979。

[33]〔美〕M. 克莱因：《古今数学思想》(第 4 册)，北京大学数学系数学史翻译组译，上海，上海科学技术出版社，1981。

[34]〔美〕M. 克莱因：《数学：确定性的丧失》，李宏魁译，长沙，湖南科学技术出版社，1997。

[35]〔美〕威拉德·蒯因：《从逻辑的观点看》，江天骥等译，上海，上海译文出版社，1987。

[36]〔美〕威拉德·蒯因：《逻辑哲学》，邓生庆译，北京，生活·读书·新知三联书店，1991。

[37]〔美〕鲁道夫·卡尔纳普：《卡尔纳普思想自述》，陈晓山等译，上海，上海译文出版社，1985。

[38]《科学美国人》编辑部：《从惊讶到思考》，李思一等译，北京，科学技术文献出版社，1986。

[39]〔德〕康德：《康德书信百封》，李秋零译，上海，上海人民出版社，1992。

[40]〔德〕康德：《纯粹理性批判》，邓晓芒译，北京，人民出版社，2004。

[41]〔德〕康德：《任何一种能够作为科学出现的未来形而上学导论》，庞景仁译，北京，商务印书馆，1975。

[42]〔英〕伊·拉卡托斯、艾兰·马斯格雷夫：《批判与知识的增长》，周寄中译，北京，华夏出版社，1991。

[43]〔英〕伊·拉卡托斯：《科学研究纲领方法论》，兰征译，上海，上海译文出版社，1986。

[44]〔芬兰〕冯·赖特：《知识之树》，陈波等译，北京，生活·读书·新知三联书店，2003。

[45]〔英〕罗素:《我的哲学的发展》,温锡增译,北京,商务印书馆,
     1982。

[46]〔英〕罗素:《逻辑与知识》,苑莉均译,北京,商务印书馆,1996。

[47]〔英〕斯蒂芬·里德:《对逻辑的思考:逻辑哲学导论》,李小五译,
     沈阳,辽宁教育出版社,1998。

[48]〔美〕拉里·劳丹:《进步及其问题:科学增长理论刍议》,方在庆
     译,上海,上海译文出版社,1991。

[49]〔法〕布鲁诺·拉图尔:《实验室生活:科学事实的建构过程》,张伯
     霖等译,北京,东方出版社,2004。

[50]〔奥〕恩斯特·马赫:《认识与谬误》,李醒民译,北京,华夏出版
     社,2000。

[51]《马克思恩格斯全集》(第44卷),北京,人民出版社,2001。

[52]《马克思恩格斯选集》(第3卷),北京,人民出版社,1995。

[53]〔美〕A. P. 马蒂尼奇:《语言哲学》,牟博等译,北京,商务印书
     馆,2004。

[54]〔英〕牛顿:《自然哲学之数学原理·宇宙体系》,王克迪译,武汉,
     武汉出版社,1992。

[55]〔瑞士〕皮亚杰:《发生认识论原理》,王宪钿译,北京,商务印书
     馆,1981。

[56]〔美〕威廉姆·庞德斯通:《推理的迷宫:悖论、谜题及知识的脆弱
     性》,李大强译,北京,北京理工大学出版社,2005。

[57]〔英〕培根:《新工具》,许宝骙译,北京:商务印书馆,1984。

[58]〔英〕威廉·涅尔、玛莎·涅尔:《逻辑学的发展》,张家龙等译,北
     京,商务印书馆,1995。

[59]〔美〕A. 塔尔斯基:《逻辑与演绎科学方法论导论》,周礼全等译,
     北京,商务印书馆,1963。

[60]〔苏〕M. W. 瓦托夫斯基:《科学思想的概念基础》,范贷年译,北
     京,求实出版社,1989。

[61]〔英〕休谟:《人类理智研究》,吕大吉译,北京,商务印书馆,
     1999。

[62]〔英〕休谟:《人性论》,关文运译,北京,商务印书馆,1997。

[63]北京大学哲学系外国哲学史教研室:《十八世纪末—十九世纪初德
     国哲学》,北京,商务印书馆,1975。

[64]北京大学哲学系外国哲学史教研室:《西方哲学原著选读》(上卷),

北京，商务印书馆，1989。

［65］北京大学西方哲学史教研室：《西方哲学原著选读》（下册），北京，商务印书馆，1982。

［66］陈波：《逻辑哲学引论》，北京，中国人民大学出版社，2000。

［67］陈波：《逻辑哲学》，北京，北京大学出版社，2005。

［68］陈波：《逻辑学是什么》，北京，北京大学出版社，2002。

［69］陈嘉明：《知识与确证》，上海，上海人民出版社，2003。

［70］顿新国：《归纳悖论研究》，北京，人民出版社，2012。

［71］邓正来：《自由与秩序》，南昌，江西教育出版社，1998。

［72］桂起权等：《人与自然的对话：观察与实验》，杭州，浙江科学技术出版社，1990。

［73］桂起权等：《次协调逻辑与人工智能》，武汉，武汉大学出版社，2002。

［74］郭贵春等：《现代西方语用哲学研究》，北京，科学出版社，2006。

［75］胡作玄：《第三次数学危机》，成都，四川人民出版社，1985。

［76］胡军：《知识论引论》，哈尔滨，黑龙江教育出版社，1997。

［77］胡毓达等：《群体决策：多数规则与投票悖论》，上海，上海科学技术出版社，2006。

［78］江天骥：《当代西方科学哲学》，北京，中国社会科学出版社，1984。

［79］金吾伦：《自然观和科学观》，北京，知识出版社，1985。

［80］金顺福：《概念逻辑》，北京，社会科学文献出版社，2010。

［81］贾国恒：《情境语义学研究》，北京，中国社会科学出版社，2012。

［82］罗玲玲：《创造力理论与科技创造力》，沈阳，东北大学出版社，1998。

［83］柳欣：《资本理论：价值、分配与增长理论》，西安，陕西人民出版社，1994。

［84］林德宏：《科学思想史》，南京，江苏科学技术出版社，2004。

［85］潘天群：《社会决策的逻辑结构研究》，北京，中国社会科学出版社，2003。

［86］潘天群：《博弈中的共赢方法论》，北京，北京大学出版社，2010。

［87］舒炜光等：《当代西方科学哲学述评》，北京，人民出版社，1987。

［88］申先甲等：《科学悖论集》，长沙，湖南科学技术出版社，1999。

［89］朱梧槚等：《数学基础概论》，南京，南京大学出版社，1996。

[90] 王雨田：《现代逻辑科学导引》，北京，中国人民大学出版社，1987。

[91] 王爱仁等：《悖论与科学发现》，大连，辽宁师范大学出版社，1994。

[92] 王浩：《哥德尔》，上海，上海译文出版社，1997。

[93] 王甦等：《认知心理学》，北京，北京大学出版社，1996。

[94] 王习胜：《科学创造何以可能：起端于形而上的追问》，北京，当代中国出版社，2002。

[95] 王习胜等：《逻辑的社会功能》，北京，北京大学出版社，2010。

[96] 夏基松等：《西方数学哲学》，北京，人民出版社，1986。

[97] 徐利治：《数学方法论选讲》，武昌，华中工学院出版社，1988。

[98] 郁慕镛：《科学定律的发现》，杭州，浙江科学技术出版社，1990。

[99] 杨熙龄：《奇异的循环：逻辑悖论探析》，沈阳，辽宁人民出版社，1986。

[100] 杨建邺：《窥见上帝秘密的人：爱因斯坦传》，海口，海南出版社，2003。

[101] 杨武金：《辩证法的逻辑基础》，北京，商务印书馆，2008。

[102] 赵总宽：《逻辑学百年》，北京，北京出版社，1999。

[103] 张建军等：《矛盾与悖论研究》，香港，黄河文化出版社，1992。

[104] 张建军等：《矛盾与悖论新论》，石家庄，河北教育出版社，1998。

[105] 张建军：《科学的难题：悖论》，杭州，浙江科学技术出版社，1990。

[106] 张建军：《逻辑悖论研究引论》，南京，南京大学出版社，2002。

[107] 张家龙：《数理逻辑发展史：从莱布尼茨到哥德尔》，北京，社会科学文献出版社，1993。

[108] 张光鉴等：《相似论与悖论研究》，香港，香港天马图书有限公司，2003。

[109] 张巨青：《科学逻辑》，长春，吉林人民出版社，1984。

[110] 张巨青等：《逻辑与历史：现代科学方法论的嬗变》，杭州，浙江科学技术出版社，1990。

[111] 郑毓信等：《数学、逻辑与哲学》，武汉，湖北人民出版社，1987。

[112] 郑毓信：《数学哲学新论》，南京，江苏教育出版社，1990。

[113] 郑毓信：《现代逻辑的发展》，沈阳，辽宁教育出版社，1989。

[114] 赵万里：《科学的社会建构》，天津，天津人民出版社，2002。

[115] 中国科学院哲学研究所西方哲学史组:《黑格尔论矛盾》,北京,商务印书馆,1985。

[116] 蔡仲:《理性、真理与权力:析后现代科学思潮中的相对主义》,南京,南京大学博士学位论文,2001。

[117] 顿新国:《归纳悖论研究》,南京,南京大学博士学位论文,2005。

[118] 贾国恒:《情境语义学及其解悖方案研究》,南京,南京大学博士学位论文,2007。

[119] 李秀敏:《亚相容逻辑的历史考察和哲学审思》,南京,南京大学博士学位论文,2005。

[120] 李大强:《悖论的哲学分析》,长春,吉林大学博士学位论文,2000。

[121] 夏素敏:《道义悖论研究》,南京,南京大学博士学位论文,2006。

[122] 王建芳:《语义悖论与情境语义学:论情境语义学对语义悖论的消解》,天津,南开大学博士学位论文,2002。

[123] 曾庆福:《必然、可能与矛盾:乔恩·埃尔斯特〈逻辑与社会〉解析》,南京,南京大学博士学位论文,2010。

后 记

历史的发展常常暗含着某种诡秘性。1901 年，本意是要帮助康托尔寻找推导毛病以解决其最大基数悖论的罗素，却发现了比康托尔悖论更为严重的"罗素悖论"，打开了康托尔素朴集合论中存在的一系列悖论的"潘多拉"盒子。这个"魔盒"的打开，不仅仅让第二次国际数学家代表大会的主持人彭加勒（J. H. Poincaré）自鸣得意的断言显得极为武断[1]，更让弗雷格这样的科学巨匠深感"不幸"[2]和悲伤，甚至还让科学界普遍产生了数学大厦之将倾的"危机"感。此后很长一段时间，解决罗素悖论或集合论悖论成为学界不得不倾力所为的关乎科学根基的问题，并由此而形成了悖论研究史上的第三次高峰。这一波的悖论研究的确产生了很多可圈可点的成果，但也导致了"文献众多但散乱，重复而又缺乏关联"[3]的凌乱状况。如何从"奇异的循环"的悖论怪圈中走出来，如何统一归置已经取得的各类悖论研究的成果，如何恰当地评鉴不断涌现的悖论研究成果的价值，如何让人们在各执一端、五花八门的悖论学说中理出头绪……"悖论研究"犹如藏满珍宝的密窟，缺少的就是那句"芝麻开门"的咒语。历经多年的孕育和摸索，睿智之士中终于有人颖悟到了那句咒语。2001 年，美国学者 N. 雷歇尔出版论著《悖论：其根源、范围和解决》。他在书中指出，只为每个具体悖论提供满足其需求样式的解决方案而单独地、孤立地处理悖论是有问题的，应该对逻辑学、数学和哲学等不同学科开展的悖论研究进行整合。为此，他以"似然性"（似真性）为视点，以 R/A 选择为解悖模型，以解悖方法论为探究诉求，尝试对各种各样的

---

[1]　这次会议是 1900 年 8 月在法国巴黎召开的。基于此时的数学已经具有了几乎所有的人都乐于接受的基础，彭加勒才在大会发言中夸耀地说"……三段论法或诉诸纯粹数学的直觉是不可能欺骗我们的，所以，现在可以说，绝对的严密是已经达到了"。〔美〕M. 克莱因：《古今数学思想》，第 4 册，北京大学数学系数学史翻译组译，上海，上海科学技术出版社，1981，第 97～98 页。

[2]　〔英〕威廉·涅尔、玛莎·涅尔：《逻辑学的发展》，张家龙等译，北京，商务印书馆，1985，第 807 页。

[3]　A. Visser. Semantics and the Liar Paradox, in D. Gabbay and F. Guenthner, eds., *Handbook of Philosophical of Logic* (Vol. Ⅳ), Dordrecht：D, Reide Pulishing Company, 1989：617.

悖论及其解决方法作统一的全面处理。① 如本书中所评述的,雷歇尔的
工作成果虽显初级,但他毕竟开启了以解悖方法论为评准的悖论研究新
视域。就在这一年,我国学者张建军从预设的语用学性质以及由此而带
来的预设理论研究的巨大变化中得到启发,悟出了悖论的语用学性质之
谜底,即任何悖论都是相对于特定认知共同体的"公认正确的背景知识"
而成立的,进而明确指认了"作为语用学概念的'逻辑悖论'"。② 随着悖
论的语用学性质的明确指认,悖论研究工作的不同层面被明晰地区分开
来,即具体的解悖方案研究、悖论的哲学研究和解悖的方法论研究③,
而衡量消解悖论方案的可能性和可行性的 RZH 标准的有机整合,更是为
梳理悖论研究的基本脉络,追究悖论研究中的问题及其症结寻找了一种
有效的方法和新颖的工具,为人们从科学方法论层面统一把握悖论研究
的成果及其应用价值奠定了基础。1901 年,罗素悖论的发现打断了大师
们的"逻辑蜜月"④,引发了科学界的一片悲情;2001 年,悖论的语用学
性质的发现带给学界的却是一片明朗的天空。这一重大转折的实现,悖
论研究者用了整整一个世纪的时间!

　　悖论的语用学性质的指认,为廓清悖论研究的视界起到重大作用,
但这并不意味着由这一性质的指认便可使得悖论研究问题被彻底解决,
更不意味着悖论研究的价值取向已由"应然"走向了"实然"。受现代逻辑
数学化后果的影响,在悖论研究领域长期存在着一种强有力的取向,那
就是对悖论进行严格的语形塑述,似乎没有严格的语形塑述便不是逻辑,
更不是"正规"的悖论研究,理所当然地不能"登"逻辑之"堂"、"入"悖论
之"室"。为此,有的学者竭力将各式各样的"原生态"悖论进行规整,使
其能够满足被严格的形式语言刻画的需要。应该说,这种努力有其学术
意义和理论价值。因为学术研究总是避免不了使用"理想化"和"纯粹化"
的手段,犹如几何学中的"点"是没有大、小的,"线"是没有宽度的,
"面"是没有厚度的……但是,这种对研究对象作过于理想化的塑述方式
也会产生负面问题,那就是严重脱离了思维实际,远离了悖论的原生状
态,造成了"学术"与"实际"的严重隔膜,最后使得那些完全形式化了的
悖论研究乃至逻辑研究变成了极少数专业逻辑学家在书斋里聊以自慰的

---

①　N. Rescher: *Paradoxes: Their Roots, Range, and Resolution*, Chicago: Carus Publishing Company, 2001: 5.

②　张建军:《论作为语用学概念的"逻辑悖论"》,《江海学刊》2001 年第 6 期。

③　参见张建军:《逻辑悖论研究引论》,南京,南京大学出版社,2002,第 37~39 页。

④　〔英〕罗素:《我的哲学的发展》,温锡增译,北京,商务印书馆,1982,第 66 页。

"把玩物",以至于有的学者质疑这样的悖论研究不过是"好事者"为了所谓的"研究"而刻意构想出来的虚幻物。① 这种质疑虽然误识了以形式塑述方式研究悖论的意义,但也不是毫无道理。最起码,这种路径的研究不能充分彰显悖论研究的成果所具有的广泛应用价值和实践意义。

笔者由此认识到,不仅是逻辑研究,就是在悖论研究领域同样存在着两种取向,其一是将思维实际中的问题纯粹化和理想化,走语形路线,建构形式系统,我称之为"上升"路线。至于构建出来的形式系统究竟有没有"用",有什么"用",怎样"用",这是走这条路线的学者所不大愿意过多追问和关心的;其二是载负着逻辑研究的新近成果,走应用路线,将其运用于具体学科的理论研究和思维实际之中,发挥逻辑研究包括悖论研究的基础性和工具性价值,我称之为"下降"路线。但是,走这条路线需要一个平台,那就是逻辑科学方法论。具体到悖论研究领域,就是悖论研究的方法论。在逻辑科学实施应用转向的时代背景下,逻辑科学方法论的研究已经显得尤为必要和迫切。本著的问题指向便是在逻辑科学应用转向的前提下探究悖论研究的方法论路线,力图在悖论研究新近成果与实际应用之间建构起方法论的平台。

当代逻辑科学已经是一个现代学科群,逻辑科学方法论包含着十分庞杂的内容,系统而全面地研究逻辑科学方法论是笔者力所不逮的工作。鉴于我曾在北京大学师承傅世侠教授研修过科学创造方法论专题,导师张建军先生为我在攻读博士学位期间量身定制了一个研究方向,即将"悖论"与"科学理论创新"结合起来,从方法论的层面探究悖论在科学理论创新中的作用机理。确定这一方向是在2003年9月,从那时起,"悖论"便与我如影随形,甚至成为我的生活的一部分。其间发表的一些专题文章,陆续被学者们评述和引证,先后被《新华文摘》和中国人民大学书报资料中心的《逻辑》、《科学技术哲学》、《伦理学》等二次文献转载数十篇次。学界的这份关注给了我莫大的精神支持和鼓励,坚定了我对这个课题持续探究的信心。现在呈奉读者的这本小册子便是我十余年思考的一个总结。

在书稿付梓之际,要感谢的师长和友人很多,难以完全归纳,只能以简单枚举的方式表达。首先要感谢我的导师张建军教授的悉心指导,是张先生领着我走进悖论的"圈子",又指导我如何走出来并驾驭它的。本书中很多思想和成果都来自于先生的教导和启示。在向先生学习悖论

① 参见杜音:《近年国内悖论论争之我见》,《湘潭师范学院学报》1999年第4期。

知识和治学方法的同时，还有幸与先生联袂出版了教育部统编的全国普通高中实验教材《科学思维常识》(人民教育出版社)和高级科普读物《逻辑的社会功能》(北京大学出版社)两本书，这份特殊的师生之谊实乃珍贵，值得我终身铭记。同时，也为自己能够因此而为国内科学思维教育和社会理性建构尽一点绵薄之力而倍感欣慰。我还要感谢的是国家社会科学基金后期资助项目的匿名评审专家，感谢专家们提出的宝贵修改意见，感谢全国哲学社会科学规划办同志的多次联络和精心调度。感谢我所在单位的同事和领导的大力支持，感谢北京师范大学出版社贾静博士的辛勤工作。本项目后续研究还得到安徽省学术与技术带头人后备人选"学术、科研活动择优资助"经费的支持，在此一并致谢。

　　我在书中有这样的指认，回顾悖论研究史，由笼统的悖论研究，到严格悖论研究，再到泛悖论研究，这种带有辩证否定轨迹的研究取向既是学术研究的内在逻辑使然，也是发展科学理论和改造社会生活的现实呼唤。而这本书稿的写作和定稿也有类似的意味和轨迹。它起意并初稿于南京，研磨在六安，定稿在芜湖；从秋意渐起的江南到寒暑数次更替的江北又回到暮秋之际的江南，但这不是一个无法走出的"奇异的循环"，也不是那种一味地自我否定的辩证法，而是一种积累经验、正视问题、修正偏误的积极肯定的辩证法，是一种承载成就、开拓前行的乐观的辩证法。对于一个持有乐观辩证法信念的人来说，"悲情"遭在昨夜，今晨"愉快自信"①，明日春暖花开……祝愿所有潜心于学术研究的学者都拥有一个乐观辩证的"生活世界"。

王习胜
2012 年 10 月 26 日于江城芜湖

---

　① 罗素发现了以"性质"概括造集的悖论之后，心情很不好，他写信给怀特海，本意是想从怀特海那里得到一些开解，怀特海却引用了勃朗宁的诗句"愉快自信的清晨不再来"回复他。勃朗宁的这一诗句出自《失去的领袖》，可谓意味深长。参见〔英〕罗素：《我的哲学的发展》，温锡增译，北京，商务印书馆，1982，第 66 页。